JN279324

現代基礎数学 7

新井仁之・小島定吉・清水勇二・渡辺 治 編集

微積分の基礎

浦川 肇 著

朝倉書店

編集委員

新井仁之（あらいひとし）　東京大学大学院数理科学研究科

小島定吉（こじまさだよし）　東京工業大学大学院情報理工学研究科

清水勇二（しみずゆうじ）　国際基督教大学教養学部理学科

渡辺治（わたなべおさむ）　東京工業大学大学院情報理工学研究科

まえがき

　本書は，理工系の大学・短大・専門学校の学生，技術者および高校教師，社会人・人文科学系研究者の人々のために必要となる微分積分学の基礎を学ぶための教科書として書かれた．

　本書の主たる目標は，1変数関数の微積分，多変数関数の微積分を述べ，計算力を養い，かつ実際に使うためにある．しかしながら，一方で，コーシーのいわゆるイプシロン・デルタ-論法に従って証明が述べられており，可能な限りごまかすことなく証明が付けてある．従来のイプシロン・デルタ-論法に少し工夫を加えて，「あなたと私の対話法」，および「誤差の範囲」とそこに至る「到達時間」，という2つの考え方に立って説明を行い，本書では，むしろ積極的に採用されている．使い慣れてみると，これはこれでなかなか気持ちのよいものなのである．この醍醐味を味わっていただきたいと思うのである．

　しかし，考え方や証明の込み入った節には，#印が肩に付けてある．はじめは飛ばして読んで構わない．後でゆっくり読んでみるとよいと思う．また演習問題はやさしい問題をたくさん出しておいたので，片端から解いてゆかれれば，力も付くし，自信も湧いて，楽しいと思う．

　本書のもう1つの特色に，数式計算ソフトである *Mathematica* による図や計算結果を積極的に取り入れたことがある．実際に使ってみて，大学の微分積分のほとんどすべての計算ができ，図形も書けて，改めて驚かされもし，大いに本書の執筆を楽しむことができた．*Mathematica* は，結構な値段のするソフトなので誰でも利用できるという訳にはゆかないが，これを利用するのとしないのとでは格段の違いがあることを改めて痛感させられた．若い人々の積極的な利用を期待したい．本書では，入力と出力の様子をそのまま打ち出してある．是非，この教科書の演習問題をまずは手始めに「手計算で」解いてみて，次に *Mathematica* でやってみられるように，お勧めしたい．やってみるとびっくり

するほど興奮し面白いこと間違いない．

　私は，偏微分や重積分が好きなのであるが，ここら辺りにさしかかると毎年落ちこぼれる学生諸君が多いのを，残念に思っていた．なるべく平易な考え方と叙述になるように心がけたつもりである．

　さて，私自身のことをもう少し述べると，私は教養部から情報科学研究科に移籍して13年になる．この間ずっと，「イプシロン・デルタ-論法」が次第に大学の数学教育から使われなくなっていることに危機感をもっていた．「イプシロン・デルタ-論法」に対するなにかよい「たとえ」（モデル）があれば，もっとわかりやすくなるのではないか，という思いがあった．何年か前，東京駅の仙台に帰る待合室の中で，情報科学でいうところの「計算機構」の考え方そのものが，実は，「イプシロン・デルタ-論法」ではないか，と思いついた．コンピュータを走らせるとき，どこで，コンピュータを止めたらよいのだろうか？　目標の真の値からの誤差を設定して，その範囲に計算値が入れば，コンピュータを止めればよい．この「計算」というコンピュータ・サイエンスの考え方が，微分積分の「イプシロン・デルタ-論法」にぴったりだ，と気がついたのである．なぜかこのとき深い感動を覚えたことを今も思い起こす．こうしてこの本を書く方針の基本線を定めることができたのである．

　本書を使って微積分学をエンジョイしてもらえるならば，こんなに著者冥利に尽きる幸せはない．

　朝倉書店編集部には問題とその解答をすべてチェックしていただきました．また，東北大学大学院理学研究科　西川青季先生からは重積分の定義について，貴重なご意見を賜りました．この場を借りてお礼申し上げます．

2006年10月

浦　川　　肇

Mathematica は米国 Wolfram Research Inc. の登録商標です．

目　　次

1. 実数と連続関数 ……………………………………………… 1
  1.1　現代数学の表記法 ……………………………………… 1
    1.1.1　集合と要素 ………………………………………… 1
    1.1.2　上限・下限 ………………………………………… 2
    1.1.3　区　　間 …………………………………………… 3
    1.1.4　関　　数 …………………………………………… 3
    1.1.5　合 成 関 数 ………………………………………… 4
    1.1.6　逆 関 数 …………………………………………… 4
  1.2　数列と極限値 …………………………………………… 6
    1.2.1　数　　列 …………………………………………… 6
    1.2.2　収束の厳密な定義 ………………………………… 7
    1.2.3　収束に関する諸定理 ……………………………… 9
    1.2.4　単調増加・減少数列 ……………………………… 12
    1.2.5　区間縮小法[#] ……………………………………… 14
    1.2.6　部 分 列[#] ………………………………………… 15
    1.2.7　コーシー列[#] ……………………………………… 16
  1.3　関数の極限と連続関数 ………………………………… 18
    1.3.1　関数の極限値 ……………………………………… 18
    1.3.2　関数の極限値の厳密な定義 ……………………… 19
    1.3.3　右極限と左極限 …………………………………… 20
    1.3.4　極限に関する定理 ………………………………… 20
    1.3.5　連 続 関 数 ………………………………………… 21
    1.3.6　逆 関 数 …………………………………………… 24
    1.3.7　一様連続[#] ………………………………………… 25

1.4 初等関数 ... 27
1.4.1 三角関数と逆三角関数 ... 27
1.4.2 指数関数と対数関数 ... 31
1.4.3 双曲線関数と逆双曲線関数 ... 32

2. 1変数関数の微分 ... 35
2.1 微係数と導関数 ... 35
2.1.1 微係数 ... 35
2.1.2 導関数 ... 36
2.2 平均値定理 ... 42
2.2.1 極大・極小 ... 42
2.2.2 ロルの定理と平均値定理 ... 43
2.2.3 関数の増減 ... 45
2.2.4 不定形の極限値 ... 46
2.3 高次の導関数 ... 49
2.4 テーラーの定理 ... 52
2.4.1 テーラーの定理 ... 52
2.4.2 マクローリンの定理 ... 55
2.4.3 関数の極値問題への応用 ... 56
2.4.4 関数の凹凸 ... 58
2.4.5 ニュートン近似 ... 60

3. 1変数関数の積分 ... 64
3.1 不定積分 ... 64
3.1.1 基本公式 ... 65
3.1.2 基本的性質 ... 65
3.2 不定積分の計算法 ... 69
3.2.1 有理関数の不定積分 ... 69
3.2.2 無理関数の不定積分 ... 70
3.2.3 三角関数の有理式の不定積分 ... 72
3.2.4 漸化式 ... 73

- 3.3 定積分 74
  - 3.3.1 区間の分割 74
  - 3.3.2 分割の細分 75
  - 3.3.3 定積分の定義 75
  - 3.3.4 積分可能定理と区分求積法 76
  - 3.3.5 定積分の基本的性質 78
- 3.4 広義積分 83
  - 3.4.1 広義積分 83
  - 3.4.2 不連続点を含む関数の積分 84
  - 3.4.3 収束判定法 86
- 3.5 積分の応用 89
  - 3.5.1 面積 89
  - 3.5.2 C^1-曲線の長さ 90

4. 偏微分 94
- 4.1 2変数関数の連続性 94
  - 4.1.1 2変数関数 94
  - 4.1.2 平面の領域 94
  - 4.1.3 2変数関数の極限 96
  - 4.1.4 2変数関数の連続性 97
- 4.2 偏微分と全微分 99
  - 4.2.1 偏微分 99
  - 4.2.2 全微分 101
  - 4.2.3 全微分の図形的意味 102
  - 4.2.4 合成関数の微分法 103
  - 4.2.5 ヤコビアン 106
- 4.3 高次偏導関数とテーラーの定理 107
  - 4.3.1 高次偏導関数 107
  - 4.3.2 テーラーの定理 110
- 4.4 2変数関数の極値 113
  - 4.4.1 極値 113

4.5 陰関数と条件付き極値問題 119
  4.5.1 陰 関 数 119
  4.5.2 逆写像定理 123
  4.5.3 条件付き極値問題 125

5. 重 積 分 128
5.1 重 積 分 128
5.2 累 次 積 分 133
5.3 広義重積分 140
  5.3.1 近似増加列 140
  5.3.2 広義重積分 142
  5.3.3 絶 対 収 束 143
5.4 重積分の変数変換 145
  5.4.1 変 数 変 換 145
5.5 3重積分と曲面積 151
  5.5.1 3重 積 分 151
  5.5.2 曲 面 積 155

6. 級 数 158
6.1 級 数 158
  6.1.1 級数の収束 158
  6.1.2 正 項 級 数 159
  6.1.3 絶 対 収 束 161
6.2 収束判定法と積級数 164
  6.2.1 積 級 数 168
6.3 整 級 数 171
  6.3.1 整 級 数 171
  6.3.2 収 束 半 径 172
6.4 関数項級数 175
  6.4.1 一様ノルム 175
  6.4.2 関 数 列 177

| 6.4.3 関数列の微分と積分 179
| 6.4.4 関数項級数 181
| 6.4.5 関数項級数の微分と積分 181
| 6.5 整級数の微分積分と級数展開 183
| 6.5.1 整級数の一様収束性 183
| 6.5.2 整級数の微分と積分 183
| 6.6 テーラー展開 186
| 6.6.1 テーラー展開 186

付　　録 192
| A.1 微分と積分の順序変更 192
| A.2 線積分とグリーンの定理 194
| A.2.1 平 面 曲 線 194
| A.2.2 線　積　分 194
| A.2.3 境界の向き 195
| A.3 定積分の近似公式 198
| A.3.1 台 形 公 式 198
| A.3.2 シンプソンの公式 200

演習問題の解答 201
索　　引 213

第 1 章
実数と連続関数

1.1 現代数学の表記法

現代数学では,その内容を表すのにさまざまな記号を用いて表記する.その表記法に慣れ親しむことは,数学をマスターする上において大事なことであるのみならず,現代科学とりわけ理工学やコンピュータ・サイエンスにおいて重要である.

1.1.1 集合と要素

数学では,「...」という性質を満たすもの全体の集合を考察することがある.このようなとき

$$A = \{x | \cdots\}$$

と書く.これは,「...」という性質を満たすようなすべての x から構成された集合を A は表すという意味である.このとき x が集合 A に属することを $x \in A$ と書き,x は A の**要素**(元ともいう)であるという.x が集合 A の元でないときは,$x \notin A$ と書く.

実数全体からなる集合を $\mathbb{R}$,有理数全体からなる集合を $\mathbb{Q}$,整数全体からなる集合を $\mathbb{Z}$,自然数全体からなる集合を $\mathbb{N}$ とそれぞれ記す.

2つの集合 A, B について,A に属する元がすべて B に属するとき,A は B の**部分集合**であるといい,$A \subseteq B$ と書く.このとき B は A を含むという.A が B の部分集合であり,かつ B が A の部分集合であるとき,A は B に**等**しいといい,$A = B$ と書く.そうでないとき,$A \neq B$ と書く.

$$A \cup B = \{x | x \in A \text{ または } x \in B\}$$
$$A \cap B = \{x | x \in A \text{ かつ } x \in B\}$$

をそれぞれ A と B の**和集合**，**共通部分** という．属する元が存在しない集合を**空集合** といい，$\emptyset$ と書く（図 1.1～1.3）．

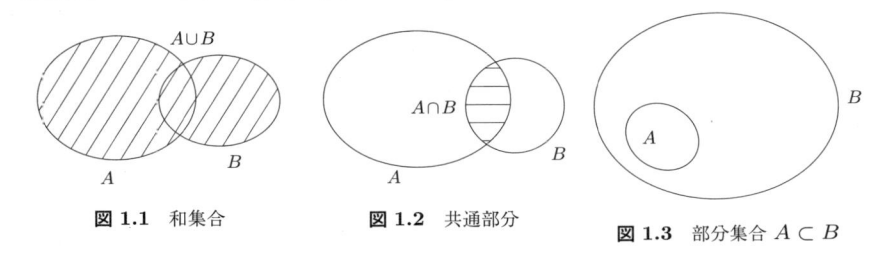

図 1.1 和集合　　**図 1.2** 共通部分　　**図 1.3** 部分集合 $A \subset B$

1.1.2　上限・下限

$A \subseteq \mathbb{R}$ とする．実数 a が A の**上界** とは，A のすべての元 x $(x \in A)$ に対して，$x \leq a$ となるときをいう．A の上界は存在するとは限らないが，存在するときは，A は**上に有界** であるという．同様に実数 b が A の**下界** とは，A のすべての元 x $(x \in A)$ に対して，$b \leq x$ となるときをいう．このような b が存在するとき，A は**下に有界** であるという．

例 1.1　$A = \{x | x \in \mathbb{Q} \text{ かつ } x \leq \sqrt{3}\}$ とする．このとき A の上界の 1 つは $\sqrt{3}$ であるが，A の下界は存在しない．

上に有界かつ下にも有界であるとき，単に**有界**という．A の元 a で A の上界であるとき，a を A の**最大数**といい，$\max A$ と書く．同様に，A の元 b で A の下界のとき，b を A の**最小数**といい，$\min A$ と書く．A が下に有界であるとする．A の下界の中での最大数を A の**下限**という．$\inf A$ と書く．同様に，A が上に有界であるとするとき，A の上界の中での最小数を A の**上限**という．$\sup A$ と書く．

例 1.1 における集合 A には最大数は存在しない．しかし，A の上限は $\sqrt{3}$ である．$\sup A = \sqrt{3}$．また，A には，下界が存在しないので，下限，最小数も存在しない．

次の定理が成り立つ．（この定理は証明しない．公理として認めることにする．）

定理 1.1 空集合でない部分集合 $A \subseteq \mathbb{R}$ が下に有界ならば，A の下限が存在する．上に有界なら A の上限が存在する．

例 1.2 $A = \{\frac{1}{n} | n = 1, 2, \ldots\}$ とする．$\min A$ は存在しない．$\inf A = 0$ である．また，$\max A = \sup A = 1$ である．

1.1.3 区　　間

a と b を 2 つの実数とし，$a < b$ とする．このとき
$(a, b) = \{x | x \in \mathbb{R}, a < x < b\}$ を**有限開区間**，
$[a, b) = \{x | x \in \mathbb{R}, a \leq x < b\}$ および $(a, b] = \{x | x \in \mathbb{R}, a < x \leq b\}$ を**有限半開区間**，
$[a, b] = \{x | x \in \mathbb{R}, a \leq x \leq b\}$ を**有限閉区間**という．
また，
$(a, +\infty) = \{x | x \in \mathbb{R}, a < x\}$, $(-\infty, b) = \{x | x \in \mathbb{R}, x < b\}$ を**無限開区間**といい，
$[a, +\infty) = \{x | x \in \mathbb{R}, a \leq x\}$, $(-\infty, b] = \{x | x \in \mathbb{R}, x \leq b\}$ を**無限閉区間**という．また，$(-\infty, +\infty) = \mathbb{R}$ である．

1.1.4 関　　数

2 つの集合 A と B があるとする．任意の $x \in A$ に対して，ある $y \in B$ が x に対応して唯 1 つ定まるとき，この対応を A から B への**関数**といい，$f : A \to B$ または単に f と書く（図 1.4）．f による x の行く先を $f(x)$ と書く．A を関数 f の**定義域**，B を**終域**といい，集合 $\{f(x) | x \in A\}$ を**値域**と

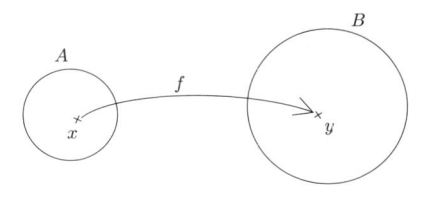

図 1.4 写像

いい，$f(A)$ と書く．$B = f(A)$，すなわち，終域=値域 のとき，f は**全射**（上への関数）とよばれる．任意の異なる 2 つの元 $x, x' \in A$ $(x \neq x')$ に対して，$f(x) \neq f(x')$ が成り立つとき，f は**単射**（1 対 1 の関数）とよばれる．全射かつ単射である関数を**全単射**という．

1.1.5 合成関数

2 つの関数 $g: A \to B$ と $f: B \to C$ に対して，
$$u = g(x), \quad y = f(u)$$
を，この順番に続けて施してできる関数
$$y = f(g(x)), \quad x \in A$$
を g と f の**合成関数**とよび，$f \circ g: A \to C$ と書く（図 1.5）．

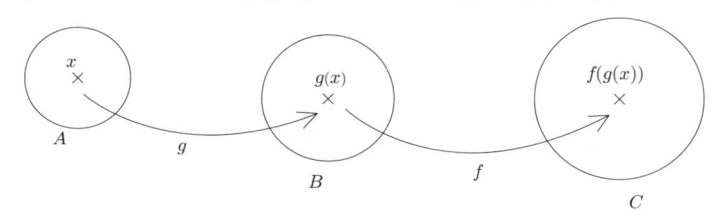

図 1.5　合成写像

例 1.3
$$g(x) = x^2 \quad (0 \leq x \leq 3),$$
$$f(u) = \frac{1}{3}u + 1 \quad (0 \leq u \leq 9)$$

とする．これら 2 つの関数 $g: A = [0,3] \to B = [0,9]$ と $f: B = [0,9] \to C = [1,4]$ の合成関数 $f \circ g: A = [0,3] \to C = [1,4]$ は
$$(f \circ g)(x) = \frac{1}{3}x^2 + 1 \quad (0 \leq x \leq 3)$$
である．

1.1.6 逆関数

関数 $f: B \to C$ が上への 1 対 1 の関数とする．このとき $y \in C$ に対して，

$y = f(x)$ となる $x \in B$ が 1 つだけ決まる．$y \in C$ に，$y = f(x)$ となる $x \in B$ を対応させる関数を f の**逆関数**とよび，$f^{-1} : C \to B$ と書く．

例 1.4
$$f(x) = \frac{1}{9}x^2 + 1 \quad (0 \leq x \leq 3),$$
のとき，$f : [0, 3] \to [1, 2]$ の逆関数 $f^{-1} : [1, 2] \to [0, 3]$ は，
$$f^{-1}(y) = \sqrt{9(y-1)} = 3\sqrt{y-1} \quad (1 \leq y \leq 2)$$
である．

例 1.5 (対数関数)
$$f(x) = e^x \quad (-\infty < x < +\infty),$$
のとき，$f : (-\infty, +\infty) \to (0, +\infty)$ の逆関数 $f^{-1} : (0, +\infty) \to (-\infty, +\infty)$ は，
$$f^{-1}(y) = \log y \quad (0 < y < +\infty)$$
である（図 1.6）．

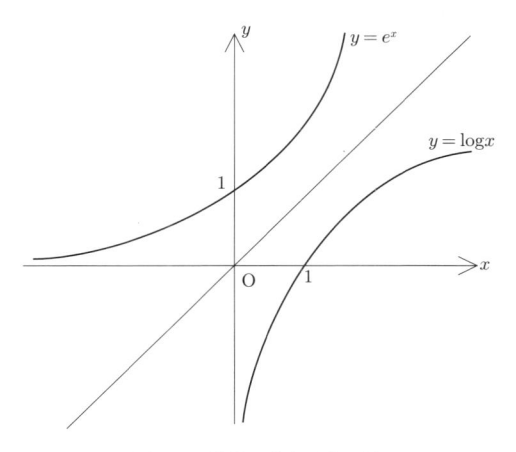

図 1.6 指数関数と対数関数

演習問題 1.1

1. $\mathbb{R}$ 上の 2 つの実数値連続関数 f, g が次のように与えられているとき，合成関数 $g \circ f$ は何になるか．それぞれ求めよ．

(1) $f(x) = e^x$, $g(x) = x^3 + 2x$.   (2) $f(x) = \frac{1}{x^2+1}$, $g(x) = \sin 3x$.

2. $\mathbb{R}$ から $\mathbb{R}$ への関数 $f(x) = \frac{2}{3}x^3 - x^2$, $x \in \mathbb{R}$ は全射であるか，単射であるかを判定せよ．

3. (1) 関数 $f : \mathbb{R} \to \mathbb{R}$ を $f(x) = 3x - 8$ により定義する．このとき, $f : \mathbb{R} \to \mathbb{R}$ は全単射であることを示し，逆関数 $f^{-1} : \mathbb{R} \to \mathbb{R}$ を求めよ．

(2) 関数 $g : \mathbb{R} \to \mathbb{R}$ を $g(x) = x^3 + 4$ により定義する．このとき, $g : \mathbb{R} \to \mathbb{R}$ は全単射であることを示し，逆関数 $g^{-1} : \mathbb{R} \to \mathbb{R}$ を求めよ．

4. 2つの関数 $f : A \to B$, $g : B \to A$ が $(g \circ f)(a) = a$, $a \in A$ を満たすならば，f は1対1で，g は上への関数であることを示せ．

5. 2つの関数 $f : \mathbb{R} \to \mathbb{R}$, $g : \mathbb{R} \to \mathbb{R}$ を
$$f(x) = \begin{cases} x^2 - 2x, & x \geq 2 \\ \frac{1}{x-2}, & x < 2 \end{cases} \qquad g(x) = \begin{cases} 1 & x > -1 \\ -1 & x \leq -1 \end{cases}$$
で定義する．合成関数 $f \circ g : \mathbb{R} \to \mathbb{R}$ および $g \circ f : \mathbb{R} \to \mathbb{R}$ は何になるか．

6. 次の集合 A の有界性，最大値，最小値，上限，下限をそれぞれ調べよ．
(1) $A = \{n \mid n^2 < 6, n \text{ は整数}\}$ (2) $A = \{x \mid x^2 - 5x + 6 < 0\}$
(3) $A = \{1 + \frac{1}{n} \mid n = 1, 2, \ldots\}$ (4) $A = \{y \mid y = x^2 - 5\}$

1.2 数列と極限値

1.2.1 数列

実数 $a_1, a_2, \ldots$ を1列に並べたものを**数列**とよび，$\{a_1, a_2, \ldots\}$ または $\{a_n\}$, あるいは $\{a_n\}_{n=1}^{\infty}$ などと表す．a_1 を初項, a_n を第 n 項という．

数列 $\{a_n\}$ が n が大きくなるに従い，ある数 α に限りなく近づくとき, $\{a_n\}$ は α に**収束する**といい, α を数列 $\{a_n\}$ の**極限値**という．記号で，このことを
$$\lim_{n \to \infty} a_n = \alpha \quad \text{または} \quad a_n \to \alpha \, (n \to \infty)$$
と書く．そうでないならば，$\{a_n\}$ は**発散する**という．とくに，$n \to \infty$ のとき, a_n が限りなく大きくなるならば，$\{a_n\}$ は $+\infty$ に**発散する**といい,
$$\lim_{n \to \infty} a_n = +\infty \quad \text{または} \quad a_n \to +\infty \quad (n \to \infty)$$
と書く．同様に,
$$\lim_{n \to \infty} a_n = -\infty \quad \text{または} \quad a_n \to -\infty \quad (n \to \infty)$$
も定義される．

1.2 数列と極限値

例 1.6 (循環小数と無理数) $0.7513513513\cdots$ のように, 同じ数字が周期的に繰り返される小数を**循環小数**といい, $0.7\dot{5}1\dot{3}$ と表記する. $0.444\cdots$ は $0.\dot{4}$ と表す.

さて, $a_n = 0.\underbrace{44\cdots 4}_{n\text{ 個}}$ とおいて得られる数列 $\{a_n\}$ を考えると,

$$\begin{aligned}
a_n &= \tfrac{4}{10} + \tfrac{4}{10^2} + \cdots + \tfrac{4}{10^n} \\
&= \tfrac{4}{10}\left(1 + \tfrac{1}{10} + \cdots + \tfrac{1}{10^{n-1}}\right) \\
&= \tfrac{4}{10}\tfrac{1-10^{-n}}{1-10^{-1}} \\
&\to \tfrac{4}{10}\tfrac{1}{1-10^{-1}} = \tfrac{4}{9} \quad (n \to \infty)
\end{aligned}$$

となる. したがって, $0.\dot{4} = \tfrac{4}{9}$ とみなせる.

他方, $\sqrt{2} = 1.41421356\cdots$ などは, 循環しない小数であり, **無理数**とよばれる.

1.2.2 収束の厳密な定義

数列 $\{a_n\}$ が α に収束することを, 「n が大きくなるに従い, a_n が α に限りなく近づくこと」と定義したが, 「どれくらい n を大きくすれば, a_n は α にどの程度近くなるのか」と, 精度を気にすると, 収束の概念を厳密に定義する必要が生じる.

このためには,

(1) a_n が α にどれくらい近いか誤差の範囲を定める,

(2) a_n がその誤差の範囲内に収まるには, n をどの程度大きくすればよいか, を設定する,

(3) しかし, 実際には「どれくらい n を大きくすればよいのかわからない」が, ともかく可能であるという状況が起きている場合が多い.

さてこのようなときどうすればよいか. 19 世紀, ボルツァノ (Bolzano) とコーシー (Cauchy) は次のようにしてこの困難を克服した. それは「あなた (汝)」と「わたし (我)」との「キャッチボール (対話法)」による論法, を用いることである.

(1) あなたがたとえ どんなに小さな数 ϵ を取ってきて, 目標の α の誤差の

範囲を $(\alpha-\epsilon, \alpha+\epsilon)$ と設定してご覧なさい．

(2) でも，私はなんとか工夫して時間 N を定めて，次のようにすることができますよ．

(3) そこから先のどんな時間 n であっても，a_n と α との誤差は目標の範囲内に収められます．つまり，どんな $n \geq N$ に対しても，
$$|a_n - \alpha| < \epsilon$$
が成り立つ（図 1.7）．

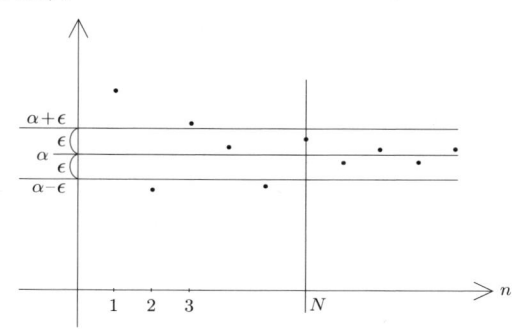

図 1.7 コーシーの論法

これはすごい自信家の言葉ですね．「たといあなたがどんなに難しい変化球を投げても，ちゃんと私は受け止められる」というのですから（図 1.8）．

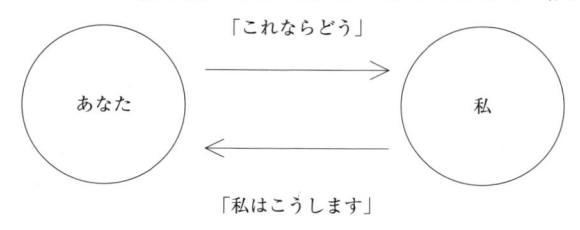

図 1.8 対話法

以上述べたことをまとめて，次のように定義する．数列 a_n が α に**収束する**とは，「どんなに小さな正の数 ϵ に対しても，十分大きな自然数 N を選び，N 以上のすべての n に対して，
$$|a_n - \alpha| < \epsilon$$
が成り立つようにすることができる」．このことを，論理記号を使って簡略に

次のように書き下す．
$$\forall \epsilon > 0,\ \exists N \geq 1;\quad |a_n - \alpha| < \epsilon, \quad (\forall n \geq N)$$
ここで，記号 $\forall$ は "All" の A，$\exists$ は "Exist" の E を，それぞれ逆さにした記号である．

1.2.3　収束に関する諸定理

収束の厳密な定義を用いると，次の定理が成り立つことが証明できる．

定理 1.2　(1)　$\lim_{n\to\infty} a_n = \alpha$ である必要十分条件は $\lim_{n\to\infty} |a_n - \alpha| = 0$ である．

(2)　数列 $\{a_n\}$ と $\{b_n\}$ が $a_n \leq b_n\ (n=1,2,\ldots)$ を満たしているとする．$\{a_n\}$ と $\{b_n\}$ が収束しているとすれば，$\lim_{n\to\infty} a_n \leq \lim_{n\to\infty} b_n$ となる．

(3)　3 つの数列 $\{a_n\}$，$\{b_n\}$，$\{c_n\}$ が $a_n \leq c_n \leq b_n$ を満たし，かつ $\lim_{n\to\infty} a_n = \lim_{n\to\infty} b_n = \alpha$ であれば，数列 $\{c_n\}$ も収束し，$\lim_{n\to\infty} c_n = \alpha$ である．

(証明)　(1)　$\lim_{n\to\infty} a_n = \alpha$ ということの厳密な定義を用いて書くと，
$$\forall \epsilon > 0,\ \exists N \geq 1;\quad |a_n - \alpha| < \epsilon \quad (\forall n \geq N)$$
ということである．また，$\lim_{n\to\infty} |a_n - \alpha| = 0$ ということを，厳密な収束の定義を用いて書くと，同じく
$$\forall \epsilon > 0,\ \exists N \geq 1;\quad |a_n - \alpha| < \epsilon \quad (\forall n \geq N)$$
となってしまうからである．

(2)　$\lim_{n\to\infty} a_n = \alpha$ および $\lim_{n\to\infty} b_n = \beta$ とし，$\alpha > \beta$ とすると，$\frac{\alpha-\beta}{2} > 0$ なので，十分大きな番号の n に対して，
$$a_n > \alpha - \frac{\alpha-\beta}{2}, \quad b_n < \beta + \frac{\alpha-\beta}{2}$$
となる．このとき，
$$a_n > \frac{\alpha+\beta}{2} > b_n$$
となる．これは仮定に反する．よって $\alpha \leq \beta$ である．

(3)　$a_n \leq c_n \leq b_n$ の仮定より，
$$a_n - \alpha \leq c_n - \alpha \leq b_n - \alpha$$
を得る．ゆえに

$$0 \leq |c_n - \alpha| \leq \max\{|a_n - \alpha|, |b_n - \alpha|\} \leq |a_n - \alpha| + |b_n - \alpha|$$

となる．ここで仮定より $\lim_{n \to \infty} a_n = \lim_{n \to \infty} b_n = \alpha$ なのであるから，$\lim_{n \to \infty}(|a_n - \alpha| + |b_n - \alpha|) = 0$ である．したがって $\lim_{n \to \infty} |c_n - \alpha| = 0$ を得る． //

定理 1.3 収束する数列は有界である．
(証明) $\lim_{n \to \infty} a_n = \alpha$ と仮定して，
$$|a_n| \leq K \quad (n = 1, 2, \ldots)$$
を満たす n には無関係な $K > 0$ が存在することを示せばよい．収束の厳密な定義を用いて示そう．$\lim_{n \to \infty} a_n = \alpha$ であるので，誤差の限界を 1 に取ると，計算時間 N が設定できて，$n \geq N$ となるすべての n に対しては誤差の範囲内に収まっている．すなわち,
$$|a_n - \alpha| \leq 1 \quad (n \geq N)$$
が成り立つ．一般に $||a| - |b|| \leq |a - b|$ が成り立つので，
$$||a_n| - |\alpha|| \leq 1 \quad (n \geq N)$$
である．とくに
$$|a_n| \leq |\alpha| + 1 \quad (n \geq N)$$
が成り立つ．そこで
$$K = \max\{|\alpha| + 1, |a_1|, \ldots, |a_{N-1}|\}$$
と K を定めると，
$$|a_n| \leq K \quad (n = 1, 2, \ldots)$$
が成り立つ．これは求める結果である． //

定理 1.4 $\lim_{n \to \infty} a_n = \alpha$, $\lim_{n \to \infty} b_n = \beta$ とする．このとき次が成り立つ．
 (1) $\lim_{n \to \infty}(\lambda a_n + \mu b_n) = \lambda \alpha + \mu \beta$ （λ, μ は定数）
 (2) $\lim_{n \to \infty} a_n b_n = \alpha \beta$
 (3) $\lim_{n \to \infty} \frac{a_n}{b_n} = \frac{\alpha}{\beta}$ （ただし $\beta \neq 0$ とする）
(証明) 定理 1.2 を使って示す．(1) は
$$0 \leq |(\lambda a_n + \mu b_n) - (\lambda \alpha + \mu \beta)| \leq |\lambda||a_n - \alpha| + |\mu||b_n - \beta|$$

であり，仮定により右辺は $n \to \infty$ のとき，0 に限りなく近づくので，定理 1.2 により示される．(2) について．

$$\begin{aligned}
|a_n b_n - \alpha\beta| &= |a_n(b_n - \beta) + \beta(a_n - \alpha)| \\
&\leq |a_n||b_n - \beta| + |\beta||a_n - \alpha| \\
&\leq K|b_n - \beta| + |\beta||a_n - \alpha| \to 0 \quad (n \to \infty)
\end{aligned}$$

となるからである．ここで定理 1.3 を使った．(3) について．$\lim_{n\to\infty} b_n = \beta \neq 0$ より，n が大きくなれば，$|b_n| \geq \frac{|\beta|}{2}$ である．したがって，

$$\begin{aligned}
\left|\frac{a_n}{b_n} - \frac{\alpha}{\beta}\right| &= \frac{|a_n\beta - b_n\alpha|}{|b_n\beta|} \\
&= \frac{|a_n\beta - \beta\alpha + \beta\alpha - b_n\alpha|}{|b_n\beta|} \\
&\leq \frac{|\beta||a_n - \alpha| + |\alpha||b_n - \beta|}{|b_n||\beta|} \\
&\leq \frac{2}{|\beta|^2}(|\beta||a_n - \alpha| + |\alpha||b_n - \beta|) \to 0 \quad (n \to \infty)
\end{aligned}$$

となるからである．//

例 1.7 それぞれ次が成り立つ．

(1) $a_n \to \alpha \ (n \to \infty)$ であれば，$\frac{1}{n}\sum_{k=1}^{n} a_k \to \alpha \ (n \to \infty)$．

(2) $a_{n+1} - a_n \to \beta \ (n \to \infty)$ ならば，$\frac{a_n}{n} \to \beta \ (n \to \infty)$．

(3) $a_n > 0$ かつ $a_n \to \alpha \ (n \to \infty)$ ならば，$\sqrt[n]{a_1 \cdots a_n} \to \alpha \ (n \to \infty)$．

(4) $a_n > 0$ かつ $\frac{a_{n+1}}{a_n} \to \alpha \ (n \to \infty)$ ならば，$\sqrt[n]{a_n} \to \alpha \ (n \to \infty)$．

実際，次のように示される．(1) の証明が一番難しい．$|a_n - \alpha| \to 0 \ (n \to \infty)$ なのであるから，任意の ϵ について，十分大きな N' を取ると，次が成り立つ．

$$|a_n - \alpha| < \frac{\epsilon}{2} \quad (n \geq N') \tag{1.1}$$

さらに，

$$\frac{1}{n}\sum_{k=1}^{N'} |a_k - \alpha| \to 0 \quad (n \to \infty)$$

なのであるから，十分大きな $N > N'$ を取ると，

$$\frac{1}{n}\sum_{k=1}^{N'} |a_k - \alpha| < \frac{\epsilon}{2} \quad (n \geq N) \tag{1.2}$$

である．したがって，$n \geq N$ ならばいつでも

$$\begin{aligned}
\left|\frac{1}{n}\sum_{k=1}^{n} a_k - \alpha\right| &\leq \frac{1}{n}\sum_{k=1}^{n} |a_k - \alpha| \\
&= \frac{1}{n}\sum_{k=1}^{N'} |a_k - \alpha| + \frac{1}{n}\sum_{k=N'+1}^{n} |a_k - \alpha| \\
&< \frac{\epsilon}{2} + \frac{1}{n}(n - N')\frac{\epsilon}{2} \quad (\text{上記の (1.2) と (1.1) により}) \\
&\leq \frac{\epsilon}{2} + \frac{\epsilon}{2} = \epsilon
\end{aligned}$$

が成り立つので，(1) が示された．

(2) (1) より，$\frac{1}{n-1}\sum_{k=1}^{n-1}(a_{k+1}-a_k) \to \beta \ (n \to \infty)$ なので，
$$\frac{a_n}{n} = \frac{n-1}{n}\frac{1}{n-1}\sum_{k=1}^{n-1}(a_{k+1}-a_k) + \frac{a_1}{n} \to \beta \quad (n \to \infty).$$

(3) $\log \sqrt[n]{a_1 \cdots a_n} \to \log \alpha \ (n \to \infty)$ を示せばよい．仮定より $\log a_n \to \log \alpha \ (n \to \infty)$ であるから，(1) より，
$$\log \sqrt[n]{a_1 \cdots a_n} = \frac{1}{n}(\log a_1 + \cdots + \log a_n) \to \log \alpha \quad (n \to \infty).$$

(4) 仮定より，$\frac{a_{n+1}}{a_n} \to \alpha \ (n \to \infty)$ であるので，
$$\log a_{n+1} - \log a_n = \log \frac{a_{n+1}}{a_n} \to \log \alpha \quad (n \to \infty)$$
である．したがって (2) により，
$$\log \sqrt[n]{a_n} = \frac{1}{n}\log a_n \to \log \alpha \quad (n \to \infty) \quad //$$

1.2.4 単調増加・減少数列

数列 $\{a_n\}$ が**上に有界**であるとは，
$$a_n \leq K \quad (n = 1, 2, \ldots)$$
を満たす定数 K が存在することであった．また，**下に有界**であるとは，
$$L \leq a_n \quad (n = 1, 2, \ldots)$$
を満たす定数 L が存在するときをいった．さらに，数列 $\{a_n\}$ が**有界**であるとは，上にも，下にも有界であることであった．

さて，数列 $\{a_n\}$ が**単調増加**であるとは，
$$a_n \leq a_{n+1} \quad (n = 1, 2, \ldots)$$
であるときをいい，**単調減少**であるとは，
$$a_n \geq a_{n+1} \quad (n = 1, 2, \ldots)$$
であるときをいう．このとき次の定理が成り立つ．

定理 1.5 (1) 上に有界な単調増加数列は収束する．
(2) また，下に有界な単調減少数列も収束する．

(証明) (2) は同様に証明できるので，(1) のみ示す．定理 1.1 より，$\{a_n\}$ の上限 (それを α とする) が存在する．このとき $\lim_{n \to \infty} a_n = \alpha$ を示そう．α 自身上界でもあるのだから，$a_n \leq \alpha \ (n = 1, 2, \ldots)$ である．他方，$\epsilon > 0$ につい

て、$\alpha-\epsilon$ は α より小である．もし，$a_n \leq \alpha-\epsilon\,(n=1,2,\ldots)$ が成り立つとすれば，$\alpha-\epsilon$ が $\{a_n\}$ の上界ということになる．これは α が $\{a_n\}$ の最小の上界であることに反する．したがって，

$$a-\epsilon < a_N \leq \alpha$$

となる番号 N が存在する．このとき，$a_n \leq a_{n+1}\,(n=1,2,\ldots)$ であるから，$n \geq N$ であれば，$\alpha-\epsilon < a_N \leq a_n \leq \alpha$ が成り立つ．だから，$|a_n - \alpha| \leq \epsilon$ が成り立つ． //

例 1.8

$$a_n = \left(1+\frac{1}{n}\right)^n \quad (n=1,2,\ldots)$$

とする．このとき極限値

$$e = \lim_{n\to\infty} a_n$$

が存在する（図 1.9）．e はネイピア (Napier) の数とよばれ，**自然対数の底に使われる**．

```
Limit[(1 + 1/x)^{x}, x → Infinity]
{e}
```

図 **1.9** *Mathematica* による計算

$e = 2.71828\cdots$ である．

(証明) 数列 $\{a_n\}$ が単調増加で，上に有界であることを示せば，定理 1.5 により，いえる．

$$\begin{aligned}
a_n &= \sum_{k=0}^{n} \frac{n!}{k!(n-k)!} n^{-k} 1^{n-k} \\
&= \sum_{k=0}^{n} \frac{1}{k!} 1\left(1-\frac{1}{n}\right) \cdots \left(1-\frac{k-1}{n}\right) \quad (\#) \\
&< \sum_{k=0}^{n} \frac{1}{k!} 1\left(1-\frac{1}{n+1}\right) \cdots \left(1-\frac{k-1}{n+1}\right) \\
&= \sum_{k=0}^{n} \frac{1}{k!} \frac{(n+1)!}{(n+1-k)!} (n+1)^{-k} \\
&< \sum_{k=0}^{n+1} \frac{1}{k!} \frac{(n+1)!}{(n+1-k)!} (n+1)^{-k} = a_{n+1}
\end{aligned}$$

となるので，$\{a_n\}$ は単調増加である．さらに，上式の (#) において，

$$1-\frac{1}{n} < 1,\ 1-\frac{2}{n} < 1,\ldots,\ 1-\frac{k-1}{n} < 1$$

なので，

$$a_n < \sum_{k=0}^{n} \frac{1}{k!} = 1 + \sum_{k=1}^{n} \frac{1}{k!}$$
$$\leq 1 + \sum_{k=1}^{n} 2^{-k+1}$$
$$< 1 + \frac{1}{1-\frac{1}{2}} = 3$$

となる．ゆえに a_n は上に有界である． //

1.2.5　区間縮小法[#]

次にカントールの区間縮小法を示す．これはボルツァノ・ワイエルシュトラスの定理を示すために使われる．

定理 1.6　閉区間の列 $I_n = [a_n, b_n]$ $(n=1,2,\ldots)$ について，

$$I_n \supset I_{n+1} \quad (n=1,2,\ldots) \quad \text{かつ} \quad \lim_{n\to\infty}(b_n - a_n) = 0$$

と仮定する．このとき，すべての閉区間 I_n $(n=1,2,\ldots)$ に含まれる実数が唯1つ存在する（図 1.10）．

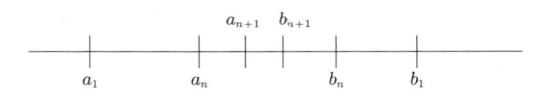

図 1.10　区間縮小法

(証明)　$I_n \subset I_1$ より，$a_n \leq b_1$ および $a_1 \leq b_n$ が成り立つ．$I_{n+1} \subset I_n$ より，$a_n \leq a_{n+1}$ および $b_{n+1} \leq b_n$ が成り立つので，$\{a_n\}$ は上に有界な単調増加数列であり，$\{b_n\}$ は下に有界な単調減少数列である．したがって，定理 1.5 と仮定の後半の部分により，$\lim_{n\to\infty} a_n = \lim_{n\to\infty} b_n$ $(= \alpha$ とおく$)$ が成り立つ．この α はすべての閉区間 I_n に含まれている．

いま，β が $\beta > \alpha$ であって，すべての I_n に含まれているとすると，$\lim_{n\to\infty} b_n = \alpha < \beta$ であるから，十分大きな n について，$b_n < \beta$ となる．この n については，$\beta \notin I_n$ となるので，これは仮定 $\beta \in I_n$ に反する．また，β が $\beta < \alpha$ であり，すべての I_n に含まれているとしても，$\beta < \alpha = \lim_{n\to\infty} a_n$ であるから，十分大きな n について，$\beta < a_n$ となる．この n については，$\beta \notin I_n$ となるので，これは仮定 $\beta \in I_n$ に反する．したがって，すべての I_n に含まれる実数は α だけである． //

1.2.6 部分列#

自然数の増加列 $n_1 < n_2 < \cdots < n_k < \ldots$ が与えられているとき，数列 $\{a_n\} = \{a_1, a_2, \ldots\}$ に対して，
$$\{a_{n_k}\}_{k=1}^{\infty} = \{a_{n_1}, a_{n_2}, \ldots\}$$
を，数列 $\{a_n\}$ の部分列という．

例 1.9 数列 $\{a_n\}$ を，
$$a_n = \frac{(-1)^n}{n^2} \quad (n = 1, 2, \ldots)$$
で与える．$n_k = 2k\, (k = 1, 2, \ldots)$ に対応する部分列は
$$a_{2k} = \frac{1}{(2k)^2} = \frac{1}{4k^2} \quad (k = 1, 2, \ldots)$$
である．

数列が α に収束するとき，その部分列はすべて α に収束する．この逆は成立しない．たとえば，数列 $\{(-1)^n\}_{n=1}^{\infty}$ を考えてみよ．しかし，次の定理が成り立つ．

定理 1.7 (ボルツァノ・ワイエルシュトラスの定理)　有界な数列は収束する部分列をもつ．

(証明)　$\{a_n\}$ を有界な数列とする．
$$L \leq a_n \leq K \quad (n = 1, 2, \ldots)$$
となる実数 K と L が存在する．そこで，閉区間 $[L, K]$ を二等分して得られる 2 つの閉区間のうちどちらか一方は，無限個の $\{a_n\}$ を含む．それを $I_1 = [L_1, K_1]$ とする．I_1 を二等分して得られる閉区間のうちどちらか一方は，無限個の $\{a_n\}$ を含む（図 1.11）．

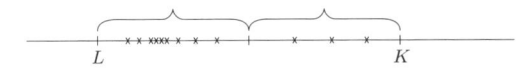

図 1.11　ボルツァノ・ワイエルシュトラスの定理

それを $I_2 = [L_2, K_2]$ とする．この操作を次々に行って，閉区間の列 $I_1, I_2, \ldots$ を作る．定理 1.6 の区間縮小法をこれに適用すると，すべての $I_n = [L_n, K_n]$ に含まれる実数が唯 1 つ決まる．それを α とする．

そこで，I_1 に含まれる a_n のうちの最小の番号 n を，n_1 とする．次に I_2 に含まれ，n_1 より大きい最初の番号の a_n を，a_{n_2} とする．こうして $\{a_n\}$ の部分列 $\{a_{n_k}\}_{k=1}^{\infty}$ が得られる．このとき
$$L_k \leq a_{n_k} \leq K_k, \quad \lim_{k\to\infty} L_k = \lim_{k\to\infty} K_k = \alpha$$
なのであるから，定理 1.2 (3) より，$a_{n_k} \to \alpha \ (k \to \infty)$ となり，$\{a_{n_k}\}$ は $\{a_n\}$ の収束する部分列である． //

1.2.7 コーシー列[#]

数列 $\{a_n\}$ がコーシー列であるとは，
$$|a_n - a_m| \to 0 \quad (n, m \to \infty)$$
となるとき，すなわち，任意の $\epsilon > 0$ に対して，
$$|a_n - a_m| < \epsilon \quad (\forall n, m \geq N)$$
が成り立つような自然数 $N \geq 1$ が存在するときをいう．

数列 $\{a_n\}$ が収束するならば，コーシー列である．なぜならば，$a_n \to \alpha$ $(n \to \infty)$ とすると，
$$\begin{aligned}|a_n - a_m| &= |a_n - \alpha + \alpha - a_m| \\ &\leq |a_n - \alpha| + |a_m - \alpha| \to 0 \quad (n, m \to \infty)\end{aligned}$$
となるからである．逆に，次が成り立つ．

定理 1.8 コーシー列は収束する．

(証明) $\{a_n\}$ がコーシー列とする．このとき，任意の $\epsilon > 0$ に対して，
$$|a_n - a_m| < \frac{\epsilon}{2} \quad (\forall n, m \geq N_1) \tag{*}$$
となる自然数 N_1 が存在する．このとき，$\{a_n\}$ は有界であることを示そう．実際，$\epsilon = 2$ に取ると，
$$|a_n - a_m| < 1 \quad (\forall n, m \geq N_2)$$
となる自然数 $N_2 \geq 1$ が存在する．$m = N_2$ として，
$$|a_n - a_{N_2}| \leq 1 \quad (\forall n \geq N_2)$$
となる．したがって，
$$||a_n| - |a_{N_2}|| \leq |a_n - a_{N_2}| \leq 1 \quad (\forall n \geq N_2)$$
となる．そこで，

$$K = \max\{|a_1|, |a_2|, \ldots, |a_{N_2-1}|, |a_{N_2}|+1\}$$

とおくと,

$$-K \leq a_n \leq K \quad (n = 1, 2, \ldots)$$

となるので, $\{a_n\}$ は有界である.

したがって, ボルツァノ・ワイエルシュトラスの定理1.7により, $\{a_n\}$ は収束する部分列をもつ. それを $\{a_{n_k}\}$ とし, $a_{n_k} \to \alpha \ (k \to \infty)$ とする. このとき, $\epsilon > 0$ に対して,

$$|a_{n_k} - \alpha| < \frac{\epsilon}{2} \quad (\forall n_k \geq N_3)$$

を満たす自然数 N_3 が存在する.

そこで $N = \max\{N_1, N_2, N_3\}$ とおき, $n_k \geq N$ を取っておくと, $n \geq N$ に対して,

$$\begin{aligned}
|a_n - \alpha| &= |a_n - a_{n_k} + a_{n_k} - \alpha| \\
&\leq |a_n - a_{n_k}| + |a_{n_k} - \alpha| \\
&< \frac{\epsilon}{2} + \frac{\epsilon}{2} = \epsilon
\end{aligned}$$

となり, $\{a_n\}$ が α に収束することがわかった. //

演習問題 1.2

1. 次の数列 $\{a_n\}$ の極限を調べよ.
(1) $a_n = \sqrt{n+1} - \sqrt{n}$ (2) $a_n = \frac{3^{n+1} - 2^n}{3^n + 2^{n+2}}$

2. 次の数列の収束・発散を調べよ. 収束するときは, その極限値を求めよ.
(1) $\sqrt{n^3+1} - \sqrt{n^3-1}$ (2) $\sqrt{n^2+2n} - n$ (3) $\frac{1}{n^2}(1+2+\cdots+n)$

3. 次の漸化式で決まる数列が収束することを示し, その極限値を求めよ.
(1) $a_1 = 3, \ a_{n+1} = 3\sqrt{a_n} \ (n=1,2,\ldots)$,
(2) $a_1 = 2, \ a_{n+1} = 4 - \frac{3}{a_n} \ (n=1,2,\ldots)$

4. 次の極限値を求めよ. a は正の定数とする.
(1) $\lim_{n\to\infty} \frac{6n^2 - 4n - 4}{2n^2 + 3n + 1}$ (2) $\lim_{n\to\infty} \sqrt{n}(\sqrt{n+1} - \sqrt{n})$
(3) $\lim_{n\to\infty} \frac{a^{2n}}{a^{2n+1} + 2}$ (4) $\lim_{n\to\infty} \frac{a^n - a^{-n}}{a^n + a^{-n}}$

5. 次の極限値を求めよ.
(1) $\lim_{n\to\infty} \frac{2n^2 - 4n + 3}{n^3}$ (2) $\lim_{n\to\infty} \frac{4n^3 + 4n^2 + 1}{n^3 + 2n + 1}$
(3) $\lim_{n\to\infty} \frac{3n^2 + 1}{n}$ (4) $\lim_{n\to\infty} \left(\log(n+1) - \log n\right)$
(5) $\lim_{n\to\infty} n^{\frac{1}{n}}$ (6) $\lim_{n\to\infty} \frac{1^2 + 2^2 + \cdots + n^2}{n^3}$

6. 次を示せ.

(1)　$0 < a < 1$ のとき，$a^n \to 0 \ (n \to \infty)$
(2)　$a > 1$ のとき，$a^n \to \infty \ (n \to \infty)$
(3)　$0 < a < \infty$ のとき，$\sqrt[n]{a} \to 1 \ (n \to \infty)$

7. 次の等式を示せ．(ただし a は正の定数である)
(1)　$\lim_{n\to\infty} \frac{a^n}{n!} = 0$ 　(2)　$\lim_{n\to\infty} \frac{n!}{n^n} = 0$ 　(3)　$\lim_{n\to\infty} \left(1 + \frac{a}{n}\right)^n = e^a$

1.3　関数の極限と連続関数

1.3.1　関数の極限値

f を $\mathbb{R}$ 上または $\mathbb{R}$ 内の区間上で定義された関数とする．x が点 a に近づくとき，$f(x)$ が実数 A に近づくならば，その A を $\lim_{x\to a} f(x)$ と書き，$x \to a$ のときの f の **極限値** とよぶ．$f(x) \to A \ (x \to a)$ とも書き，$x \to a$ のとき，関数 f は A に **収束** するともいう．

例 1.10
$$\lim_{x\to 0} x \sin \frac{1}{x} = 0.$$
しかし，関数 $\sin\left(\frac{1}{x}\right)$ $(x \neq 0)$ は $x \to 0$ のとき収束しない (図 1.12〜1.14)．

```
Limit[x Sin[1/x], x → 0]

0
```

図 1.12　*Mathematica* による計算

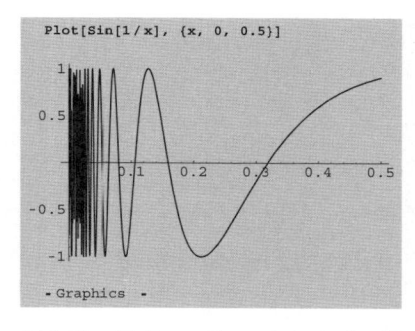

図 1.13　*Mathematica* による $\sin \frac{1}{x}$ の図 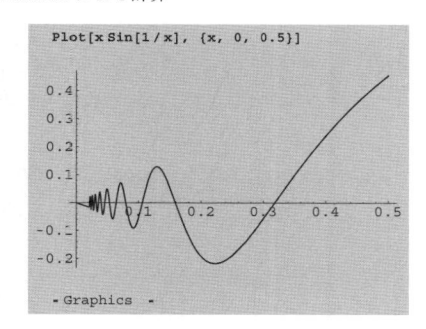　　**図 1.14**　*Mathematica* による $x \sin \frac{1}{x}$ の図

(証明)
$$\left|x\sin\frac{1}{x}\right| \leq |x| \quad (x \neq 0)$$
なのであるから，$x \to 0$ ならば，$\left|x\sin\frac{1}{x}\right| \to 0$ である．

一方，$x_n = \frac{2}{n\pi}$ $(n=1,2,\ldots)$ について，$x_n \to 0$ $(n \to \infty)$ であるが，
$$\sin\frac{1}{x_n} = \sin\frac{n\pi}{2} = \begin{cases} (-1)^m & (n = 2m+1) \\ 0 & (n = 2m) \end{cases}$$
となり，$\lim_{x \to 0} \sin\frac{1}{x}$ は存在しない． //

1.3.2　関数の極限値の厳密な定義

"$x \to a$ ならば，$f(x) \to A$" ということを，厳密に定義するには，"あなたと私の対話法" を使うとよい．

"あなたがどんなに A との誤差の範囲を小さく定めても，私は a に近い範囲を取って，そこにあるすべての x に対する f の値 $f(x)$ を，必ず誤差の限界内にとどめておくことができる．"

すなわち，
$$\forall \epsilon > 0, \exists \delta > 0: \quad a \text{ と異なる } x \text{ について}, x \in (a-\delta, a+\delta) \text{ ならば},$$
$$\text{つねに } f(x) \in (A-\epsilon, A+\epsilon) \text{ となる},$$

もう少し，煎じ詰めれば，

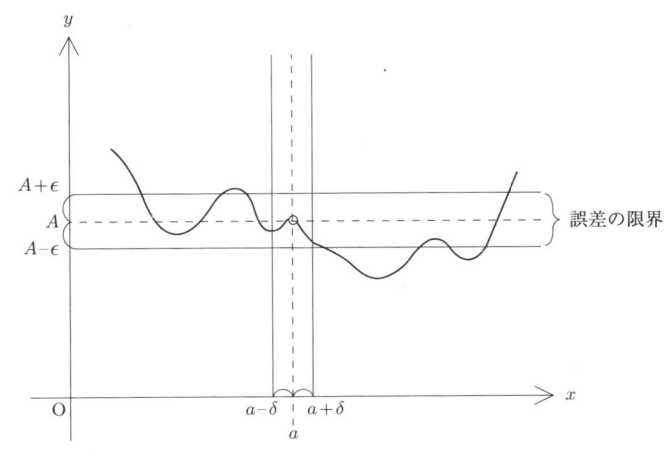

図 1.15　イプシロン・デルタ-論法

$$\forall \epsilon > 0, \exists \delta > 0; 0 < |x-a| < \delta \implies |f(x) - A| < \epsilon$$

が成り立つとき，x が a に近づくときの $f(x)$ の **極限値** は A であるといい，

$$\lim_{x \to a} f(x) = A$$

と書く．この定義をコーシーのイプシロン・デルタ-論法という（図 1.15）．

注意 1.1 上の定義は，"a に収束する数列 $\{x_n\}$ ($x_n \neq a$) に対して，数列 $\{f(x_n)\}$ が A に収束する" と定義しても同じである．

1.3.3 右極限と左極限

x が $x > a$ の範囲から a に近づくときの，$f(x)$ の極限を **右極限** といい，

$$\lim_{x \to a+0} f(x) \quad \text{あるいは} \quad \lim_{x \downarrow a} f(x)$$

と表す．x が $x < a$ の範囲から a に近づくときの，$f(x)$ の極限を **左極限** といい，

$$\lim_{x \to a-0} f(x) \quad \text{あるいは} \quad \lim_{x \uparrow a} f(x)$$

と表す（図 1.16）．$a = 0$ のときは，右極限と左極限をそれぞれ，

$$\lim_{x \to +0} f(x) \quad \text{あるいは} \quad \lim_{x \to -0} f(x)$$

とも表す．

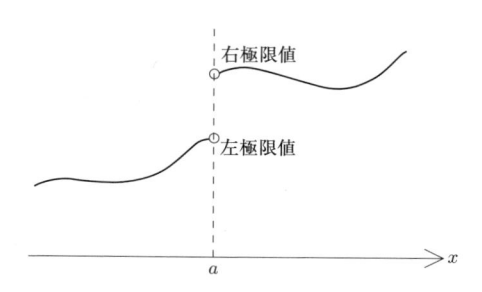

図 1.16 右極限値と左極限値

1.3.4 極限に関する定理

次の 2 つの定理が成り立つ．定理 1.2 および定理 1.4 より示される．証明は省略．

定理 1.9 3つの関数 f, g と h が a を含む区間 D で定義されており，$x \in D$

($x \neq a$) で, $f(x) \leq g(x)$ とする. このとき次が成り立つ.
(1) $x \to a$ のとき, $f(x)$ と $g(x)$ の極限値が存在するとする. このとき
$$\lim_{x \to a} f(x) \leq \lim_{x \to a} g(x)$$
(2) $x \in D$ ($x \neq a$) で, $f(x) \leq h(x) \leq g(x)$ とする. $\lim_{x \to a} f(x) = \lim_{x \to a} g(x) = A$ とすれば, $\lim_{x \to a} h(x)$ も存在して, $\lim_{x \to a} h(x) = A$ である.

定理 1.10 関数 f と g が a の近くで定義されており,
$$\lim_{x \to a} f(x) = A, \quad \lim_{x \to a} g(x) = B$$
とする. このとき次が成り立つ.
(1) $\lim_{x \to a} (\lambda f(x) + \mu g(x)) = \lambda A + \mu B$ (λ と μ は定数)
(2) $\lim_{x \to a} f(x)g(x) = AB$
(3) $\lim_{x \to a} \frac{f(x)}{g(x)} = \frac{A}{B}$ ($B \neq 0$ とする)

1.3.5 連 続 関 数

関数 f が点 a で**連続**であるとは,
$$x \to a \text{ ならば}, f(x) \to f(a)$$
すなわち,
$$\lim_{x \to a} f(x) = f(a)$$
となるときをいう. 関数 f の定義域 D のすべての点で連続であるとき, f は D で**連続**である (あるいは D 上の**連続関数**である) という. 定理 1.10 より次の定理が従う.

定理 1.11 同じ定義域をもつ連続関数 f と g について, 次が成り立つ.
(1) $\lambda f + \mu g$ も連続関数である (λ と μ は定数).
(2) fg, つまり $f(x)g(x)$ は連続関数である.
(3) $\frac{f}{g}$, つまり $\frac{f(x)}{g(x)}$ も連続関数である (ただし $g(x) \neq 0$ とする).

定理 1.12 関数 g の値域が f の定義域に含まれているとする. g が $x = a$ で連続とし, f が $g(a)$ で連続とする. このとき, $u = g(x)$, $y = f(u)$ の合成関

数 $f \circ g$ は $x = a$ で連続である.

(証明) a に収束する数列 $\{x_n\}$ を取る. g は a で連続なので, 数列 $\{g(x_n)\}$ は $g(a)$ に収束する. さらに f は $g(a)$ で連続なので, 数列 $\{f(g(x_n))\}$ は $f(g(a))$ に収束するからである. //

定理 1.13 関数 f が $x = a$ で連続とし, $f(a) \neq 0$ とする. このとき, 正の数 $\delta > 0$ を十分小さく取って, $x \in (a-\delta, a+\delta)$ のとき, $f(x)$ と $f(a)$ は同符号であるようにすることができる.

(証明) $f(a) > 0$ とする. f は a で連続なので, x が a に近ければ, $f(x)$ も $f(a)$ に近い. したがって, $\epsilon = \frac{f(a)}{2} > 0$ に対する $\delta > 0$ を取り, $|x-a| < \delta$ ならば,
$$|f(x) - f(a)| < \frac{f(a)}{2} = \epsilon$$
となるようにできる. このとき $|x-a| < \delta$ ならば,
$$\begin{aligned} f(x) &= f(a) - (f(a) - f(x)) \\ &\geq f(a) - |f(a) - f(x)| \\ &> f(a) - \frac{f(a)}{2} \\ &= \frac{f(a)}{2} > 0 \end{aligned}$$
となる. $f(a) < 0$ のときも同様である. //

定理 1.14 (中間値の定理) 関数 f が 閉区間 $[a,b]$ 上で連続とする. $f(a) < \gamma < f(b)$ または $f(a) > \gamma > f(b)$ ならば, $f(c) = \gamma$ $(a < c < b)$ となる c が存在する.

(証明) $f(a) < \gamma < f(b)$ のときのみ示す.

$a_1 = a$, $b_1 = b$ とし, a_1, b_1 の中点を c_1 とする.

$$f(c_1) \geq \gamma \text{ のときは}, a_2 = a_1, b_2 = c_1,$$

$$f(c_1) < \gamma \text{ のときは}, a_2 = c_1, b_2 = b_1$$

とおくと,
$$\begin{cases} f(a_2) < \gamma \leq f(b_2) \\ [a_2, b_2] \text{ は } [a_1, b_1] \text{ の右半分か左半分である.} \end{cases}$$
同様に, $[a_2, b_2]$ の左半分か右半分を選び, それを $[a_3, b_3]$ とすると,
$$f(a_3) < \gamma \leq f(b_3)$$

とできる．

以下，この操作を繰り返して，
$$a_1 \leq a_2 \leq a_3 \leq \cdots \leq a_n \leq \cdots$$
$$b_1 \geq b_2 \geq b_3 \geq \cdots \geq b_n \geq \cdots$$
をつくる．このとき，$\{a_n\}$ は単調増加数列で，$\{b_n\}$ は単調減少数列であり，
$$\begin{cases} f(a_n) < \gamma \leq f(b_n) \\ a \leq a_n < b_n \leq b \\ b_n - a_n = \frac{b-a}{2^{n-1}} \to 0 \, (n \to \infty) \end{cases}$$
となる．したがって，定理 1.5 により，2 つの数列 $\{a_n\}$, $\{b_n\}$ は収束し，
$$\lim_{n \to \infty} a_n = \lim_{n \to \infty} b_n \quad (= c \text{ とおく})$$
である．このとき，$a < c < b$ であり，
$$\gamma \leq \lim_{n \to \infty} f(b_n) = f(c) = \lim_{n \to \infty} f(a_n) \leq \gamma$$
となるので，$f(c) = \gamma$ である． //

定理 1.15（ワイエルシュトラスの定理） 関数 f が閉区間 $[a,b]$ 上で連続とする．このとき f はそこで最大値および最小値を取る．

とくに，$[a,b]$ 上の連続関数は有界である．

(証明) はじめに，f が $[a,b]$ 上有界であることを示そう．いま，上に有界でないとすると，$[a,b]$ に含まれる数列 $\{c_n\}$ で，$\lim_{n \to \infty} f(c_n) = +\infty$ となるものが存在する．$\{c_n\}$ は有界なので，定理 1.7 より，数列 c_n は収束する部分列 $\{c_{n_k}\}$ をもつ．$c_{n_k} \to c \, (k \to \infty)$ とする．f は連続なので，$\lim_{k \to \infty} f(c_{n_k}) = f(c)$ であるが，一方，$\lim_{n \to \infty} f(c_n) = +\infty$ より，$\lim_{k \to \infty} f(c_{n_k}) = +\infty$ となるので，$f(c) = +\infty$ となる．これは矛盾である．

したがって f の値域 $f([a,b]) = \{f(x) | x \in [a,b]\}$ は上に有界な集合である．したがって定理 1.1 により，その上限が存在する．それを M とする．このとき，各 $n = 1, 2, \ldots$ に対して，$[M - \frac{1}{n}, M]$ には $f([a,b])$ の元が存在する．もし存在しないとすれば，$M - \frac{1}{n}$ が $f([a,b])$ の上界となり，M が上限であることに矛盾するからである．そこで，この存在する点を 1 つ取り $f(c_n)$ とする．このとき $c_n \in [a,b]$ であり，$f(c_n) \to M \, (n \to \infty)$ である．定理 1.7 より，数列 $\{c_n\}$ は収束する部分列 $\{c_{n_k}\}$ をもつ．$c_{n_k} \to c \, (k \to \infty)$ とする．このとき，$c \in [a,b]$ であり，関数 f は連続なので，

$$f(c) = \lim_{k \to \infty} f(c_{n_k}) = M$$

となる.したがって f は $x = c$ で最大値 M を取ることがわかった.最小値についても同様である ($-f$ を考えればよい). //

1.3.6 逆関数

関数 f が

$$x_1 < x_2 \quad \text{ならば} \quad f(x_1) \leq f(x_2) \quad (f(x_1) \geq f(x_2))$$

を満たすとき,**単調増加**(**単調減少**)であるといい,とくに,

$$x_1 < x_2 \quad \text{ならば} \quad f(x_1) < f(x_2) \quad (f(x_1) > f(x_2))$$

を満たすとき,**狭義単調増加**(**狭義単調減少**)であるという.

定理 1.16 (1) f が $[a,b]$ 上の連続な狭義単調増加関数であるならば,f の逆関数 $f^{-1} : [f(a), f(b)] \to [a,b]$ が定まり,f^{-1} は $[f(a), f(b)]$ 上の連続な狭義単調増加関数である.

(2) f が $[a,b]$ 上の連続な狭義単調減少関数であるならば,f の逆関数 $f^{-1} : [f(b), f(a)] \to [a,b]$ が定まり,f^{-1} は $[f(b), f(a)]$ 上の連続な狭義単調減少関数である.

(証明) (1) のみ示す.中間値の定理 (定理 1.14) より,各 $y \in [f(a), f(b)]$ に対して,$y = f(x)$ となる $x \in [a,b]$ が存在する.f は狭義単調増加なのであるから,この x は唯 1 つ定まるので,y に x を対応させる逆関数 $x = f^{-1}(y)$ が定まる.

f^{-1} が狭義単調増加であることをみるのは容易である.実際,$f(a) \leq y_1 < y_2 \leq f(b)$ とする.もし,$f^{-1}(y_1) \geq f^{-1}(y_2)$ とすると,f は単調増加なのであるから,

$$y_1 = f(f^{-1}(y_1)) \geq f(f^{-1}(y_2)) = y_2$$

となり,$y_1 < y_2$ に反する.ゆえに $f^{-1}(y_1) < f^{-1}(y_2)$ である.

f^{-1} が連続であることをみる.いま,$\eta = f(c)$ $(a < c < b)$ とする.$\epsilon > 0$ を任意に取り,$f^{-1}(\eta) = c$ との誤差の範囲を $(c-\epsilon, c+\epsilon)$ と定める.これに対し,

$$\delta_1 = \begin{cases} f(c) - f(c-\epsilon) & (c-\epsilon \geq a \text{ のとき}) \\ f(c) - f(a) & (c-\epsilon < a \text{ のとき}) \end{cases}$$

と $\delta_1 > 0$ を定める．このとき，$y = f(x)$ について，
$$\eta - \delta_1 < y < \eta \iff f^{-1}(f(c) - \delta_1) < f^{-1}(y) < f^{-1}(\eta)$$
$$\iff c - \epsilon < x < c$$
となる．また，
$$\delta_2 = \begin{cases} f(c+\epsilon) - f(c) & (c+\epsilon \leq b \text{ のとき}) \\ f(b) - f(c) & (c+\epsilon > b \text{ のとき}) \end{cases}$$
と $\delta_2 > 0$ を定める（図 1.17）．

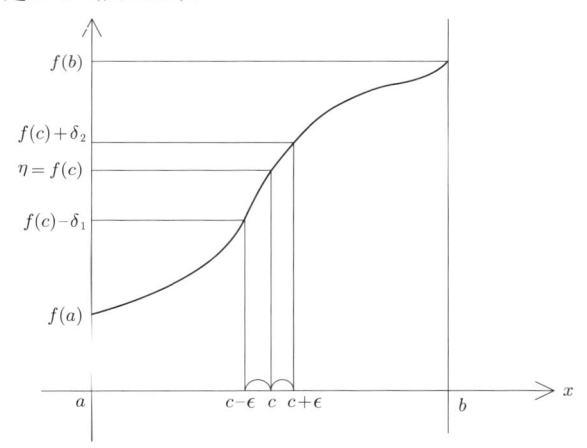

図 1.17 逆関数

このとき，$y = f(x)$ について，
$$\eta < y < \eta + \delta_2 \iff f^{-1}(\eta) < f^{-1}(y) < f^{-1}(\eta + \delta_2)$$
$$\iff c < x < c + \epsilon$$
となる．そこで $\delta = \min(\delta_1, \delta_2)$ とおくと，
$$|y - \eta| < \delta \text{ ならば，} |f^{-1}(y) - f^{-1}(\eta)| = |x - c| < \epsilon$$
が成り立つ．（$\eta = f(a)$ $(c = a)$ または $\eta = f(b)$ $(c = b)$ のときも，同様であるので，各自試みよ．） //

1.3.7 一様連続[#]

区間 I 上の関数 f が**一様連続**であるとは，

$$|x - y| \to 0 \quad (x, y \in I) \quad \text{ならば} \quad |f(x) - f(y)| \to 0 \quad \text{が成り立つこと，}$$

すなわち,
$$\forall \epsilon > 0, \exists \delta > 0; \quad |x-y| < \delta \implies |f(x)-f(y)| < \epsilon$$
となるときをいう. 関数 f が区間 I 上で一様連続であれば, I 上の各点で f は連続である. さらに次の定理が成り立つ. この定理は定積分の定義で使われる.

定理 1.17 閉区間 $I = [a,b]$ 上の連続関数は一様連続である.
(証明) 背理法で示される. 結論を否定する.
$$\exists \epsilon > 0, \quad \forall \delta > 0; \quad |x-y| < \delta \text{ であるが}, |f(x)-f(y)| \geq \epsilon \text{ となる}$$
$$\text{ような } x \text{ と } y \text{ が存在する}.$$

さて, 上記の $\delta > 0$ として, $\delta = \frac{1}{n}$ $(n=1,2,\ldots)$ をとり, それらに対する上記の x と y を, x_n と y_n とする. このとき,
$$|x_n - y_n| < \frac{1}{n} \quad \text{かつ} \quad |f(x_n) - f(y_n)| \geq \epsilon \quad (n=1,2,\ldots) \tag{1.3}$$
が成り立つ. このとき, 数列 x_n は区間 $[a,b]$ に含まれているので, 有界である. したがってボルツァノ・ワイエルシュトラスの定理 (定理1.7) により, 収束する部分列を含む. それを $\{x_{n_k}\}$ とし, $x_{n_k} \to c$ $(k \to \infty)$ とする. $a \leq x_{n_k} \leq b$ より, $a \leq c \leq b$ である. ところが y_{n_k} については, 上式 (1.3) より,
$$|x_{n_k} - y_{n_k}| < \frac{1}{n_k} \to 0 \quad (k \to \infty)$$
なのであるから, $y_{n_k} \to c$ $(k \to \infty)$ である. さて, f は $x = c$ においても連続であるので,
$$\lim_{k \to \infty} f(x_{n_k}) = \lim_{k \to \infty} f(y_{n_k}) = f(c)$$
である. ゆえに
$$\begin{aligned}|f(x_{n_k}) - f(y_{n_k})| &= |f(x_{n_k}) - f(c) + f(c) - f(y_{n_k})| \\ &\leq |f(x_{n_k}) - f(c)| + |f(c) - f(y_{n_k})| \to 0 \quad (k \to \infty)\end{aligned}$$
となる. これは, x_{n_k} と y_{n_k} を
$$|f(x_{n_k}) - f(y_{n_k})| \geq \epsilon$$
が成り立つように取ったことと矛盾する. したがって, f は I 上で一様連続である. //

演習問題 1.3

1. 次の関数の極限値を求めよ.
(1) $\lim_{x\to\infty}\left(\sqrt{x^2+1}-x\right)$ (2) $\lim_{x\to 2}\frac{x-2}{x^2-5x+6}$ (3) $\lim_{x\to -1}\frac{x}{(x+1)^2}$
(4) $\lim_{x\to 1}\frac{x^3-1}{x-1}$ (5) $\lim_{x\to 1}\frac{x-1}{\sqrt{x+3}-2}$ (6) $\lim_{x\to 0}x^3\sin\frac{1}{x}$

2. 連続関数 $f(x)=\frac{1}{x}$ は区間 $(0,1]$ において一様連続か?

3. 次のように定義される $\mathbb{R}$ 上の関数 $f(x)$ の連続性を調べよ.
$$f(x)=\begin{cases}\frac{|x|}{x} & (x\neq 0)\\ 0 & (x=0)\end{cases}$$

4. 関数 $f(x)$ が区間 I 上で連続ならば,関数 $|f(x)|$ も区間 I 上で連続であることを示せ.

5. 問題 3 の関数 $f(x)$ について,右側極限値 $\lim_{x\to +0}f(x)$ と左側極限値 $\lim_{x\to -0}f(x)$ を求めよ.

6. 関数 $f(x)=\begin{cases}x^2+1 & (x\leq 0)\\ x-1 & (x>0)\end{cases}$ の $x=0$ における右側極限値と左側極限値をそれぞれ求めよ.

1.4 初 等 関 数

1.4.1 三角関数と逆三角関数

三角関数を微分積分学で扱う際,角度を表す変数は弧度法を用いて表す.すなわち,半径 1 の円 (単位円という) を描き,中心における角を,対応する円弧の長さで表し,ラジアンとよばれる単位で表す (ただしラジアンは普通省略する).半径 1 の円周の長さが 2π である (円周率 π の定義) ので 360°が 2π で

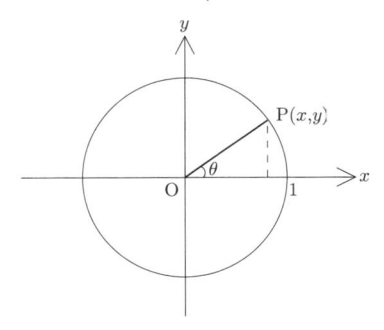

図 1.18 弧度法

あり，$90°$ は $\frac{\pi}{2}$ となる．

xy-平面内にある原点 O 中心の単位円周上点 P の座標を (x,y) とし，OP と x 軸とのなす角を θ とする (図 1.18 を参照)．

このとき，$\cos\theta, \sin\theta, \tan\theta$ が
$$\cos\theta = x, \quad \sin\theta = y, \quad \tan\theta = \frac{y}{x} = \frac{\sin\theta}{\cos\theta}$$
により定義される．角度 θ は一般角で表すものとする．これらの関数は θ の周期 2π の周期関数である．

このとき次の事柄が成り立つ．$\cot, \sec, \cosec$ は定義である．

1. $\sin\theta$, $\cos\theta$ および $\tan\theta$ のグラフは図 1.19〜1.21 のようである．

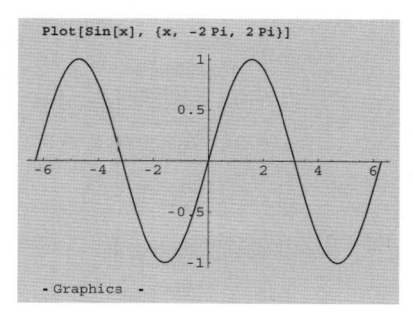

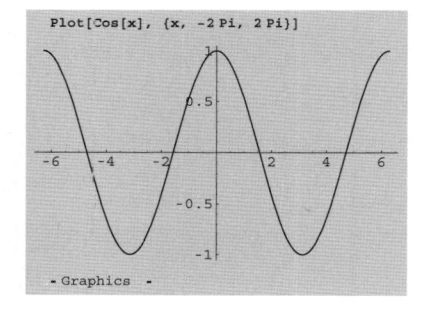

図 1.19 *Mathematica* による $\sin x$ の図 **図 1.20** *Mathematica* による $\cos x$ の図

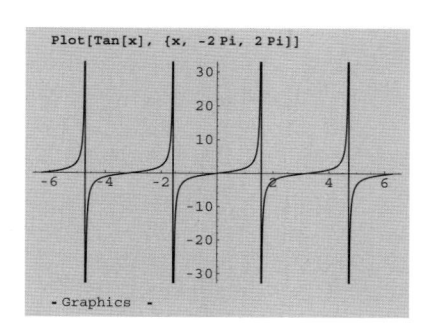

図 1.21 *Mathematica* による $\tan x$ の図

2.
$$\sin^2\theta + \cos^2\theta = 1,$$
$$\cot\theta = \frac{1}{\tan\theta}, \quad \sec\theta = \frac{1}{\cos\theta}, \quad \cosec\theta = \frac{1}{\sin\theta}$$

3. 加法定理

$$\sin(\alpha\pm\beta) = \sin\alpha\cos\beta \pm \cos\alpha\sin\beta$$
$$\cos(\alpha\pm\beta) = \cos\alpha\cos\beta \mp \sin\alpha\sin\beta$$
$$\tan(\alpha\pm\beta) = \frac{\tan\alpha \pm \tan\beta}{1 \mp \tan\alpha\tan\beta}$$

4. 積を和, 差に直す公式
$$\sin\alpha\cos\beta = \tfrac{1}{2}(\sin(\alpha+\beta)+\sin(\alpha-\beta))$$
$$\cos\alpha\sin\beta = \tfrac{1}{2}(\sin(\alpha+\beta)-\sin(\alpha-\beta))$$
$$\cos\alpha\cos\beta = \tfrac{1}{2}(\cos(\alpha+\beta)+\cos(\alpha-\beta))$$
$$\sin\alpha\sin\beta = -\tfrac{1}{2}(\cos(\alpha+\beta)-\cos(\alpha-\beta))$$

5. 和, 差を積に直す公式
$$\sin\alpha+\sin\beta = 2\sin\tfrac{\alpha+\beta}{2}\cos\tfrac{\alpha-\beta}{2}$$
$$\sin\alpha-\sin\beta = 2\cos\tfrac{\alpha+\beta}{2}\sin\tfrac{\alpha-\beta}{2}$$
$$\cos\alpha+\cos\beta = 2\cos\tfrac{\alpha+\beta}{2}\cos\tfrac{\alpha-\beta}{2}$$
$$\cos\alpha-\cos\beta = -2\sin\tfrac{\alpha+\beta}{2}\sin\tfrac{\alpha-\beta}{2}$$

定理 1.18
$$\lim_{x\to 0}\frac{\sin x}{x} = 1$$
(証明) 図1.22のように, △OAB, 扇形 OAB, △OAP の面積を比較し, △OHB における三角不等式を使うと, $0 \leq x < \frac{\pi}{2}$ のとき,
$$\begin{cases} 0 \leq \sin x \leq x \leq \tan x \\ 0 \leq 1-\cos x \leq \sin x \end{cases}$$
が成り立つ.

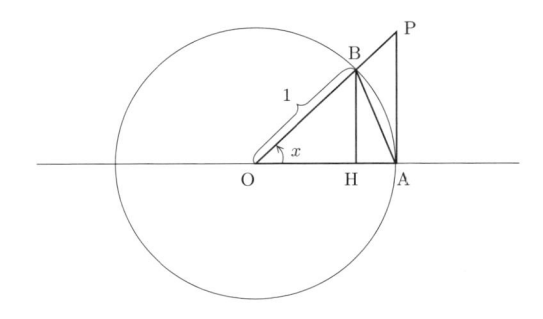

図 1.22 三角関数の大小

したがって $\lim_{x \to +0} \sin x = 0$ および $\lim_{x \to +0} \cos x = 1$ を得る．また上式より，$\cos x \leq \frac{\sin x}{x} \leq 1$ が成り立つので，
$$1 = \lim_{x \to +0} \cos x \leq \lim_{x \to +0} \frac{\sin x}{x} \leq 1.$$
また，$x < 0$ のときは，$x = -y$ とおくと，
$$\lim_{x \to -0} \frac{\sin x}{x} = \lim_{y \to +0} \frac{\sin(-y)}{-y} = \lim_{y \to +0} \frac{\sin y}{y} = 1. \quad //$$

$\sin x$ を定義域 $[-\frac{\pi}{2}, \frac{\pi}{2}]$ で考えると，連続な狭義単調増加関数なので，連続な逆関数が存在し，その定義域は $[-1, 1]$ である．$\sin^{-1} x$, $\arcsin x$ (アークサイン) と書く．
$$y = \sin^{-1} x \iff \sin y = x \quad \text{である．} \begin{cases} -\frac{\pi}{2} \leq y \leq \frac{\pi}{2} \\ -1 \leq x \leq 1 \end{cases}$$

$\cos x$ を定義域 $[0, \pi]$ で考えると，連続な狭義単調減少関数なので，連続な逆関数が存在し，その定義域は $[-1, 1]$ である．$\cos^{-1} x$, $\arccos x$ (アークコサイン) と書く．
$$y = \cos^{-1} x \iff \cos y = x \quad \text{である．} \begin{cases} 0 \leq y \leq \pi \\ -1 \leq x \leq 1 \end{cases}$$

$\tan x$ を定義域 $(-\frac{\pi}{2}, \frac{\pi}{2})$ で考えると，値域が $\mathbb{R}$ となる連続な狭義単調増加関数なので，連続な逆関数が存在し，その定義域は $\mathbb{R}$ である．$\tan^{-1} x$, $\arctan x$ (アークタンジェント) と書く．
$$y = \tan^{-1} x \iff \tan y = x \quad \text{である．} \begin{cases} -\frac{\pi}{2} < y < \frac{\pi}{2} \\ -\infty < x < \infty \end{cases}$$

以上を逆三角関数という．それらのグラフは図 1.23～1.25 のようである．

注意 1.2 $\sin^{-1} x$ は $\frac{1}{\sin x}$ を表すのではない．

逆三角関数アークセカント $\operatorname{arcsec} x$, アークコセカント $\operatorname{arccosec} x$, アークコタンジェント $\operatorname{arccot} x$ すなわち $\sec^{-1} x$, $\operatorname{cosec}^{-1} x$, $\cot^{-1} x$ も同様に定義することができる (各自確かめよ)．

問 1.1 $y = \sec^{-1} x$, $y = \operatorname{cosec}^{-1} x$, $y = \cot^{-1} x$ のグラフを書け．

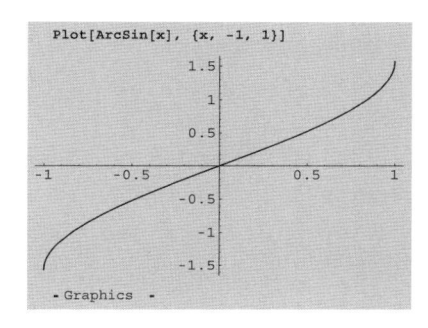

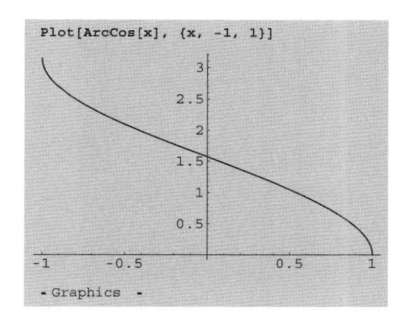

図 1.23 $Mathematica$ による $\arcsin x$ の図　**図 1.24** $Mathematica$ による $\arccos x$ の図

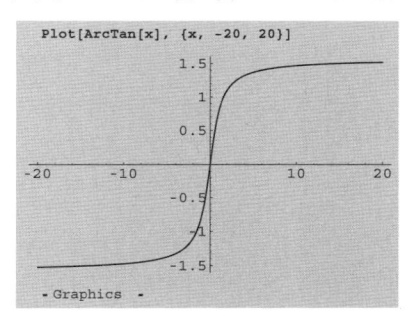

図 1.25 $Mathematica$ による $\arctan x$ の図

1.4.2 指数関数と対数関数

$a > 0$, $a \neq 0$ ならば，指数関数 a^x は，定義域を $\mathbb{R}$ にもつ連続関数であり，$a > 1$ ならば，a^x は狭義単調増加関数であり，$0 < a < 1$ ならば，a^x は狭義単調減少関数である（図 1.26）.

$a > 0$ のとき，a^x の逆関数が定義される．$\log_a x$ と表し，a を底とする**対数関数**という．

$$y = \log_a x \iff a^y = x$$

$a > 1$ ならば，$\log_a x$ は $\{x \in \mathbb{R} | x > 0\}$ を定義域にもつ連続な狭義単調増加関数である．$a = e$ のとき，$\log_e x$ を $\log x$ と表し，**自然対数**という．

定理 1.19

(1) $\lim_{x \to \pm\infty} \left(1 + \frac{1}{x}\right)^x = e$　(2) $\lim_{x \to 0} (1+x)^{\frac{1}{x}} = e$

(3) $\lim_{x \to 0} \frac{\log(1+x)}{x} = 1$　(4) $\lim_{x \to 0} \frac{e^x - 1}{x} = 1$

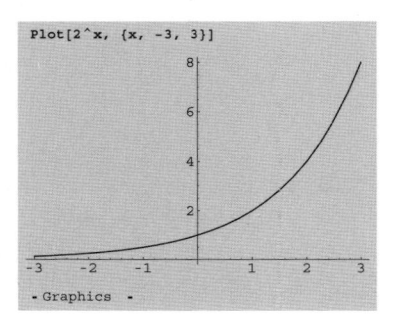

図 1.26 *Mathematica* による 2^x の図

(証明) (1) $x > 1$ のとき, 自然数 n を $n \leq x < n+1$ にとる. このとき
$$\left(1+\frac{1}{n+1}\right)^n < \left(1+\frac{1}{x}\right)^n \leq \left(1+\frac{1}{x}\right)^x < \left(1+\frac{1}{x}\right)^{n+1} \leq \left(1+\frac{1}{n}\right)^{n+1}$$
となる. $x \to \infty$ のとき, $n \to \infty$ であり,
$$\lim_{n\to\infty} \left(1+\tfrac{1}{n+1}\right)^n = \lim_{n\to\infty} \left(1+\tfrac{1}{n+1}\right)^{n+1} \left(1+\tfrac{1}{n+1}\right)^{-1} = e$$
$$\lim_{n\to\infty} \left(1+\tfrac{1}{n}\right)^{n+1} = \lim_{n\to\infty} \left(1+\tfrac{1}{n}\right)^n \left(1+\tfrac{1}{n}\right) = e$$
ゆえに, $\lim_{x\to\infty} \left(1+\tfrac{1}{x}\right)^x = e$. $x < 0$ のときは, $x = -y$ $(y > 0)$ とおく.
$$\lim_{x\to-\infty} \left(1+\tfrac{1}{x}\right)^x = \lim_{y\to\infty} \left(1-\tfrac{1}{y}\right)^{-y} = \lim_{y\to\infty} \left(\tfrac{y}{y-1}\right)^y$$
$$= \lim_{y\to\infty} \left(1+\tfrac{1}{y-1}\right)^{y-1} \left(1+\tfrac{1}{y-1}\right) = e$$

(2) (1) において $x = \frac{1}{y}$ とおくとよい.

(3) (2) の両辺の対数を取るとよい.

(4) (3) において, $y = \log(1+x)$ とおくと, $x = e^y - 1$. $x \to 0$ ならば, $y \to 0$ なので,
$$\lim_{y\to 0} \frac{y}{e^y - 1} = \lim_{x\to 0} \frac{\log(1+x)}{x} = 1$$
したがって, $\lim_{y\to 0} \frac{e^y - 1}{y} = 1$ となる. //

1.4.3 双曲線関数と逆双曲線関数

次のように定義される関数 $\sinh x$, $\cosh x$, $\tanh x$, $\coth x$ をそれぞれ, ハイパーボリック・サイン, ハイパーボリック・コサイン, ハイパーボリック・タンジェント, ハイパーボリック・コタンジェントとよぶ. これらを**双曲線関数**という.

$$\sinh x = \frac{e^x - e^{-x}}{2}, \quad \cosh x = \frac{e^x + e^{-x}}{2}, \quad \tanh x = \frac{\sinh x}{\cosh x},$$

1.4 初等関数

これら3つの関数は $\mathbb{R}$ を定義域とするが，$\coth x = \frac{\cosh x}{\sinh x}$ は $\mathbb{R} - \{0\}$ を定義域とする．

問 1.2　$y = \sinh x$, $y = \cosh x$, $y = \tanh x$ のグラフを書け．

$\sinh x$, $\tanh x$ は $\mathbb{R}$ 上で定義された狭義単調増加関数であるので，逆関数が存在する（図1.27, 図1.29）．

$$y = \sinh^{-1} x \iff \sinh y = x, \quad \begin{cases} -\infty < x < \infty, \\ -\infty < y < \infty \end{cases}$$

$$y = \tanh^{-1} x \iff \tanh y = x, \quad \begin{cases} -1 < x < 1, \\ -\infty < y < \infty \end{cases}$$

$\cosh x$ は $[0, \infty)$ で考えると，狭義単調増加関数であるので，逆関数が存在する．

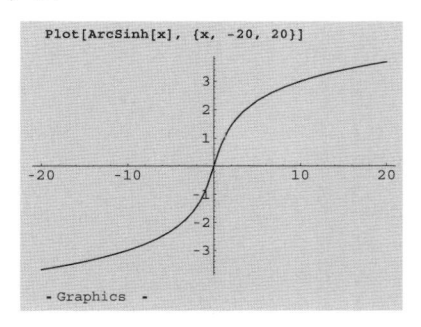

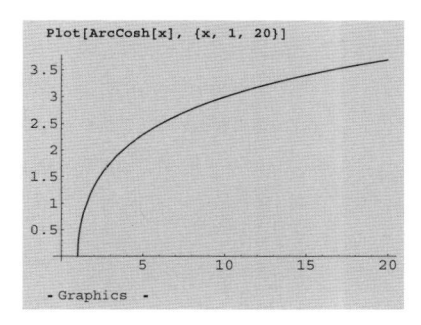

図 1.27　*Mathematica* による $\sinh^{-1} x$ の図　　**図 1.28**　*Mathematica* による $\cosh^{-1} x$ の図

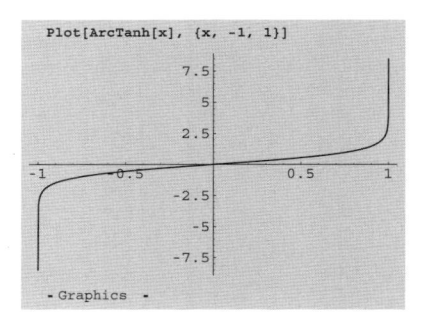

図 1.29　*Mathematica* による $\tanh^{-1} x$ の図

$$y = \cosh^{-1} x \iff \cosh y = x. \quad \begin{cases} 1 \leq x < \infty, \\ 0 \leq y < \infty \end{cases}$$

$\coth x$ は $(-\infty, 0) \cup (0, \infty)$ で定義された単調減少関数であるので，逆関数が存在する（図 1.28）．

$$y = \coth^{-1} x \iff \coth y = x. \quad \begin{cases} -\infty < x < -1, \; -\infty < y < 0, \\ 1 < x < \infty, \; 0 < y < \infty \end{cases}$$

問 1.3 $\sinh^{-1} x$, $\cosh^{-1} x$, $y = \tanh^{-1} x$, $\coth^{-1} x$ の関数のグラフを書け．

演習問題 1.4

1. 次の値を計算せよ．
(1) $\arcsin\left(-\frac{\sqrt{3}}{2}\right)$ (2) $\arccos 0$ (3) $\arccos \frac{\sqrt{3}}{2}$ (4) $\arctan\left(-\frac{\sqrt{3}}{3}\right)$

2. 次の方程式を満たす x を求めよ．
(1) $\arcsin x = \arccos \frac{3}{5}$ (2) $\arccos x = \arctan \sqrt{5}$

3. 次の関係式を示せ．
(1) $\cosh^2 x - \sinh^2 x = 1$
(2) $(\cosh x \pm \sinh x)^n = \cosh nx \pm \sinh nx$
(3) $\sinh(\alpha \pm \beta) = \sinh \alpha \cosh \beta \pm \cosh \alpha \sinh \beta$
(4) $\cosh(\alpha \pm \beta) = \cosh \alpha \cosh \beta \pm \sinh \alpha \sinh \beta$

4. 次の関係式を示せ．
(1) $\sinh^{-1} x = \log\left(x + \sqrt{x^2 + 1}\right)$ $(-\infty < x < \infty)$
(2) $\cosh^{-1} x = \log\left(x + \sqrt{x^2 - 1}\right)$ $(1 \leq x < \infty)$
(3) $\tanh^{-1} x = \frac{1}{2} \log \frac{1+x}{1-x}$ $(|x| < 1)$
(4) $\coth^{-1} x = \frac{1}{2} \log \frac{x+1}{x-1}$ $(|x| > 1)$

5. 次のように定義される $\mathbb{R}$ 上の関数の連続性を調べよ．
$$f(x) = \begin{cases} x^2 \sin \frac{1}{x} & (x \neq 0) \\ 0 & (x = 0) \end{cases}$$

6. 次の等式を示せ．
(1) $\arcsin x + \arccos x = \frac{\pi}{2}$ (2) $\arctan x + \mathrm{arccot}\, x = \frac{\pi}{2}$

第 2 章

1 変数関数の微分

CHAPTER 2

2.1 微係数と導関数

2.1.1 微 係 数

関数 f が $x = a$ で**微分可能**であるとは，極限値
$$\lim_{x \to a} \frac{f(x) - f(a)}{x - a} = A \tag{2.1}$$
が存在するときをいい，この極限値 A を $f'(a)$ と書き，関数 f の $x = a$ における**微係数**という．

微係数の意味は，図 2.1 のように a における関数 f の勾配を表す．

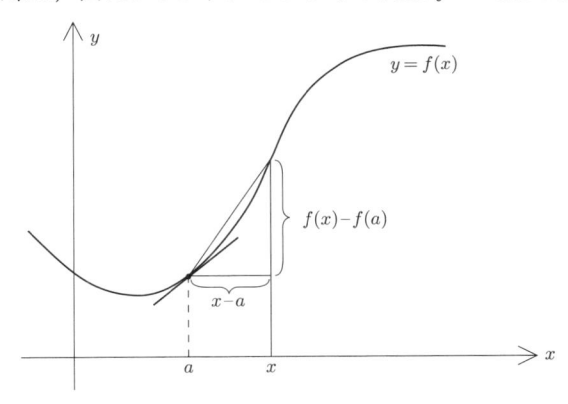

図 2.1 関数の勾配

(1) $h = x - a$ とおくとき，(2.1) は次と同値である．
$$\lim_{h \to 0} \frac{f(a+h) - f(a)}{h} = A \tag{2.2}$$

(2) これは
$$\frac{f(a+h)-f(a)}{h} = A + \epsilon(h) \tag{2.3}$$
と $\epsilon(h)$ をおくとき,
$$\lim_{h \to 0} \epsilon(h) = 0 \tag{2.4}$$
となることとも同値である.

(3) さらに次のようにみることもできる. すなわち, $f(a+h)$ を h の関数とみるとき, 次のように表示できる.
$$f(a+h) = f(a) + Ah + h\,\epsilon(h) \quad (\text{定数項}+1\text{次の項}+\text{高次の項}) \tag{2.5}$$
ここで $h\,\epsilon(h)$ が**高次の項**であるとは,
$$\lim_{h \to 0} \epsilon(h) = 0$$
となることをいう.

2.1.2 導 関 数

区間 I 上で定義された関数 f が I の各点で微分可能であるとき, f は I で微分可能であるという. このとき I の各点 a に対して, f の a での微係数 $f'(a)$ を対応させる関数を f' と書き, f の**導関数**という. $y = f(x)$ の導関数を次のように書く.
$$y', \quad f', \quad \frac{dy}{dx}, \quad \frac{df}{dx}, \quad \frac{d}{dx}f(x).$$
また, a における関数 f の微係数 $f'(a)$ を次のようにも書く.
$$y'(a), \quad \left(\frac{df}{dx}\right)_{x=a}, \quad \frac{df}{dx}(a).$$

例 2.1 x^n $(n = 0, 1, 2, \ldots)$ は $(-\infty, \infty)$ で微分可能で,
$$\frac{d\,x^n}{dx} = n\,x^{n-1}.$$
(解答) $n = 0$ のときは, $x^0 = 1$ なので明らか. $n \geq 1$ のときは,
$$\begin{aligned}
\frac{d\,x^n}{dx} &= \lim_{h \to 0} \frac{(x+h)^n - x^n}{h} \\
&= \lim_{h \to 0} \frac{1}{h} \left\{ \sum_{k=0}^{n} \binom{n}{k} x^{n-k} h^k - x^n \right\} \\
&= \lim_{h \to 0} \left\{ n x^{n-1} + \sum_{k=2}^{n} \binom{n}{k} x^{n-k} h^{k-1} \right\} \\
&= n x^{n-1}. \quad //
\end{aligned}$$

```
D[x^n, x]

n x^(-1+n)

Integrate[%, x]

x^n
```

図 2.2 $Mathematica$ による $\frac{dx^n}{dx}$ の計算
(％はすぐ上の式を意味する)

例 2.2 $\sin x$, $\cos x$ は $(-\infty, \infty)$ で微分可能であり,
$$\frac{d \sin x}{dx} = \cos x, \quad \frac{d \cos x}{dx} = -\sin x.$$
(解答) 実際, 差を積に直す公式を使う.
$$\begin{aligned}\frac{d \sin x}{dx} &= \lim_{h \to 0} \frac{1}{h}\{\sin(x+h) - \sin x\} \\ &= \lim_{h \to 0} \frac{2}{h} \sin \frac{h}{2} \cos\left(x + \frac{h}{2}\right) = \cos x.\end{aligned}$$
$\frac{d \cos x}{dx} = -\sin x$ も同様である. //

例 2.3 e^x は $(-\infty, \infty)$ で微分可能であり, $\frac{d e^x}{dx} = e^x$.
(解答)
$$\frac{d}{dx} e^x = \lim_{h \to 0} \frac{e^{x+h} - e^x}{h} = \lim_{h \to 0} e^x \frac{e^h - 1}{h} = e^x. \quad //$$

例 2.4 $|x|$ $(-\infty < x < \infty)$ は $x = 0$ で微分可能ではない (図 2.3).
(解答) $f(x) = |x|$ は次式を満たす.
$$\lim_{h \to 0} \frac{f(h) - f(0)}{h} = \lim_{h \to 0} \frac{|h|}{h}.$$
ここで
$$\frac{|h|}{h} = \begin{cases} 1 & (h > 0) \\ -1 & (h < 0) \end{cases}$$
なので, 上記の極限値は存在しない. //

定理 2.1 関数 f が $x = a$ で微分可能ならば, $x = a$ で連続である.
(証明) $x = a$ で f は微分可能なので, $A = f'(a)$ とすると, (2.5) により,
$$f(a+h) = f(a) + A h + h \epsilon(h),$$

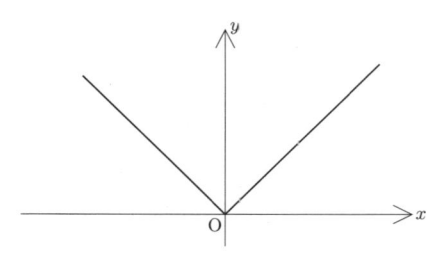

図 2.3 $|x|$ のグラフ

ここで $\lim_{h\to 0} \epsilon(h) = 0$ が成り立っている．したがって，$\lim_{h\to 0} f(a+h) = f(a)$ が成り立ち，$f(x)$ は $x = a$ で連続である． //

定理 2.2 関数 f, g が区間 I 上で微分可能とし，c は定数とする．
(1) cf は I 上で微分可能で，$(cf)' = cf'$．
(2) $f \pm g$ は I 上で微分可能で，$(f \pm g)' = f' \pm g'$．
(3) fg は I 上で微分可能で，$(fg)' = f'g + fg'$．
(4) $g(x) \neq 0$ $(x \in I)$ とすると，$\frac{f}{g}$ は I 上で微分可能で，
$$\left(\frac{f}{g}\right)' = \frac{f'g - fg'}{g^2}.$$
(証明は省略する．各自試みよ．)

```
D[f[x] g[x], x]

g[x] f'[x] + f[x] g'[x]

Integrate[%, x]

f[x] g[x]
```

図 2.4 *Mathematica* による微分の公式 (3) の検算

```
D[f[x] / g[x], x]

f'[x]     f[x] g'[x]
─────  −  ──────────
 g[x]       g[x]^2

Integrate[%, x]

f[x]
────
g[x]
```

図 2.5 *Mathematica* による微分の公式 (4) の検算

定理 2.3（合成関数の微分法） 関数 $y = f(x)$ が x の区間 I 上で微分可能であり，$z = g(y)$ が y の区間 J 上で微分可能とする．$f(I) \subset J$ ならば，合成関数 $z = g(f(x))$ は x の関数として I 上で微分可能であり，次式が成り立つ．

$$\frac{dz}{dx} = \frac{dz}{dy}\frac{dy}{dx}. \tag{2.6}$$

(証明) $z = g(f(x))$ が I の各点 a で微分可能で，(2.6) 式が成立することを，微分の定義 (3) の (2.5) 式を使って示す．$k = f(a+h) - f(a)$ とおくと，定理 2.1 より，$h \to 0$ のとき，$k \to 0$ である．$z = g(y)$ が $f(a)$ で微分可能であるので，(2.5) 式により，

$$g(f(a)+k) = g(f(a)) + g'(f(a))k + k\,\epsilon(k), \tag{2.7}$$

ここで $\lim_{k \to 0} \epsilon(k) = 0$ となる．このとき

$$\begin{aligned}g(f(a+h)) &= g(f(a)+k) & (k \text{ の定義}) \\ &= g(f(a)) + g'(f(a))k + k\,\epsilon(k) & (\text{上式 (2.7) より})\end{aligned}$$

である．これから，k の定義を再び使って，

$$\frac{g(f(a+h)) - g(f(a))}{h} = g'(f(a))\frac{f(a+h)-f(a)}{h} + \frac{f(a+h)-f(a)}{h}\epsilon(k)$$

である．ここで $h \to 0$ とすると，$\epsilon(k) \to 0$ なので，結局，次を得る．

$$\lim_{h \to 0}\frac{g(f(a+h)) - g(f(a))}{h} = g'(f(a))f'(a). \quad //$$

定理 2.4 (逆関数の微分法) 関数 $y = f(x)$ が区間 I 上で微分可能であり，狭義の単調関数とする．$f'(x) \neq 0$ $(x \in I)$ ならば，逆関数 $x = f^{-1}(y)$ は $J = f(I)$ 上で微分可能であり，次式が成り立つ．

$$\frac{dx}{dy} = \frac{1}{\frac{dy}{dx}}. \tag{2.8}$$

(証明) $a \in I$, $b = f(a)$ とする．$y = f(x)$ に対する逆関数 $x = f^{-1}(y)$ を $x = g(y)$ と書く．そこで k に対して，$h = g(b+k) - g(b)$ とおくと，$k \to 0$ のとき，$h \to 0$ であり，

$$\begin{aligned}g(b+k) &= a+h \\ f(a+h) &= b+k = f(a)+k\end{aligned}$$

である．したがって，

$$\begin{aligned}\frac{g(b+k)-g(b)}{k} &= \frac{h}{f(a+h)-f(a)} \\ &= \frac{1}{\frac{f(a+h)-f(a)}{h}} \to \frac{1}{f'(a)} \quad (k \to 0) \quad //\end{aligned}$$

例 2.5 (1) $\frac{d}{dx}\sin^{-1} x = \frac{1}{\sqrt{1-x^2}}$ $(-1 < x < 1)$

(2) $\frac{d}{dx}\cos^{-1} x = -\frac{1}{\sqrt{1-x^2}}$ $(-1 < x < 1)$

(3) $\frac{d}{dx}\tan^{-1} x = \frac{1}{1+x^2}$ $(-\infty < x < \infty)$

(4) $\frac{d}{dx}\cot^{-1} x = -\frac{1}{1+x^2}$　　$(-\infty < x < \infty)$

(解答)　(1)　$y = \sin^{-1} x$ とすると，$x = \sin y \ (-\frac{\pi}{2} < y < \frac{\pi}{2})$．したがって，
$$\frac{d}{dx}\sin^{-1} x = \frac{dy}{dx} = \frac{1}{\frac{dx}{dy}} = \frac{1}{\cos y} = \frac{1}{\sqrt{1-\sin^2 y}} = \frac{1}{\sqrt{1-x^2}}.$$

(2)　$y = \cos^{-1} x$ とすると，$x = \cos y \ (0 < y < \pi)$．したがって，
$$\frac{d}{dx}\cos^{-1} x = \frac{dy}{dx} = \frac{1}{\frac{dx}{dy}} = \frac{1}{-\sin y} = -\frac{1}{\sqrt{1-\cos^2 y}} = -\frac{1}{\sqrt{1-x^2}}.$$

(3)　$y = \tan^{-1} x$ とすると，$x = \tan y \ (-\frac{\pi}{2} < y < \frac{\pi}{2})$．したがって，
$$\frac{d}{dx}\tan^{-1} x = \frac{dy}{dx} = \frac{1}{\frac{dx}{dy}} = \cos^2 y = \frac{1}{1+\tan^2 y} = \frac{1}{1+x^2}$$

(4)　$y = \cot^{-1} x$ とすると，$x = \cot y \ (-\frac{\pi}{2} < y < \frac{\pi}{2})$．したがって，
$$\frac{d}{dx}\cot^{-1} x = \frac{dy}{dx} = \frac{1}{\frac{dx}{dy}} = \frac{1}{-\sin 2y} = \frac{-1}{1+\cot^2 y} = -\frac{1}{1+x^2} \quad //$$

```
D[ArcSin[x], x]

    1
 ─────────
 √(1 - x²)

Integrate[%, x]

ArcSin[x]
```

図 2.6　*Mathematica* による $\sin^{-1} x$ の微分の検算

```
D[ArcTan[x], x]

   1
 ──────
 1 + x²

Integrate[%, x]

ArcTan[x]
```

図 2.7　*Mathematica* による $\tan^{-1} x$ の微分の検算

例 2.6　(1)　$\frac{d}{dx}\log|x| = \frac{1}{x}$　　$(x \neq 0)$

(2)　$\frac{d}{dx}x^a = ax^{a-1}$　　(a は実数)，$\frac{d}{dx}a^x = a^x \log a$　　$(a > 0)$

(3)　$\frac{d}{dx}x^x = x^x(\log x + 1)\ (x > 0)$

(4)　(パラメータ表示の関数の微分)　t の関数 $x = \varphi(t), y = \psi(t)$ はともに区間 I 上で微分可能な関数とする．このとき次式が成り立つ．
$$\frac{dy}{dx} = \frac{\psi'(t)}{\varphi'(t)}.$$

(解答)　(1)　$x > 0$ のとき，$y = \log x$ は区間 $(0, \infty)$ 上で狭義単調増加関数で，$x = e^y$ がその逆関数である．したがって
$$\frac{d}{dx}\log x = \frac{dy}{dx} = \frac{1}{\frac{dx}{dy}} = \frac{1}{e^y} = \frac{1}{x}.$$

$x < 0$ のとき，

$$\frac{d}{dx}\log|x| = \frac{d}{dx}\log(-x) = \frac{1}{-x}\cdot(-1) = \frac{1}{x}.$$

(2) 前半は $(x^a)' = (e^{a\log x})' = e^{a\log x}ax^{-1} = ax^{a-1}$. 後半は $y = a^x$ の対数は $\log y = x\log a$. この両辺を x について微分すると,
$$\frac{d}{dx}\log y = \frac{1}{y}\frac{dy}{dx} = \log a$$
を得る. したがって
$$\frac{dy}{dx} = y\log a = a^x \log a.$$

(3) $y = x^x$ の対数を取ると, $\log y = x\log x$. この両辺を x について微分すると,
$$\frac{1}{y}\frac{dy}{dx} = \log x + 1.$$
したがって, $\frac{dy}{dx} = y(\log x + 1) = x^x(\log x + 1)$ を得る.

(4) $x = \varphi(t)$ が狭義の単調増加関数 (または狭義の単調減少関数) であれば, 逆関数 $t = \varphi^{-1}(x)$ をもつので, $y = \psi(t) = \psi(\varphi^{-1}(x))$ である. 合成関数と逆関数の微分法を使い,
$$\frac{dy}{dx} = \frac{dy}{dt}\cdot\frac{dt}{dx} = \frac{dy}{dt}\cdot\frac{1}{\frac{dx}{dt}} = \frac{\psi'(t)}{\varphi'(t)}. \quad //$$

```
D[Log[x], x]

1
-
x
```

```
D[x^x, x]

x^x (1 + Log[x])
```

図 2.8 *Mathematica* による $\log x$ の微分の検算

図 2.9 *Mathematica* による x^x の微分の検算

演習問題 2.1

1. 次の関数の導関数を求めよ.
(1) 3^x (2) x^x (3) $\log(\log x)$
(4) $(\sin x)^{\cos x}$ (5) $\arccos(e^x)$ (6) $\arcsin\frac{\sqrt{x^2-1}}{x}$
(7) $\operatorname{arcsinh} x$ (8) $\operatorname{arcsinh}(\cosh x)$ (9) $\operatorname{arctanh} x$
(10) e^{-x^2} (11) $\sqrt{ax+b}$ (12) $\sin^m x \cos^n x$
(13) $\log\sqrt{x^2+x+1}$ (14) $e^{ax}\sin bx$

2. 次の関数を微分せよ.
(1) $e^{-\frac{1}{x^2}}$ (2) $x^{\tan x}$ (3) $(1+x)^{\frac{1}{x}}$
(4) $\log(x+\sqrt{x^2+1})$ (5) $\arctan\frac{x}{a}$ (6) $\operatorname{arccot}\frac{x}{a}$

3. 次の x と y の2式から，$\frac{dy}{dx}$ をそれぞれ求めよ．
(1) $x = \frac{3at}{1+t^3}$, $y = \frac{3at^2}{1+t^3}$
(2) $x = a(t - \sin t)$, $y = a(1 - \cos t)$ $(a \neq 0)$

4. 次の関数 $f(x)$ の導関数を求めよ．また，それが $(-\infty, \infty)$ 上で連続か否かを調べよ．

(1) $f(x) = \begin{cases} x^2 \cos \frac{1}{x} & (x \neq 0) \\ 0 & (x = 0) \end{cases}$
(2) $f(x) = \begin{cases} x^3 \cos \frac{1}{x} & (x \neq 0) \\ 0 & (x = 0) \end{cases}$

2.2 平均値定理

2.2.1 極大・極小

関数 $f(x)$ が $x = c$ において**極大**であるとは，c を含む開区間 J が存在して
$$f(x) < f(c) \quad (x \in J,\ x \neq c)$$
を満たすときをいう．すなわち，$f(x)$ を J 上に制限して考えると，$x = c$ でのみ最大値をとる．$f(c)$ を c における $f(x)$ の**極大値**という．$f(x)$ の**極小**および**極小値**も同様に定義される．極大値と極小値をあわせて**極値**という（図 2.10）．

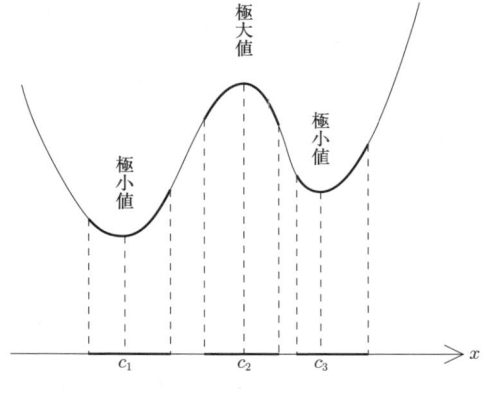

図 2.10 極大・極小

定理 2.5 関数 $f(x)$ が c を含む開区間 I で定義され，$x = c$ で微分可能とする．$f(x)$ が c で極値をもてば，$f'(c) = 0$ である．

(証明) 関数 $f(x)$ が c で極大とする．このとき c を含む開区間 J が存在し

て，$f(x)$ を J 上で考えると，$x = c$ でのみ $f(x)$ は最大値を取る．したがって $h > 0$ ならば，$\frac{f(c+h)-f(c)}{h} < 0$.
$h < 0$ ならば，$\frac{f(c+h)-f(c)}{h} > 0$ である．したがって
$$f'(c) = \lim_{h \to +0} \frac{f(c+h)-f(c)}{h} \leq 0$$
$$f'(c) = \lim_{h \to -0} \frac{f(c+h)-f(c)}{h} \geq 0$$
となるので，$f'(c) = 0$ を得る．

$f(x)$ が $x = c$ で極小値を取るときも同様である． //

2.2.2 ロルの定理と平均値定理

定理 2.6 (ロルの定理)　関数 $f(x)$ が閉区間 $[a, b]$ で連続，開区間 (a, b) で微分可能とする．$f(a) = f(b)$ ならば，
$$f'(c) = 0$$
となる c $(a < c < b)$ が存在する．

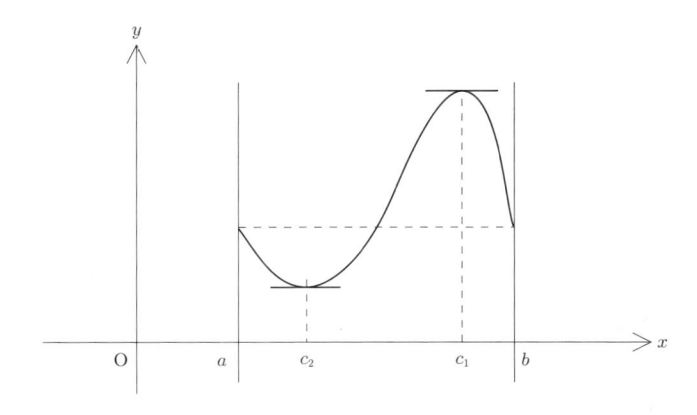

図 2.11　ロルの定理

(証明)　$f(x)$ が定数であれば，定理は明らかなので，$f(x)$ は定数ではないとする．$f(x)$ は閉区間 $[a, b]$ 上で連続なので，ワイエルシュトラスの定理 (定理 1.15) により，最大値 $M = f(c_1)$ と最小値 $m = f(c_2)$ を取る (図 2.11)．$f(x)$ は定数ではないとしたので，M または m のどちらか一方は $f(a) = f(b)$ と異なる．c_1 が a, b と異なるとすると，$f(x)$ は開区間 (a, b) 内の点 c_1 で最大値を取る．したがって定理 2.5 により，$f'(c_1) = 0$ である．$c_1 = a$ または $c_1 = b$

のときは，c_2 が a, b と異なる．このときは $f(x)$ は開区間 (a,b) 内の点 c_2 で最小値を取る．したがって再び定理 2.5 により，$f'(c_2) = 0$ である． //

定理 2.7 (平均値定理)　関数 $f(x)$ 閉区間 $[a,b]$ で連続，開区間 (a,b) で微分可能とすると，
$$\frac{f(b)-f(a)}{b-a} = f'(c)$$
となる c $(a < c < b)$ が存在する（図 2.12）．

(証明)　$\ell = \frac{f(b)-f(a)}{b-a}$ とする．そこで新しく関数 $F(x) := f(x) - \ell(x-a)$ を考えると，$F(x)$ は $[a,b]$ 上で連続で，(a,b) で微分可能である．このとき $F(a) = f(a) = F(b)$ なので，$F(x)$ はロルの定理 (定理 2.6) の仮定を満たす．よって $F'(c) = 0$ となる c $(a < c < b)$ が存在する．$F'(x) = f'(x) - \ell$ なのであるから，$f'(c) = \ell = \frac{f(b)-f(a)}{b-a}$ である． //

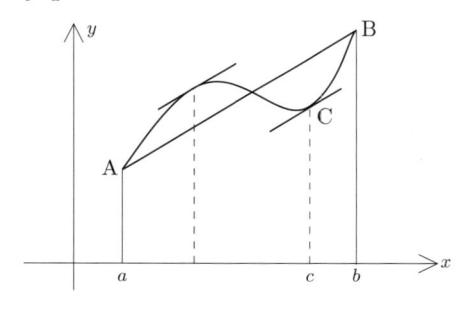

図 2.12　平均値定理

注意 2.1　平均値定理において $f(a) = f(b)$ の場合が，ロルの定理である．図 2.12 のように，曲線 $y = f(x)$ 上の 2 点 A$(a, f(a))$, B$(b, f(b))$ を結ぶ線分 AB の傾きに等しいような，曲線 $y = f(x)$ の接線の傾きをもつ点 C$(c, f(c))$ が存在する．

定理 2.8 (コーシーの平均値定理)　関数 $f(x), g(x)$ は閉区間 $[a,b]$ で連続であり，開区間 (a,b) で微分可能とする．このとき $g'(x) \neq 0$ $(a < x < b)$ とすると，$g(a) \neq g(b)$ であって，しかも，次の式を満たす c $(a < c < b)$ が存在する．
$$\frac{f(b)-f(a)}{g(b)-g(a)} = \frac{f'(c)}{g'(c)}.$$
(証明)　$g(a) = g(b)$ とすると，$g'(d) = 0$ となる d $(a < d < b)$ が存在する．

これは $g(x)$ の仮定に反する．したがって $g(a) \neq g(b)$．$\ell := \frac{f(b)-f(a)}{g(b)-g(a)}$ とおき，新しく関数 $G(x)$ を $G(x) := f(x) - \ell(g(x) - g(a))$ とおくと，$G(x)$ は，$G(a) = f(a) = G(b)$ なので，ロルの定理 (定理 2.6) の仮定を満たす．したがって $G'(c) = 0$ となる c $(a < c < b)$ が存在する．$G'(x) = f'(x) - \ell g'(x)$ より，
$$\frac{f'(c)}{g'(c)} = \ell = \frac{f(b)-f(a)}{g(b)-g(a)}. \quad /\!/$$

注意 2.2 コーシーの平均値定理において，$g(x) = x$ とすると，平均値定理が導かれる．

平均値定理の応用を 1 つ．

定理 2.9 関数 $f(x)$ が閉区間 $[a,b]$ で連続であり，開区間 (a,b) で微分可能とする．このとき $f'(x) = 0$ $(a < x < b)$ とすると，$f(x) = k$ (定数) である．
(証明) 各 $a < t \leq b$ に対して，$f(t) = f(a)$ を示せばよい．関数 $f(x)$ は閉区間 $[a,t]$ 上で連続，開区間 (a,t) 上で微分可能であるので，平均値定理 (定理 2.7) により，c $(a < c < t)$ で，
$$\frac{f(t)-f(a)}{t-a} = f'(c)$$
となるものが存在する．ここで仮定より，$f'(c) = 0$ なのであるから，$f(t) = f(a)$ である． $/\!/$

2.2.3 関数の増減

次の定理はよく知られている．

定理 2.10 関数 $f(x)$ が閉区間 $[a,b]$ で連続であり，開区間 (a,b) で微分可能とする．このとき次の (1), (2) が成り立つ．
　(1)　(a,b) 上で $f'(x) \geq 0$ ならば，$f(x)$ は単調増加であり，$f(a) \leq f(b)$．一方，(a,b) 上で $f'(x) \leq 0$ ならば，$f(x)$ は単調減少であり，$f(a) \geq f(b)$．
　(2)　(a,b) 上で $f'(x) > 0$ ならば，$f(x)$ は狭義単調増加であり，$f(a) < f(b)$．一方，(a,b) 上で $f'(x) < 0$ ならば，狭義単調減少であり，$f(a) > f(b)$．
(証明) (2) の前半を示す．残りも同様である．開区間 (a,b) 上で $f'(x) > 0$ と

する．平均値定理（定理 2.7）より区間 (a,b) 内の任意の 2 点 $a < x_1 < x_2 < b$ に対して，$x_1 < c < x_2$ となる点 c で，
$$f(x_2) - f(x_1) = f'(c)(x_2 - x_1) > 0$$
となるものが存在する．ゆえに $f(x_2) > f(x_1)$ である．　//

例 2.7 次の不等式を示せ．
$$\frac{x}{1+x} < \log(1+x) < x \qquad (x > 0)$$
（解答）2 つの関数 f, g を
$$f(x) := \log(1+x) - \frac{x}{1+x}, \qquad g(x) := x - \log(1+x) \qquad (0 \leq x < \infty)$$
と定義する．このとき $f(0) = g(0) = 0$ なので，$f'(x) > 0$ かつ $g'(x) > 0$ $(0 < x < \infty)$ を示せばよい．
$$f'(x) = \tfrac{1}{1+x} - \tfrac{1}{(1+x)^2} = \tfrac{x}{(1+x)^2} > 0,$$
$$g'(x) = 1 - \tfrac{1}{1+x} = \tfrac{x}{1+x} > 0.$$
よって求める結論を得る．　//

2.2.4 不定形の極限値

コーシーの平均値定理の応用として，不定形の極限値の計算法を示そう．

(1) 関数の商の極限
$$\lim_{x \to a} \frac{f(x)}{g(x)}$$
を求める問題は，$\lim_{x \to a} f(x) = \lim_{x \to a} g(x) = 0$ となるか，$\lim_{x \to a} f(x) = \lim_{x \to a} g(x) = \pm\infty$ となるとき，**不定形**であるという．前者を $\frac{0}{0}$ 型，後者を $\frac{\infty}{\infty}$ 型という．同様に，以下のような不定形の極限値も考えられる．

(2) $\lim_{x \to a} f(x) = \lim_{x \to a} g(x) = \infty$ となるときの，
$$\lim_{x \to a} (f(x) - g(x))$$
を求める問題 ($\infty - \infty$ 型)．

(3) $\lim_{x \to a} f(x) = \pm\infty$，$\lim_{x \to a} g(x) = 0$ のときの，
$$\lim_{x \to a} f(x) g(x)$$
を求める問題 ($\infty \cdot 0$ 型)．

(4) 極限値
$$\lim_{x \to a} f(x)^{g(x)}$$

を,それぞれ,$\lim_{x \to a} f(x) = \infty, \lim_{x \to a} g(x) = 0$ のときに求める問題 (∞^0 型),$\lim_{x \to a} f(x) = 0, \lim_{x \to a} g(x) = 0$ のときに求める問題 (0^0 型),$\lim_{x \to a} f(x) = 1$, $\lim_{x \to a} g(x) = \infty$ のときに求める問題 (1^∞ 型),のような問題もある.

(1) が基本であり,他の問題はすべて (1) の形に帰着される.たとえば,(2) の場合は,
$$f(x) - g(x) = \frac{\frac{1}{g(x)} - \frac{1}{f(x)}}{\frac{1}{f(x)g(x)}}$$
によって,(1) の $\frac{0}{0}$ 型になる.また,(4) は
$$f(x)^{g(x)} = e^{g(x) \log f(x)}$$
として,極限値 $\lim_{x \to a} g(x) \log f(x)$ を求める (1) の型の問題に帰着される.さて,(1) の問題は次のロピタルの定理を使って計算する.

定理 2.11 (ロピタルの定理) 関数 $f(x)$, $g(x)$ は点 a の近くで定義されていて,微分可能とする.$\lim_{x \to a} f(x) = \lim_{x \to a} g(x) = 0$ であり,$\lim_{x \to a} \frac{f'(x)}{g'(x)}$ が存在するならば,$\lim_{x \to a} \frac{f(x)}{g(x)}$ も存在して,
$$\lim_{x \to a} \frac{f(x)}{g(x)} = \lim_{x \to a} \frac{f'(x)}{g'(x)}.$$
(証明) $f(a) = g(a) = 0$ と定義すると,$f(x)$, $g(x)$ はともに点 a で連続である.x が a に近いとき,コーシーの平均値定理 (定理 2.8) により,
$$\frac{f(x)}{g(x)} = \frac{f(x) - f(a)}{g(x) - g(a)} = \frac{f'(c)}{g'(c)}$$
となる c (c は a と x の間の点) が存在する.そこで $x \to a$ のとき,$c \to a$ であるから,
$$\lim_{x \to a} \frac{f(x)}{g(x)} = \lim_{c \to a} \frac{f'(c)}{g'(c)}$$
となり,定理は証明された. //

注意 2.3 (1) 定理は $a = \pm \infty$ の場合や,片側極限の場合にも成り立つ.
(2) 不定形ではなく,極限が求まるものについては,分母,分子を微分して極限を取ることは許されない.

例 2.8 次の極限値を求めよ.
(1) $\lim_{x \to 0} \frac{1 - \cos(2x)}{x^2}$ (2) $\lim_{x \to 0} x^x$

(3) $\lim_{x\to\infty}\{x-\log x\}$ 　　(4) $\lim_{x\to\infty}\frac{x^k}{e^x}$

(解答) (1)
$$\lim_{x\to 0} x^2 = \lim_{x\to 0}(1-\cos(2x)) = 0$$
なので，$\frac{0}{0}$ 型の不定形であるので，ロピタルの定理を使う．
$$\lim_{x\to 0}\frac{1-\cos(2x)}{x^2} = \lim_{x\to 0}\frac{2\sin(2x)}{2x} = \lim_{x\to 0}\frac{4\cos(2x)}{2} = 2.$$

(2) 0^0 型の不定形である．$y=x^x$ とおくと，$\log y = x\log x$．ここで
$$\lim_{x\to +0}\log y = \lim_{x\to +0} x\log x = \lim_{x\to +0}\frac{\log x}{\frac{1}{x}}.$$
ここで右辺は $\frac{\infty}{\infty}$ 型の不定形なので，この計算にロピタルの定理が使える．
$$\lim_{x\to +0}\frac{\log x}{\frac{1}{x}} = \lim_{x\to +0}\frac{\frac{1}{x}}{-\frac{1}{x^2}} = \lim_{x\to +0}(-x) = 0.$$
したがって
$$\lim_{x\to +0} y = \lim_{x\to +0} e^{\log y} = e^0 = 1.$$

(3) $\infty - \infty$ 型の不定形である．
$$\lim_{x\to\infty}\{x-\log x\} = \lim_{x\to\infty} x(1-\frac{\log x}{x}).$$
ここで
$$\lim_{x\to\infty}\frac{\log x}{x} = \lim_{x\to\infty}\frac{\frac{1}{x}}{1} = 0$$
なので，$\lim_{x\to\infty}\{x-\log x\} = \infty$．

(4) $\frac{\infty}{\infty}$ 型の不定形である．
$$\lim_{x\to\infty}\frac{x^k}{e^x} = \lim_{x\to\infty}\frac{kx^{k-1}}{e^x} = \lim_{x\to\infty}\frac{k(k-1)x^{k-2}}{e^x} = \cdots = \lim_{x\to\infty}\frac{k!}{e^x} = 0. \quad //$$

```
Limit[(1 - Cos[2 x]) / x^2, x → 0]
2
```

図 2.13 *Mathematica* による $\lim_{x\to 0}\frac{1-\cos(2x)}{x^2}$ の計算

```
Limit[x^x, x → 0]
1
```

図 2.14 *Mathematica* による $\lim_{x\to 0} x^x$ の計算

演習問題 2.2

1. 次の関数の増減を調べ，極値を求めよ．
(1) $f(x) = \frac{x^2-1}{x^2+1}$ (2) $f(x) = x - 2\sqrt{1+x^2}$
(3) $f(x) = x^{\frac{1}{x}}$ $(0 < x < \infty)$ (4) $f(x) = x\log x$ $(0 < x < \infty)$

2. 次の不等式を示せ．
(1) $1 + x \leq e^x$
(2) $x < 1$ ならば，$1 + x \leq e^x \leq \frac{1}{1-x}$
(3) $0 < x < \frac{\pi}{2}$ ならば，$\sin x < x < \tan x$
(4) $0 < |x| < \frac{\pi}{2}$ ならば，$\cos x < \frac{\sin x}{x} < 1$

3. 極限値を求めよ．
(1) $\lim_{x \to 0} \frac{1-\cos x}{x^2}$ (2) $\lim_{x \to 0} \frac{x - \arcsin x}{x^3}$ (3) $\lim_{x \to +0} x^x$
(4) $\lim_{x \to 0}\left\{\frac{1}{\log(1+x)} - \frac{1}{x}\right\}$ (5) $\lim_{x \to 0} \frac{x - \log(1+x)}{x^2}$ (6) $\lim_{x \to 0} x\log|x|$
(7) $\lim_{x \to 0}\left\{\frac{1}{\sin x} - \frac{1}{x}\right\}$ (8) $\lim_{x \to \infty} x^{\frac{1}{x}}$
(9) $\lim_{x \to \pm\infty}\left(1 + \frac{a}{x}\right)^x$ $(a \neq 0)$ (10) $\lim_{x \to 0}\{\cos \pi x\}^{\frac{1}{x^2}}$
(11) $\lim_{x \to 0} \frac{a^x - b^x}{x}$ $(a, b > 0)$ (12) $\lim_{x \to 1} x^{\frac{x}{1-x}}$
(13) $\lim_{x \to \infty} \frac{(\log x)^4}{x}$ (14) $\lim_{x \to \infty}\left(1 + \frac{2}{x^2+x}\right)^{x^2}$
(15) $\lim_{x \to 0} \frac{\arcsin x}{x}$ (16) $\lim_{x \to 0} \frac{e^x + e^{-x} - 2}{x^2}$

2.3 高次の導関数

関数 $y = f(x)$ の導関数 $f'(x)$ がさらに微分可能なとき，$f(x)$ は 2 回微分可能であるといい，
$$f''(x), \quad y'', \quad \frac{d^2 f}{dx^2}, \quad \frac{d^2 y}{dx^2}, \quad \frac{d^2}{dx^2}f(x)$$
などと書き，$f(x)$ の **2 次導関数**という．

一般に，$n \geq 2$ について，**n 次導関数**が同様に定義できる．
$$f^{(n)}(x), \quad y^{(n)}, \quad \frac{d^n f}{dx^n}, \quad \frac{d^n y}{dx^n}, \quad \frac{d^n}{dx^n}f(x)$$
などで表す．また，$f^{(0)} = f(x)$, $f^{(1)} = f'(x)$ と約束する．

関数 $f(x)$ が n 回微分可能で，$f^{(n)}$ が連続であるとき，関数 $f(x)$ を C^n-**関数**という．また，何回でも微分可能な関数を C^∞-**関数**という．

例 2.9 (1) $f(x) = x^3(2x+3)$ とすると，

$$f'(x) = 8x^3 + 9x^2, \quad f''(x) = 24x^2 + 18x,$$
$$f'''(x) = 48x + 18, \quad f^{(4)}(x) = 48,$$
$$f^{(5)}(x) = f^{(6)}(x) = \cdots = 0.$$

(2) $m = 0, 1, 2, \ldots$ に対して,
$$\frac{d^k}{dx^k} x^m = \begin{cases} m(m-1)\cdots(m-k+1)x^{m-k} & (k \leq m), \\ 0 & (k > m). \end{cases}$$

例 2.10 (1) $\dfrac{d^n}{dx^n} \sin x = \sin(x + \dfrac{n}{2}\pi)$

(2) $\dfrac{d^n}{dx^n} \cos x = \cos(x + \dfrac{n}{2}\pi)$

(3) $\dfrac{d^n}{dx^n} e^x = e^x$

(4) $\dfrac{d^n}{dx^n} a^x = (\log a)^n a^x \quad (a > 0)$

(5) $\dfrac{d^n}{dx^n} \log|x| = (-1)^{n-1} \dfrac{(n-1)!}{x^n}$

(6) $\dfrac{d^n}{dx^n} x^a = a(a-1)\cdots(a-n+1)x^{a-n} \quad$ (a は自然数ではない実数)

(解答) (1) のみ示す．他も同様に示される．n についての数学的帰納法で示す．$n = 0$ のときは正しい．n までは成立しているとする．$\cos x = \sin(x + \frac{\pi}{2})$ なので,

$$\begin{aligned} \frac{d^{n+1}}{dx^{n+1}} \sin x &= \frac{d}{dx} \sin(x + \tfrac{n}{2}\pi) = \cos(x + \tfrac{n}{2}\pi) = \sin(x + \tfrac{n}{2}\pi + \tfrac{\pi}{2}) \\ &= \sin(x + \tfrac{n+1}{2}\pi). \quad \text{//} \end{aligned}$$

次の定理は便利である．

定理 2.12 (ライプニッツの定理)　関数 $f(x), g(x)$ は n 回微分可能とする．このとき 2 つの関数の積の関数 $y(x) = f(x)g(x)$ も n 回微分可能であり, $n = 1, 2, \ldots$ について，次式が成り立つ．
$$y^{(n)} = \sum_{k=0}^{n} {}_nC_k f^{(n-k)}(x) g^{(k)}(x)$$

ここで ${}_nC_k = \frac{n!}{k!(n-k)!}$ (2 項係数) である．

(証明) n についての数学的帰納法で示す. $n=1$ のときは, $(fg)' = f'g + fg'$ なので成立している. n のときに成り立つとして, $n+1$ のとき成り立つことを示す.

$$\begin{aligned}
y^{(n+1)} &= \sum_{k=0}^{n} {}_nC_k \frac{d}{dx}(f^{(n-k)}(x)g^{(k)}(x)) \\
&= \sum_{k=0}^{n} {}_nC_k f^{(n-k+1)}(x)g^{(k)}(x) + \sum_{k=0}^{n} {}_nC_k f^{(n-k)}(x)g^{(k+1)}(x) \\
&= \sum_{k=0}^{n} {}_nC_k f^{(n-k+1)}(x)g^{(k)}(x) \\
&\quad + \sum_{k=1}^{n+1} {}_nC_{k-1} f^{(n+1-k)}(x)g^{(k)}(x) \\
&= {}_nC_0 f^{(n+1)}(x)g^{(0)}(x) \\
&\quad + \sum_{k=1}^{n} ({}_nC_k + {}_nC_{k-1}) f^{(n+1-k)}(x)g^{(k)}(x) \\
&\quad + {}_nC_n f^{(0)}(x)g^{(n+1)}(x) \\
&= {}_{n+1}C_0 f^{(n+1)}(x)g^{(0)}(x) \\
&\quad + \sum_{k=1}^{n} {}_{n+1}C_k f^{(n+1-k)}(x)g^{(k)}(x) \\
&\quad + {}_{n+1}C_{n+1} f^{(0)}(x)g^{(n+1)}(x) \\
&= \sum_{k=0}^{n+1} {}_{n+1}C_k f^{(n+1-k)}(x)g^{(k)}(x). \quad //
\end{aligned}$$

例 2.11 $f(x) = x|x|$ は C^1-関数であるが, 2回微分可能ではない.

(解答) $x > 0$ のとき, $f(x) = x|x| = x^2$ なので,
$$f'(x) = 2x = 2|x|.$$
$x < 0$ のときは, $f(x) = x|x| = -x^2$ なので,
$$f'(x) = -2x = 2|x|.$$
$x = 0$ では,
$$f'(0) = \lim_{h \to 0} \frac{f(h) - f(0)}{h} = \lim_{h \to 0} \frac{h|h|}{h} = \lim_{h \to 0} |h| = 0.$$
したがって $f'(x) = 2|x|$ $(-\infty < x < \infty)$ となり, $|x|$ は連続であるが, 微分可能ではないので, $f(x)$ は C^1-関数であるが, 2回微分可能ではない. //

例 2.12 $\frac{d^n}{dx^n} e^x x^2 = e^x \{x^2 + 2nx + n(n-1)\}$ $(n = 0, 1, 2, \ldots)$.

(解答)
$$\begin{aligned}
\frac{d^n}{dx^n} e^x x^2 &= \sum_{k=0}^{n} {}_nC_k (e^x)^{(n-k)} (x^2)^{(k)} \\
&= {}_nC_0 (e^x)^{(n)} x^2 + {}_nC_1 (e^x)^{(n-1)} (x^2)' + {}_nC_2 (e^x)^{(n-2)} (x^2)''
\end{aligned}$$

$$= e^x x^2 + n e^x \cdot 2x + \frac{n(n-1)}{2} \cdot 2 e^x$$
$$= e^x \{x^2 + 2nx + n(n-1)\}. \quad /\!/$$

例 2.13 $x = \psi(t)$, $y = \varphi(t)$ のとき，次式を示せ．
$$\frac{d^2 y}{dx^2} = \frac{\psi'(t)\varphi''(t) - \psi''(t)\varphi'(t)}{\psi'(t)^3}.$$

(解答)
$$\frac{d}{dx}\left(\frac{dy}{dx}\right) = \frac{d}{dt}\left(\frac{dy}{dx}\right)\frac{dt}{dx} = \frac{d}{dt}\left(\frac{\varphi'(t)}{\psi'(t)}\right) \Big/ \frac{dx}{dt} = \frac{\varphi''\psi' - \varphi'\psi''}{\psi'^2} \Big/ \psi'$$
$$= \frac{\varphi''\psi' - \varphi'\psi''}{\psi'^3}. \quad /\!/$$

演習問題 2.3

1. 次の関数の第 n 次導関数を求めよ．
(1) $y = x^3 e^x$ (2) $y = \cos^2 x$ (3) $y = \cos^3 x$
(4) $y = \frac{1-x}{1+x}$ (5) $y = \frac{1}{x+3}$ (6) $y = \frac{1}{x^2+x-6}$
(7) $y = x^2 \sin x$ (8) $y = x^2 \cos x$

2. 次の関数の第 n 導関数を求めよ．
(1) $y = \log(2-x)$ (2) $y = (1+x)^a$ (a は実数)

3. 2 つの関数 $z = g(y)$, $y = f(x)$ がともに 2 回微分可能ならば，z は x について 2 回微分可能であり，次式が成り立つことを示せ．
$$\frac{d^2 z}{dx^2} = \frac{d^2 z}{dy^2}\left(\frac{dy}{dx}\right)^2 + \frac{dz}{dy}\frac{d^2 y}{dx^2}$$

4. 関数 $f(x) = \operatorname{arccot} x$ の $x = 0$ での第 n 次微係数 $f^{(n)}(0)$ を次の手順により求めよ．
(1) 等式 $(x^2+1) f'(x) = -1$ が成り立つことを示せ．
(2) (1) における式の両辺を n 回微分して，次式を示せ．
$$(x^2+1) f^{(n+1)}(x) + 2nx f^{(n)}(x) + n(n-1) f^{(n-1)}(x) = 0$$
(3) $f^{(2m)}(0) = 0$ および $f^{(2m+1)}(0) = (-1)^{m+1}(2m)!$ を示せ．
(ここで $m = 1, 2, \ldots$ である．)

2.4 テーラーの定理

2.4.1 テーラーの定理

次のテーラーの定理は n 次導関数に関する基本的な結果である．$n = 1$ のと

きが平均値定理である．

定理 2.13 (テーラーの定理)　関数 $f(x)$ が開区間 I 上で n 回微分可能とする．I 内の 2 点 a, b に対し，
$$f(b) = f(a) + f'(a)(b-a) + \frac{f''(a)}{2!}(b-a)^2 + \cdots + \frac{f^{(n-1)}(a)}{(n-1)!}(b-a)^{n-1} + R_n(c)$$
を満たす点 c が a と b の間に存在する（図 2.15）．ここで $R_n(c)$ は剰余項とよばれ，次のように与えられる．

(1) $R_n(c) = \frac{f^{(n)}(c)}{n!}(b-a)^n$ 　　　　　（ラグランジュの剰余項）

または　(2) $R_n(c) = \frac{f^{(n)}(c)}{(n-1)!}(b-c)^{n-1}(b-a)$ 　　　（コーシーの剰余項）

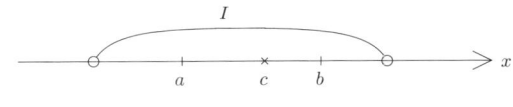

図 2.15　テーラーの定理

注意 2.4　$a < c < b$ のとき，$\theta = \frac{c-a}{b-a}$ とすると，c は，
$$c = a + \theta(b-a), \qquad 0 < \theta < 1$$
とも表示できる．この θ を使って剰余項を表示すると，それぞれ，

(1) $R_n(c) = \frac{f^{(n)}(a+\theta(b-a))}{n!}(b-a)^n$ 　ただし　$0 < \theta < 1$,

(2) $R_n(c) = \frac{f^{(n)}(a+\theta(b-a))}{(n-1)!}(1-\theta)^{n-1}(b-a)^n$ 　ただし　$0 < \theta < 1$

となる．以下では剰余項を $R_n(\theta)$ と書くこととする．

(証明)　p を自然数とし，定数 A を次式により定める．
$$f(b) - \left\{ f(a) + f'(a)(b-a) + \cdots + \frac{f^{(n-1)}(a)}{(n-1)!}(b-a)^{n-1} \right\} = A(b-a)^p$$
すなわち，
$$f(b) = f(a) + f'(a)(b-a) + \cdots + \frac{f^{(n-1)}(a)}{(n-1)!}(b-a)^{n-1} + A(b-a)^p \quad (\#)$$
とする．そこで，関数 $F(x)$ を
$$F(x) = f(b) - \left\{ f(x) + f'(x)(b-x) + \cdots + \frac{f^{(n-1)}(x)}{(n-1)!}(b-x)^{n-1} + A(b-x)^p \right\}$$
と定義する．$F(x)$ は区間 I 上で微分可能であり，$F(b) = 0$ である．また，(#) 式より，$F(a) = 0$ もわかる．したがってロルの定理（定理 2.6）より，$F'(c) = 0$ となる c が a と b の間に存在する．さて，$F'(x)$ を計算すると，

$$F'(x) = -\Big\{f'(x) + \big(f''(x)(b-x) - f'(x)\big)$$
$$+ \left(\frac{f'''(x)}{2!}(b-x)^2 - f''(x)(b-x)\right)$$
$$+ \cdots + \left(\frac{f^{(n-1)}(x)}{(n-2)!}(b-x)^{n-2} - \frac{f^{(n-2)}(x)}{(n-3)!}(b-x)^{n-3}\right)$$
$$+ \left(\frac{f^{(n)}(x)}{(n-1)!}(b-x)^{n-1} - \frac{f^{(n-1)}(x)}{(n-2)!}(b-x)^{n-2}\right)$$
$$- pA(b-x)^{p-1}\Big\}$$
$$= -\frac{f^{(n)}(x)}{(n-1)!}(b-x)^{n-1} + pA(b-x)^{p-1}$$

を得る．したがって
$$0 = F'(c) = -\frac{f^{(n)}(c)}{(n-1)!}(b-c)^{n-1} + pA(b-c)^{p-1}$$
となる．$b \neq c$ なので，
$$A = \frac{f^{(n)}(c)}{(n-1)!\,p}(b-c)^{n-p}$$
である．よって (#) 式の最後の項は
$$A(b-a)^p = \frac{f^{(n)}(c)}{(n-1)!\,p}(b-c)^{n-p}(b-a)^p$$
となる．ここで $p = n$ とおくとラグランジュの剰余項が得られ，$p = 1$ とするとコーシーの剰余項が得られる． //

テーラーの定理において，b を x とおく．このとき a と x の間にある数 c は，
$$c = a + \theta(x-a), \quad 0 < \theta < 1, \quad \theta = \frac{c-a}{x-a}$$
と書くことができる（図 2.16）．

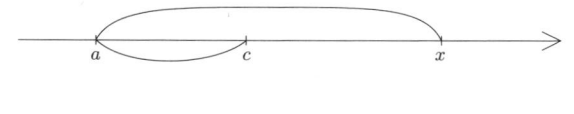

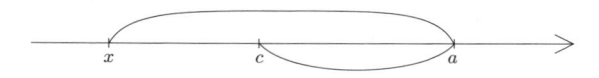

図 2.16 a, x, c の位置関係

したがってテーラーの定理は次のようにも書くことができる．

定理 2.14 (テーラーの定理) 関数 $f(x)$ が開区間 I 上で n 回微分可能とする. I 内の点 a を固定する. このとき各 $x \in I$ に対して,
$$f(x) = \sum_{k=0}^{n-1} \frac{f^{(k)}(a)}{k!}(x-a)^k + R_n(\theta)$$
を満たす θ $(0 < \theta < 1)$ が存在する. ここで $R_n(\theta)$ は, 次のように与えられる剰余項である.

(1) $R_n(\theta) = \frac{f^{(n)}(a+\theta(x-a))}{n!}(x-a)^n$ （ラグランジュの剰余項）

または (2) $R_n(\theta) = \frac{f^{(n)}(a+\theta(x-a))}{(n-1)!}(1-\theta)^{n-1}(x-a)^n$

（コーシーの剰余項）

2.4.2 マクローリンの定理

ここでとくに, $a = 0$ に取ると, 次のマクローリンの定理が得られる.

定理 2.15 (マクローリンの定理) 関数 $f(x)$ が 0 を含む開区間 I 上で n 回微分可能とする. $x \in I$ に対し,
$$f(x) = \sum_{k=0}^{n-1} \frac{f^{(k)}(0)}{k!} x^k + R_n(\theta)$$
を満たす θ $(0 < \theta < 1)$ が存在する. ここで $R_n(\theta)$ は, 次のように与えられる剰余項である.

(1) $R_n(\theta) = \frac{f^{(n)}(\theta x)}{n!} x^n$ （ラグランジュの剰余項）

または (2) $R_n(\theta) = \frac{f^{(n)}(\theta x)}{(n-1)!}(1-\theta)^{n-1} x^n$ （コーシーの剰余項）

例 2.14 次の関数にマクローリンの定理を適用せよ.

(1) e^x (2) $\sin x$ (3) $\cos x$ (4) $\log(1+x)$ $(-1 < x < \infty)$

（解答）(1) $f(x) = e^x$ について, $f^{(k)}(x) = e^x$ なので, $f^{(k)}(0) = 1$ $(k = 0, 1, 2, \ldots)$. したがってマクローリンの定理より
$$e^x = 1 + x + \frac{x^2}{2!} + \cdots + \frac{x^{n-1}}{(n-1)!} + \frac{e^{\theta x}}{n!} x^n \quad (0 < \theta < 1) \quad (2.9)$$

(2) $f(x) = \sin x$ について, $f^{(k)}(x) = \sin(x + \frac{k}{2}\pi)$ なので, $f^{(2k)}(0) = 0$, $f^{(2k+1)}(0) = (-1)^k$ $(k = 0, 1, 2, \ldots)$. したがって
$$\sin x = x - \frac{x^3}{3!} + \frac{x^5}{5!} - \cdots + (-1)^{n-1}\frac{x^{2n-1}}{(2n-1)!} + (-1)^n \frac{\sin(\theta x)}{(2n)!} x^{2n} \quad (0 < \theta < 1) \quad (2.10)$$

(3) $f(x) = \cos x$ については, $f^{(k)}(x) = \cos(x + \frac{k}{2}\pi)$ なのであるから,

$f^{(2k)}(0) = (-1)^k$, $f^{(2k+1)}(0) = 0$ $(k = 0, 1, 2, \ldots)$. したがって
$$\cos x = 1 - \frac{x^2}{2!} + \frac{x^4}{4!} - \cdots + (-1)^n \frac{x^{2n}}{(2n)!} + (-1)^{n+1} \frac{\cos(\theta x)}{(2n+1)!} x^{2n+1} \quad (0 < \theta < 1) \tag{2.11}$$

(4) $f(x) = \log(1+x)$ $(-1 < x < \infty)$ について, $f^{(k)}(x) = (-1)^{k-1} \frac{(k-1)!}{(1+x)^k}$ $(k = 1, 2, \ldots)$ であるから, $f(0) = 0$, $f^{(k)}(0) = (-1)^{k-1}(k-1)!$ $(k = 1, 2, \ldots)$. したがって
$$\log(1+x) = x - \frac{x^2}{2} + \frac{x^3}{3} - \cdots + (-1)^{n-2} \frac{x^{n-1}}{n-1} + R_n(\theta) \quad (0 < \theta < 1) \tag{2.12}$$
ここに $R_n(\theta)$ $(0 < \theta < 1)$ は次のようになる.
$$R_n(\theta) = (-1)^{n-1} \frac{1}{n} \frac{x^n}{(1+\theta x)^n} \qquad \text{(ラグランジュの剰余項)}$$
または
$$R_n(\theta) = (-1)^{n-1} \frac{(1-\theta)^{n-1}}{(1+\theta x)^n} x^n = (-1)^{n-1} \frac{1}{1-\theta} \left(\frac{(1-\theta)x}{1+\theta x}\right)^n \tag{2.13}$$
$$\text{(コーシーの剰余項)} \quad //$$

2.4.3 関数の極値問題への応用

テーラーの定理を関数の極大・極小を求める問題に応用することができる.

定理 2.16 $f(x)$ が開区間 I 上の関数で, a を I の点とする.
 (1) $f(x)$ が I 上の C^{2n}-関数であって,
$$f'(a) = \cdots = f^{(2n-1)}(a) = 0 \quad \text{かつ} \quad f^{(2n)}(a) \neq 0$$
であるとする. このとき
  (i) $f^{(2n)}(a) > 0$ ならば, $f(x)$ は $x = a$ で極小となる.
  (ii) $f^{(2n)}(a) < 0$ ならば, $f(x)$ は $x = a$ で極大となる.
 (2) $f(x)$ が I 上の C^{2n+1}-関数であって,
$$f'(a) = \cdots = f^{(2n)}(a) = 0 \quad \text{かつ} \quad f^{(2n+1)}(a) \neq 0$$
であるとする. このとき $f(x)$ は $x = a$ で極大でも極小でもない.
(証明) (1) について, $f(x)$ に a のまわりでテーラーの定理 (定理 2.14) を使うと, $f^{(k)}(a) = 0$ $(k = 1, \ldots, 2n-1)$ なので, $x \in I$ に対して,
$$f(x) = f(a) + \frac{f^{(2n)}(a + \theta(x-a))}{(2n)!} (x-a)^{2n} \qquad (0 < \theta < 1) \tag{2.14}$$
である. ここで $f^{(2n)}(a) \neq 0$ なので, $r > 0$ を十分小さく取ると, 開区間

$(a-r, a+r)$ 内の任意の点 c に対して, $f^{(2n)}(c)$ は $f^{(2n)}(a)$ と同符号となる. このとき $(a-r, a+r)$ に属する任意の点 x について, $a+\theta(x-a) \in (a-r, a+r)$ となるので, $f^{(2n)}(a+\theta(x-a))$ と $f^{(2n)}(a)$ とは同符号となる. $x \neq a$ ならば, $(x-a)^{2n} > 0$ なのであるから, (2.14) より, $f^{(2n)}(a) > 0$ ならば, $f(x)$ は $x = a$ で極小であり, $f^{2n}(a) < 0$ ならば, $f(x)$ は $x = a$ で極大となる.

(2) の場合には, 同様にして,

$$f(x) = f(a) + \frac{f^{(2n+1)}(a+\theta(x-a))}{(2n+1)!}(x-a)^{2n+1} \quad (2.15)$$

となる. やはり, $r > 0$ を十分小さく取ると, $(a-r, a+r)$ の各点 x に対して, $f^{(2n+1)}(a+\theta(x-a))$ は $f^{(2n+1)}(a)$ と同符号になる. ここで, $x > a$ ならば, $(x-a)^{2n+1} > 0$ であり, $x < a$ ならば, $(x-a)^{2n+1} < 0$ となる. したがって, $x = a$ において, $f(x)$ は極大でも極小でもない.   //

例 2.15 (1) $f(x) = x \sin x$ は $x = 0$ で極小か否かを調べよ.
(2) $f(x) = x^7$ は $x = 0$ で極値を取るかどうか調べよ.
(解答)   関数の増減表を用いなくても, 定理 2.16 を用いて示すことができる.
(1) $f(x)$ の高次の導関数を計算する.

$$f'(x) = \sin x + x \cos x, \qquad f''(x) = 2\cos x - x \sin x$$

なので, $f'(0) = 0$, $f''(0) = 2 > 0$ である. ゆえに, 定理 2.16 より, $f(x)$ は $x = 0$ で極小である (図 2.17).

(2)   やはり $f(x)$ の高次の導関数を計算すると,

$$f'(x) = 7x^6, \quad f''(x) = 7 \cdot 6 x^5, \quad f'''(x) = 7 \cdot 6 \cdot 5 x^4,$$

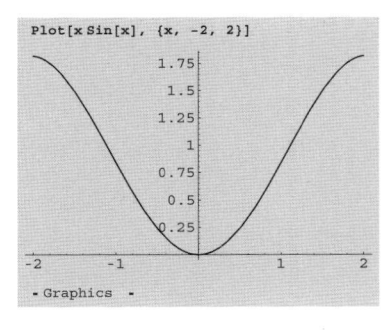

図 2.17   *Mathematica* による $x \sin x$ の図

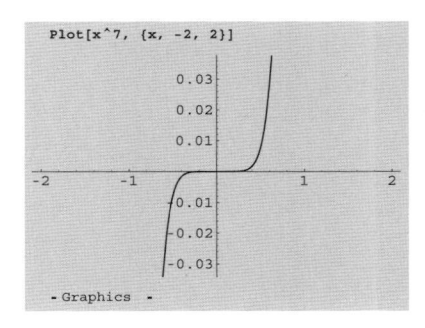

図 2.18   *Mathematica* による x^7 の図

$$f^{(4)}(x) = 7\cdot 6\cdot 5\cdot 4x^3, \quad f^{(5)}(x) = 7\cdot 6\cdot 5\cdot 4\cdot 3x^2,$$
$$f^{(6)}(x) = 7!x, \quad f^{(7)}(x) = 7!$$

であるので,
$$f^{(k)}(0) = 0 \ (k = 1, 2, \ldots, 6), \quad f^{(7)}(0) = 7!$$

となる. ゆえに定理 2.16 より, $f(x)$ は $x = 0$ において, 極大でも極小でもない (図 2.18). //

2.4.4 関数の凹凸

関数 $y = f(x)$ の xy 平面上のグラフの点 $A(a, f(a))$ における接線
$$y = f'(a)(x-a) + f(a)$$
が点 A の近傍で (A を除き) $y = f(x)$ のグラフより下にあるとき, $f(x)$ は $x = a$ で凹 (または下に凸) であるといい, 逆に, 点 A の近傍で (A を除き) $y = f(x)$ のグラフより上にあるとき, $f(x)$ は $x = a$ で凸 (または上に凸) であるという (図 2.19).

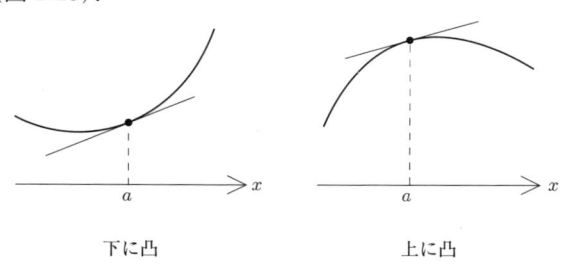

下に凸 　　　　　　　上に凸

図 2.19 下に凸と上に凸

すなわち, $x = a$ で下に凸であるとは, a に十分近い x に対して (ただし $x \neq a$),
$$f(x) > f'(a)(x-a) + f(a)$$
が成り立つときをいい, $x = a$ で上に凸であるとは, a に十分近い x に対して (ただし $x \neq a$),
$$f(x) < f'(a)(x-a) + f(a)$$
が成り立つときをいう.

定理 2.17 $f(x)$ が開区間 I でつねに $f''(x) > 0$ ならば, $y = f(x)$ のグラフ

は I で下に凸であり，つねに $f''(x) < 0$ ならば，$y = f(x)$ のグラフは I で上に凸である．

(証明) I 上で $f''(x) > 0$ とする．$a \in I$ を取り，a の近くにある $x \neq a$ となる任意の点 x について，テーラーの定理 (定理 2.14) より，
$$f(x) = f(a) + f'(a)(x-a) + \frac{1}{2}f''(c)(x-a)^2$$
となる点 c が x と a の間に存在する．仮定より，$f''(c) > 0$ なので，したがって，a の近くのすべての x $(x \neq a)$ に対して，
$$f(x) > f(a) + f'(a)(x-a)$$
となる．これは $y = f(x)$ のグラフが下に凸ということである．$f''(x) < 0$ のときも同様である． //

a において関数 $y = f(x)$ が $f''(a) = 0$ を満たし，a の前後で $f''(x)$ の符号が変化するならば，$x = a$ は $y = f(x)$ の**変曲点**という．定理 2.17 より，$y = f(x)$ のグラフは，$x = a$ を境に下に凸から上に凸に，または，上に凸から下に凸に変化する（図 2.20）．

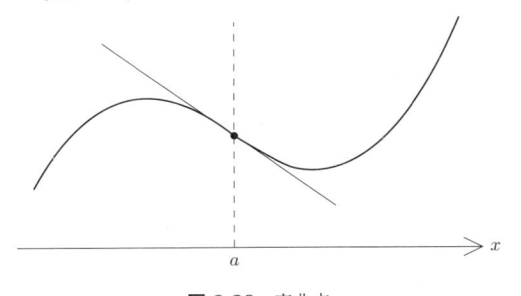

図 2.20 変曲点

例 2.16 次の関数の極大・極小および凹凸・変曲点を調べよ．
$$f(x) = x^3 - 9x^2 + 15x + 1.$$
(解答) $f'(x)$, $f''(x)$ を計算する．
$$f'(x) = 3x^2 - 18x + 15 = 3(x-5)(x-1),$$
$$f''(x) = 6x - 18 = 6(x-3).$$
$$f''(5) = 12 > 0, \quad f''(1) = -12 < 0$$
なので，$f(1) = 8$ は極大値，$f(5) = -24$ は極小値である．また，

$$f''(x) < 0 \, (x < 3), \quad f''(3) = 0, \quad f''(x) > 0 \, (x > 3)$$

なので，$x = 3$ は変曲点である．実際，$x < 3$ では，$f(x)$ は上に凸であり，$x > 3$ では，$f(x)$ は下に凸である（図 2.21）．　//

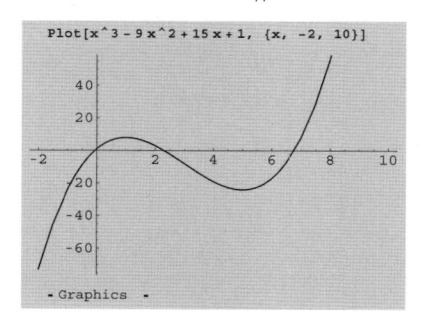

図 2.21　$Mathematica$ による $x^3 - 9x^2 + 15x + 1$ の図

2.4.5　ニュートン近似

テーラーの定理の応用として，方程式 $f(x) = 0$ の解を数値計算で求めるニュートン法が知られている．一般の $f(x)$ に対して，有限回の四則演算でこの解を求めることは不可能である．

定理 2.18　$f(x)$ は $[a, b]$ を含む開区間 I で 2 回微分可能であり，

　　(i) $f(a) < 0, \, f(b) > 0$,　　(ii) $f'(x) > 0, \, f''(x) > 0 \, (a \le x \le b)$

とする．このとき $f(x) = 0$ は区間 $[a, b]$ で唯 1 つの解 α をもつ．

また，次式で定まる数列 $\{c_n\}$ は単調減少で，α に収束する．

$$\begin{cases} c_1 = b, \\ c_{n+1} = c_n - \dfrac{f(c_n)}{f'(c_n)} \end{cases} \quad (n = 1, 2, \ldots)$$

(証明)　中間値の定理（定理 1.14）により，$f(\alpha) = 0$ となる α が存在する．$f(x)$ は狭義の単調増加関数なのであるから，α は唯 1 つ決まる．

次に数列 $\{c_n\}$ が α に収束することを示そう．仮定より，$f''(x) > 0$ なので，直線 $y = f'(c_1)(x - c_1) + f(c_1)$ は，点 $(c_1, f(c_1))$ を通り，$y = f(x)$ の下にある．この直線と $y = 0$ との交点の x 座標が c_2 である．というのは，

$$0 = f'(c_1)(c_2 - c_1) + f(c_1) \iff c_2 = c_1 - \frac{f(c_1)}{f'(c_1)}$$

であるから．したがって，
$$c_1 > c_2 > \alpha$$
である．次に，$f(c_2) > 0$ であるから，点 $(c_2, f(c_2))$ を通る直線 $y = f'(c_2)(x - c_2) + f(c_2)$ を取り，この直線と $y = 0$ との交点の x 座標が c_3 であり，
$$c_1 > c_2 > c_3 > \alpha$$
となる．以下同様にして，$c_{n+1} = c_n - \frac{f(c_n)}{f'(c_n)}$ より，
$$c_1 > c_2 > \cdots > c_n > \cdots > \alpha$$
となる（図 2.22）．

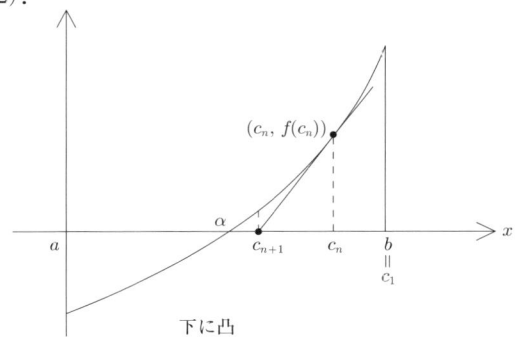

図 2.22 ニュートン近似

こうしてできる数列 $\{c_n\}$ は下に有界な単調減少数列なのであるから，収束する（定理 1.5）．その極限を $\beta = \lim_{n \to \infty} c_n$ とする．$f(x)$, $f'(x)$ は連続なので，$\beta = \beta - \frac{f(\beta)}{f'(\beta)}$ となり $f(\beta) = 0$ である．ゆえに $\beta = \alpha$． //

例 2.17
$$f(x) = x^3 + 2x - 1 = 0$$
の 0 と 1 の間にある根の近似値を求めよ．
（解答）
$$f(0) = -1 < 0, \quad f(1) = 2 > 0,$$
$$f'(x) = 3x^2 + 2 > 0, \quad f''(x) = 6x > 0 \quad (0 < x < 1)$$
なので，定理 2.18 が使える．
$$c_1 = 1, \quad c_{n+1} = c_n - \frac{f(c_n)}{f'(c_n)} \quad (n = 1, 2, \ldots)$$
と $\{c_n\}$ を定める．このとき，

$$c_2 = 1 - \frac{f(1)}{f'(1)} = 1 - \frac{2}{5} = 0.6$$
$$c_3 = 0.6 - \frac{f(0.6)}{f'(0.6)} = 0.6 - \frac{0.416}{3.08} = 0.4649\cdots$$

などと計算される（図 2.23）.　//

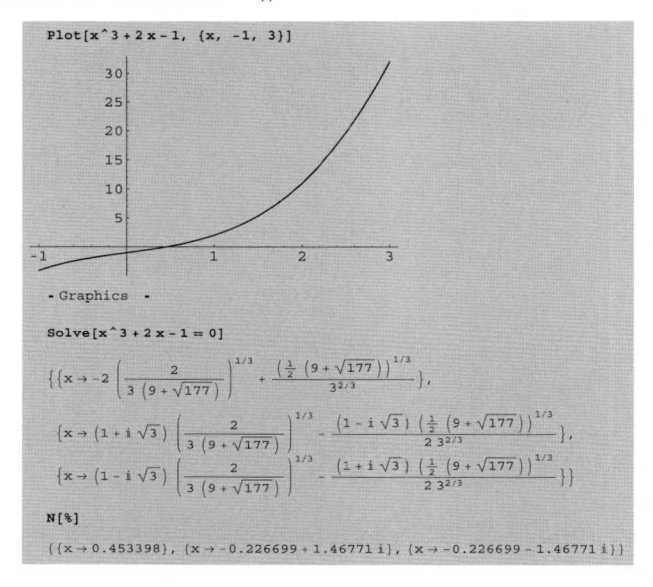

図 2.23　*Mathematica* による図，根の解法，根の近似値

演習問題 2.4

1. $0 < x < 1$ のとき，次の不等式が成り立つことを示せ.
$$\log(1+x) < x - \frac{x^2}{2} + \frac{x^3}{3} - \cdots + \frac{x^{2n-1}}{2n-1} \quad (n = 1, 2, \ldots)$$

2. 次の関数に対して，マクローリンの定理（ラグランジュの剰余項で）を $n = 3$ で適用せよ．(a は自然数ではない実数.)

(1)　$f(x) = (1+x)^a$　(2)　$f(x) = \frac{1}{1-x}$　(3)　$f(x) = \arcsin x$

(4)　$f(x) = \arctan x$　(5)　$f(x) = \sin^2 x$　(6)　$f(x) = \frac{1}{2}\log\frac{1+x}{1-x}$

3. 次の関数にマクローリンの定理を適用せよ．（ただし a は実数とする.）

(1)　$f(x) = e^{x^2}$　(2)　$f(x) = \sin ax$　(3)　$f(x) = (1+x)^a$

4. 次の関数の極値を求めよ.

(1)　$f(x) = (1-x^2)^{\frac{2}{3}} \quad (|x| < 1)$

(2)　$f(x) = \arctan x - \log(1+x) \quad (-1 < x < \infty)$

(3)　$f(x) = e^{x^2} + e^{-x^2}$　$(-\infty < x < \infty)$

(4)　$f(x) = e^{-x} \sin x$　$(0 < x < \pi)$

5.　$x \geq 0$ において，次の不等式がそれぞれ成り立つことを示せ．

(1)　$1 + x + \frac{1}{2}x^2 \leq e^x$　　(2)　$1 - \frac{x^2}{2} \leq \cos x \leq 1 - \frac{x^2}{2} + \frac{x^4}{4!}$

(3)　$x - \frac{x^3}{3!} \leq \sin x \leq x$　　(4)　$x - \frac{1}{3}x^3 \leq \arctan x \leq x$

(5)　$x - \frac{1}{2}x^2 \leq \log(1+x) \leq x$

6.　次の関数の極値と凹凸・変曲点を調べ，グラフの概形を書け．

(1)　$f(x) = 3x^4 - 4x^3 + 1$　$(-\infty < x < \infty)$

(2)　$f(x) = 2x - \log(1+x)$　$(-1 < x < \infty)$

(3)　$f(x) = x\, e^{-2x^2}$　$(-\infty < x < \infty)$

(4)　$f(x) = \sinh x$　$(-\infty < x < \infty)$

第 3 章

1 変数関数の積分

CHAPTER 3

3.1 不定積分

関数 $F(x)$ が微分可能であり,
$$\frac{d}{dx}F(x) = f(x)$$
となるとき, $F(x)$ を $f(x)$ の**原始関数**といい,
$$F(x) = \int f(x)dx$$
と書く. $\int f(x)dx$ を $f(x)$ の**不定積分**という. $F(x)$ が $f(x)$ の 1 つの原始関数であり, C を定数とするとき, $\frac{d}{dx}(F(x)+C) = f(x)$ なので, $F(x)+C$ も $f(x)$ の原始関数であり,
$$\int f(x)dx = F(x)+C \quad (C \text{ は任意定数})$$
と表される. 逆に, $F(x), G(x)$ をある区間で定義された関数で, $f(x)$ の原始関数とすると,
$$\frac{d}{dx}(F(x) - G(x)) = F'(x) - G'(x) = f(x) - f(x) = 0$$
なので,
$$F(x) = G(x)+C \quad (C \text{ は定数})$$
となる. 以上をまとめて,

定理 3.1 $F(x)$ を $f(x)$ の原始関数の 1 つとする. $f(x)$ の任意の原始関数 $\int f(x)dx$ は
$$\int f(x)dx = F(x)+C \quad (C \text{ は定数})$$

で与えられる．C を**積分定数**という．

今後，必要がない限り，積分定数は省略する．$f(x)$ の不定積分を異なる方法で求めた場合，積分定数の差の違いであるにもかかわらず，見かけはまったく異なることがよくある．なお，求積法で微分方程式を解くときは，積分定数が必要である．

3.1.1 基本公式

ある関数を積分することは，微分することの逆演算であるので，これまでの微分法の結果を用いて，基本的な関数の不定積分が求まる．

$f(x)$	不定積分 $\int f(x)dx$
$x^a \quad (a \neq -1)$	$\frac{1}{a+1}x^{a+1}$
$\frac{1}{x}$	$\log|x|$
e^x	e^x
$\log x$	$x\log x - x$
$a^x \ (a>0,\, a\neq 1)$	$\frac{1}{\log a}a^x$
$\sin x$	$-\cos x$
$\cos x$	$\sin x$
$\tan x$	$-\log|\cos x|$
$\sec^2 x = \frac{1}{\cos^2 x}$	$\tan x$
$\mathrm{cosec}^2 x = \frac{1}{\sin^2 x}$	$-\cot x$
$\frac{1}{a^2+x^2} \ (a>0)$	$\frac{1}{a}\arctan\frac{x}{a}$
$\frac{1}{a^2-x^2} \ (a>0)$	$\frac{1}{2a}\log\left|\frac{x+a}{x-a}\right|$
$\frac{1}{\sqrt{x^2+b}} \ (b\neq 0)$	$\log|x+\sqrt{x^2+b}|$
$\frac{1}{a^2-x^2} \ (a>0)$	$\frac{1}{a}\mathrm{arctanh}\frac{x}{a}$
$\sqrt{x^2+b} \ (b\neq 0)$	$\frac{1}{2}(x\sqrt{x^2+b}+b\log|x+\sqrt{x^2+b}|)$
$\sqrt{a^2-x^2} \ (a>0)$	$\frac{1}{2}(x\sqrt{a^2-x^2}+a^2\arcsin\frac{x}{a})$

3.1.2 基本的性質

不定積分の基本的性質について述べる．

定理 3.2　(1)　$\int \alpha f(x)dx = \alpha \int f(x)dx$　(α は定数)

(2)　$\int \{f(x) \pm g(x)\} dx = \int f(x)dx \pm \int g(x)dx$

(証明)　(1)　$F(x) = \int f(x)dx$ とする．このとき
$$\frac{d}{dx}(\alpha F(x)) = \alpha \frac{dF}{dx} = \alpha f(x)$$
これから (1) を得る．

(2) さらに $G(x) = \int g(x)dx$ とする．このとき
$$\frac{d}{dx}(F(x) \pm G(x)) = \frac{dF}{dx} \pm \frac{dG}{dx} = f(x) \pm g(x)$$
これから (2) を得る．　//

定理 3.3　(置換積分法)　$x = \varphi(t)$ と変数変換すれば，
$$\int f(x)dx = \int f(\varphi(t)) \varphi'(t) dt$$
(証明)　$F(x) = \int f(x)dx$ とすれば，$x = \varphi(t)$ なので，
$$\frac{d}{dt}F(x) = \frac{dF}{dx}\frac{dx}{dt} = f(x)\varphi'(t) = f(\varphi(t))\varphi'(t)$$
この両辺を t について積分すると求める式を得る．　//

定理 3.4 (部分積分法)
$$\int f'(x)g(x)dx = f(x)g(x) - \int f(x)g'(x)dx$$
(証明)　微分可能な 2 つの関数 $f(x)$, $g(x)$ の積の微分を計算して
$$f'(x)g(x) = (f(x)g(x))' - f(x)g'(x)$$
である．両辺を x について積分して求める結果を得る．　//

問 3.1　次を示せ．

(1)　$\int f(x)^a f'(x) dx = \frac{1}{a+1} f(x)^{a+1}$　$(a \neq -1)$

(2)　$\int \frac{f'(x)}{f(x)} dx = \log |f(x)|$

例 3.1　次を示せ．ただし a は正の定数である．

(1)　$\int \tan x \, dx = -\log|\cos x|$　(2)　$\int \log x \, dx = x \log x - x$

(3)　$\int \frac{1}{\sqrt{a^2 - x^2}} dx = \arcsin \frac{x}{a}$

(4)　$\int \sqrt{a^2 - x^2} dx = \frac{1}{2}(a^2 \arcsin \frac{x}{a} + x\sqrt{a^2 - x^2})$

```
Integrate[Tan[x], x]
-Log[Cos[x]]
```

図 3.1 *Mathematica* による $\int \tan x \, dx$ の計算

```
Integrate[1/Sqrt[a^2 - x^2], x]
```
$-\text{ArcTan}\left[\dfrac{x\sqrt{a^2-x^2}}{-a^2+x^2}\right]$

```
Simplify[%]
```
$\text{ArcTan}\left[\dfrac{x}{\sqrt{a^2-x^2}}\right]$

図 3.2 *Mathematica* による $\int \dfrac{dx}{\sqrt{a^2-x^2}}$ の計算
(別の表示になっているが正しい)

```
Integrate[Sqrt[a^2 - x^2], x]
```
$\dfrac{1}{2}\left(x\sqrt{a^2-x^2} + a^2 \text{ArcTan}\left[\dfrac{x}{\sqrt{a^2-x^2}}\right]\right)$

```
Integrate[Sqrt[1 - x^2], x]
```
$\dfrac{1}{2}\left(x\sqrt{1-x^2} + \text{ArcSin}[x]\right)$

図 3.3 *Mathematica* による $\int \sqrt{a^2-x^2}\,dx$ と $\int \sqrt{1-x^2}\,dx$ の計算
(別々の表示になっているが正しい)

(解答) 実際,次のように計算される.

(1)
$$\int \tan x \, dx = \int \frac{\sin x}{\cos x} dx = -\int \frac{(\cos x)'}{\cos x} dx = -\log|\cos x|.$$

(2)
$$\int \log x \, dx = \int x' \log x \, dx = x \log x - \int x \tfrac{1}{x} dx \quad \text{(部分積分法)}$$
$$= x \log x - x.$$

(3) $x = a \sin t$ とおいて,置換積分法を使う.$dx = a \cos t \, dt$ であり,$\sqrt{a^2 - x^2} = a \cos t$ かつ $t = \arcsin \frac{x}{a}$ である.したがって

$$\int \frac{1}{\sqrt{a^2-x^2}}dx = \int \frac{1}{a\cos t}a\cos t\,dt = \int dt = t = \arcsin\frac{x}{a}.$$

(4) やはり，$x = a\sin t$ とおいて，置換積分法を使う．$dx = a\cos t\,dt$ なので，

$$\begin{aligned}
\int \sqrt{a^2-x^2}\,dx &= \int (a\cos t)^2 dt = \tfrac{1}{2}\int a^2(1+\cos 2t)dt \\
&= \tfrac{a^2}{2}(t+\tfrac{1}{2}\sin 2t) = \tfrac{a^2}{2}(t+\sin t\cos t) \\
&= \tfrac{a^2}{2}\{\arcsin\tfrac{x}{a} + \tfrac{x}{a}\sqrt{1-(\tfrac{x}{a})^2}\} \\
&= \tfrac{1}{2}(a^2 \arcsin\tfrac{x}{a} + x\sqrt{a^2-x^2}). \quad //
\end{aligned}$$

例 3.2 $I_n = \int \frac{dx}{(x^2+a^2)^n}$　$(a>0)$ とする．次の漸化式を示せ．

$$I_n = \frac{1}{2(n-1)a^2}\left\{(2n-3)I_{n-1} + \frac{x}{(x^2+a^2)^{n-1}}\right\} \quad (n=2,3,\ldots)$$

なお，$I_1 = \tfrac{1}{a}\arctan\tfrac{x}{a}$ である．

(解答)
$$\begin{aligned}
a^2 I_n &= \int \frac{(x^2+a^2)-x^2}{(x^2+a^2)^n}dx \\
&= I_{n-1} - \int \left(\frac{1}{-n+1}\frac{1}{(x^2+a^2)^{n-1}}\right)'\frac{x}{2}dx \\
&= I_{n-1} - \left\{\frac{1}{2(-n+1)}\frac{x}{(x^2+a^2)^{n-1}} - \int \frac{1}{2(-n+1)}\frac{1}{(x^2+a^2)^{n-1}}dx\right\} \\
&= \left(1 - \frac{1}{2(n-1)}\right)I_{n-1} + \frac{1}{2(n-1)}\frac{x}{(x^2+a^2)^{n-1}} \\
&= \frac{2n-3}{2(n-1)}I_{n-1} + \frac{1}{2(n-1)}\frac{x}{(x^2+a^2)^{n-1}}
\end{aligned}$$

これから，求める漸化式を得る．　//

演習問題 3.1

1. 次の不定積分を求めよ．
(1) $\int \sqrt{x^5}\,dx$　　(2) $\int \frac{(x-2)^3}{x}dx$　　(3) $\int \frac{x}{x^2+4}dx$
(4) $\int \tan x\,dx$　　(5) $\int \tan^2 x\,dx$　　(6) $\int \cot x\,dx$
(7) $\int \frac{1}{x^2-2}dx$　　(8) $\int \cot^2 x\,dx$　　(9) $\int \left(1-\frac{1}{\sqrt{x}}\right)^2 dx$

2. 次の不定積分を求めよ．
(1) $\int x^4\sqrt{x^5+1}\,dx$　　(2) $\int x\,e^{-x^2}dx$
(3) $\int \frac{1}{2x^2-2x+3}dx$　　(4) $\int \sin^2 x\cos x\,dx$

3. 次の不定積分を計算せよ．
(1) $\int x\sin x\,dx$　　(2) $\int x\log x\,dx$　　(3) $\int \arctan x\,dx$
(4) $\int e^x \sin x\,dx$　　(5) $\int e^x \cos x\,dx$　　(6) $\int x\arctan x\,dx$

(7) $\int (\log x)^2 \, dx$ (8) $\int \sin^2 x \cos^2 x \, dx$ (9) $\int e^{ax} \cos(bx) \, dx$

4. 次の問に答えよ．

(1) $I_n = \int \tan^n x \, dx$ は次の漸化式を満たすことを示せ．
$$I_n = -I_{n-2} + \frac{1}{n-1} \tan^{n-1} x \qquad (n \geq 2)$$

(2) $\int \tan^4 x \, dx$ を求めよ． (3) $\int \tan^5 x \, dx$ を求めよ．

5. 次の等式を示せ．

(1) $\int \tan x \, dx = -\log|\cos x|$ (2) $\int \cot x \, dx = \log|\sin x|$

(3) $\int \frac{1}{\sin x} dx = \log\left|\tan \frac{x}{2}\right|$ (4) $\int \frac{1}{\cos x} dx = \log\left|\tan\left(\frac{x}{2} + \frac{\pi}{4}\right)\right|$

(5) $\int \sin x \cos x \, dx = \frac{1}{2} \sin^2 x$ (6) $\int \frac{1}{\sin x \cos x} dx = \log|\tan x|$

3.2　不定積分の計算法

3.2.1　有理関数の不定積分

有理式 $= \frac{\text{多項式}}{\text{多項式}}$ の形の関数の不定積分の計算は，次の式の和に直すことができる．有理関数の**部分分数分解**という．問題はこれらの積分の計算に帰着される．

(i) 多項式

(ii) $\frac{a}{(x-b)^m}$

(iii) $\frac{cx+d}{(x^2+px+q)^n}$ (ただし $p^2 - 4q < 0$)

(iii) の形の関数の不定積分は次のようにして求められる．
$$\frac{cx+d}{(x^2+px+q)^n} = \frac{c}{2} \frac{2x+p}{(x^2+px+q)^n} + \left(d - \frac{cp}{2}\right) \frac{1}{(x^2+px+q)^n}$$

ここで右辺の第 1 項は $t = x^2 + px + q$ と変数変換すると，
$$\int \frac{2x+p}{(x^2+px+q)^n} dx = \int \frac{1}{t^n} dt$$

から計算できる．第 2 項は $t = x + \frac{p}{2}$ と変数変換して，$a = \frac{\sqrt{4q-p^2}}{2}$ とおくと，
$$x^2 + px + q = \left(x + \frac{p}{2}\right)^2 + \frac{4q-p^2}{4} = t^2 + a^2$$

となるので，
$$\int \frac{1}{(x^2+px+q)^n} dx = \int \frac{1}{(t^2+a^2)^n} dt$$

となる．そこで 例 3.2 の漸化式を使って計算するとよい．

例 3.3　$f(x) = \frac{3x^2+5x+7}{(x+1)(x^2+4)}$ を部分分数に直して不定積分を求めよ．

(解答)
$$f(x) = \frac{3x^2+5x+7}{(x+1)(x^2+4)} = \frac{A}{x+1} + \frac{Bx+C}{x^2+4}$$
とおいて，係数 A, B, C を以下のように未定係数法で定める．実際，両辺の分母をはらって，
$$\begin{aligned}3x^2+5x+7 &= A(x^2+4)+(Bx+C)(x+1)\\ &= (A+B)x^2+(B+C)x+4A+C.\end{aligned}$$
係数を比較して，
$$A+B=3, \quad B+C=5, \quad 4A+C=7$$
この連立方程式を解いて，$A=1, B=2, C=3$ を得る．それゆえ，
$$f(x) = \frac{1}{x+1} + \frac{2x+3}{x^2+4} = \frac{1}{x+1} + \frac{2x}{x^2+4} + \frac{3}{x^2+4}$$
を得るので，
$$\begin{aligned}\int f(x)dx &= \int \tfrac{1}{x+1}dx + \int \tfrac{2x}{x^2+4}dx + 3\int \tfrac{1}{x^2+4}dx\\ &= \log|x+1| + \log(x^2+4) + \tfrac{3}{2}\arctan \tfrac{x}{2}. \quad //\end{aligned}$$

3.2.2 無理関数の不定積分

無理関数の不定積分は，一般には初等関数で表示できない．ここでは，適当に置換積分を行って，有理関数の不定積分に直せる場合を扱う．

a. $f(x)$ が x と $\sqrt[n]{ax+b}$ $(a \neq 0)$ の有理式の場合
$t = \sqrt[n]{ax+b}$ とおくと，
$$x = \frac{t^n - b}{a}, \quad dx = \frac{n}{a}t^{n-1}dt$$
なので，$\int f(x)dx$ は t の有理関数の不定積分となる．

例 3.4 次の関数 $f(x)$ の不定積分 $\int f(x)dx$ を求めよ．
 (1) $f(x) = \frac{\sqrt{x+1}}{x}$ (2) $f(x) = \sqrt{\frac{x+1}{x-1}}$ (3) $f(x) = \sqrt{\frac{x-1}{x+1}}$

(解答) (1) $t = \sqrt{x+1}$ とおくと，$x = t^2 - 1$, $dx = 2t\,dt$ なので，
$$\int f(x)dx = \int \frac{2t^2}{t^2-1}dt$$
となる．ここで $2t^2$ を t^2-1 で割る割り算を実行して，その結果を部分分数展開すると，
$$\frac{2t^2}{t^2-1} = 2 + \frac{2}{t^2-1} = 2 + \frac{1}{t-1} - \frac{1}{t+1}$$
となる．それゆえ，

$$\begin{aligned}
\int f(x)dx &= \int \tfrac{2t^2}{t^2-1} = \int 2dt + \int \tfrac{1}{t-1}dt - \int \tfrac{1}{t+1}dt \\
&= 2t + \log|t-1| - \log|t+1| \\
&= 2\sqrt{x+1} + \log\left|\tfrac{\sqrt{x+1}-1}{\sqrt{x+1}+1}\right|.
\end{aligned}$$

(2) $t = \sqrt{\tfrac{x+1}{x-1}}$ とおくと, $x = \tfrac{t^2+1}{t^2-1}$ かつ $dx = \tfrac{-4t}{(t^2-1)^2}dt$ なので, 有理関数の不定積分となり, 部分分数展開を実行して計算する.

$$\begin{aligned}
\int f(x)dx &= \int t \cdot \tfrac{-4t}{(t^2-1)^2}dt = -4\int \tfrac{t^2}{(t^2-1)^2}dt \\
&= -4\int \tfrac{1}{t^2-1}dt - 4\int \tfrac{1}{(t^2-1)^2}dt \\
&= (-4)(\tfrac{1}{2})\int \left(\tfrac{1}{t-1} - \tfrac{1}{t+1}\right)dt \\
&\quad -4\tfrac{1}{4}\int \left(\tfrac{-1}{t-1} + \tfrac{1}{t+1} + \tfrac{1}{(t-1)^2} + \tfrac{1}{(t+1)^2}\right)dt \\
&= 2(\log|t+1| - \log|t-1|) \\
&\quad - \left(-\log|t-1| + \log|t+1| - \tfrac{1}{t-1} - \tfrac{1}{t+1}\right) \\
&= \log\left|\tfrac{t+1}{t-1}\right| + \tfrac{2t}{t^2-1} \\
&= \log|x + \sqrt{x^2-1}| + \sqrt{x^2-1}
\end{aligned}$$

(3) (2) と同様に, $t = \sqrt{\tfrac{x-1}{x+1}}$ とおくと, $x = -\tfrac{t^2+1}{t^2-1}$, $dx = \tfrac{4t}{(t^2-1)^2}dt$ を得る. このとき (2) の計算結果を使って,

$$\begin{aligned}
\int f(x)dx &= 4\int \tfrac{t^2}{(t^2-1)^2}dt \\
&= \log\left|\tfrac{t-1}{t+1}\right| - \tfrac{2t}{t^2-1} \\
&= \log|x - \sqrt{x^2-1}| - \sqrt{x^2-1}. \quad //
\end{aligned}$$

b. $f(x)$ が x と $\sqrt{ax^2+bx+c}$ の有理式であるとき,

(イ) $a > 0$ のとき. $\sqrt{ax^2+bx+c} = t - \sqrt{a}x$ とおくと, t の有理式の不定積分になる.

(ロ) $a < 0$ のとき. $ax^2+bx+c \geq 0$ でなければならないから, $b^2 - 4ac > 0$. ゆえに $ax^2+bx+c = 0$ は相異なる 2 実根 α, β $(\alpha < \beta)$ をもつ. このとき, $t = \sqrt{\tfrac{a(x-\beta)}{x-\alpha}}$ と変数変換すると t の有理式の不定積分になる.

例 3.5 次の不定積分の計算結果を確かめよ.

(1) $\int \tfrac{dx}{\sqrt{x^2-1}} = \log|\sqrt{x^2-1} + x|$. (2) $\int \tfrac{dx}{\sqrt{1-x^2}} = -2\arctan\sqrt{\tfrac{1-x}{1+x}}$.

(解答) (1) $\sqrt{x^2-1} = t-x$ とおくと, $x = \frac{t^2+1}{2t}$, $dx = \frac{t^2-1}{2t^2}dt$, $\sqrt{x^2-1} = \frac{t^2-1}{2t}$ となる. ゆえに
$$\int \frac{dx}{\sqrt{x^2-1}} = \int \frac{2t}{t^2-1} \frac{t^2-1}{2t^2} dt = \int \frac{dt}{t} = \log|t| = \log|\sqrt{x^2-1}+x|.$$

(2) $t = \sqrt{\frac{1-x}{1+x}}$ と変数変換すると, $x = \frac{1-t^2}{1-t^2}$, $dx = \frac{-4t}{(t^2+1)^2}dt$, $\sqrt{1-x^2} = \frac{2t}{t^2+1}$ となる. したがって,
$$\begin{aligned}\int \frac{dx}{\sqrt{1-x^2}} &= \int \frac{t^2+1}{2t} \frac{-4t}{(t^2+1)^2} dt = -2\int \frac{1}{t^2+1} dt \\ &= -2\arctan t = -2\arctan\sqrt{\frac{1-x}{1+x}}. \quad /\!/\end{aligned}$$

注意 3.1 (2) は, 実際, 次のようにも計算される. $x = \sin t$ と変数変換すると, $\sqrt{1-x^2} = \cos t$, $dx = \cos t\, dt$ なので,
$$\int \frac{dx}{\sqrt{1-x^2}} = \int dt = t = \arcsin x.$$
実は, 両者は積分定数の差を除いて等しい. このように違う方法で不定積分を計算すると, 計算結果の見かけが相当違うことがしばしば起こる.

3.2.3 三角関数の有理式の不定積分

三角関数の有理式の不定積分は, $t = \tan\frac{x}{2}$ とおくと,
$$\sin x = \frac{2t}{1+t^2}, \quad \cos x = \frac{1-t^2}{1+t^2}, \quad dx = \frac{2}{1+t^2}dt \tag{3.1}$$
となる. これを積分の式に代入するとよい.

実際, (3.1) は次のように導かれる. $t = \tan\frac{x}{2}$ の両辺を t で微分すると,
$$1 = \frac{1}{2}\frac{1}{\cos^2\frac{x}{2}}\frac{dx}{dt} = \frac{1}{2}\left(1+\tan^2\frac{x}{2}\right)\frac{dx}{dt} = \frac{1}{2}(1+t^2)\frac{dx}{dt}.$$
また,
$$\begin{aligned}\sin x &= 2\sin\tfrac{x}{2}\cos\tfrac{x}{2} = 2\tan\tfrac{x}{2}\cos^2\tfrac{x}{2} = \frac{2\tan\frac{x}{2}}{1+\tan^2\frac{x}{2}} = \frac{2t}{1+t^2} \\ \cos x &= 2\cos^2\tfrac{x}{2} - 1 = \frac{2}{1+\tan^2\frac{x}{2}} - 1 = \frac{2}{1+t^2} - 1 = \frac{1-t^2}{1+t^2}\end{aligned}$$
となるからである.

例 3.6 次の不定積分を計算せよ.

(1) $\int \frac{dx}{1-\sin x + \cos x}$ (2) $\int \frac{\sin x}{1+\cos x} dx$

(解答) (1) $t = \tan\frac{x}{2}$ と変数変換すると,

$$\int \frac{dx}{1-\sin x+\cos x} = \int \frac{1}{1-\frac{2t}{1+t^2}+\frac{1-t^2}{1+t^2}}\frac{2}{1+t^2}dx = \int \frac{dt}{1-t} = \log|1-t|$$
$$= \log|1-\tan\tfrac{x}{2}|.$$

(2) $t=\tan\frac{x}{2}$ と変数変換してみると,
$$\int \frac{\sin x}{1+\cos x}dx = \int \frac{\frac{2t}{1+t^2}}{1+\frac{1-t^2}{1+t^2}}\cdot\frac{2dt}{1+t^2} = \int \frac{2t\,dt}{1+t^2}$$
$$= \int \frac{du}{u} \quad (\text{ここで } u=1+t^2 \text{ と変数変換した})$$
$$= \log|u| = \log(1+t^2) = \log(1+\tan^2\tfrac{x}{2}).$$

(別解) $u=\cos x$ と変数変換すると, $du=-\sin x\,dx$ なので,
$$\int \frac{\sin x}{1+\cos x}dx = \int \frac{-du}{1+u} = -\log|1+u| = \log\left(\frac{1}{1+\cos x}\right). \quad /\!/$$

3.2.4 漸　化　式

$\sin^n x$ や $\cos^n x$ の不定積分の計算には漸化式を使うとよい.

(1) ($J_n = \int \sin^n x\,dx$ の漸化式)
$$J_n = -\frac{1}{n}\sin^{n-1}x\cos x + \frac{n-1}{n}J_{n-2} \quad (n=2,3,\ldots) \qquad (3.2)$$
また, $J_0 = \int dx = x$, $J_1 = \int \sin x\,dx = -\cos x$ である.

(2) ($I_n = \int \cos^n x\,dx$ の漸化式)
$$I_n = \frac{1}{n}\cos^{n-1}x\sin x + \frac{n-1}{n}I_{n-2} \quad (n=2,3,\ldots) \qquad (3.3)$$
また, $I_0 = \int dx = x$, $I_1 = \int \cos x\,dx = \sin x$ である.

実際, (3.2) と (3.3) は次のように導かれる. $n=2,3,\ldots$ とする. このとき
$$J_n = \int \sin^{n-1}x\sin x\,dx$$
$$= -\sin^{n-1}x\cos x + (n-1)\int \sin^{n-2}x\cos^2 x\,dx$$
$$= -\sin^{n-1}x\cos x + (n-1)\int \sin^{n-2}x\,(1-\sin^2 x)dx$$
$$= -\sin^{n-1}x\cos x - (n-1)J_n + (n-1)J_{n-2}$$
よって, (3.2) を得る. 同様に,
$$I_n = \int \cos^{n-1}x\cos x\,dx$$
$$= \cos^{n-1}x\sin x + (n-1)\int \cos^{n-2}x\sin^2 x\,dx$$
$$= \cos^{n-1}x\sin x + (n-1)\int \cos^{n-2}x\,(1-\cos^2 x)dx$$
$$= \cos^{n-1}x\sin x - (n-1)I_n + (n-1)I_{n-2}$$
したがって, (3.3) を得る. $/\!/$

例 3.7 次の不定積分を計算せよ．
(1) $\int \sin^2 x\,dx,\ \int \cos^2 x\,dx$ (2) $\int \sin^3 x\,dx,\ \int \cos^3 x\,dx$
(解答) 漸化式を使って計算する．
(1) $J_2 = -\frac{1}{2}\sin x\cos x + \frac{1}{2}J_0 = -\frac{1}{2}\sin x\cos x + \frac{1}{2}x$,
$I_2 = \frac{1}{2}\cos x\sin x + \frac{1}{2}I_0 = \frac{1}{2}\sin x\cos x + \frac{1}{2}x$.
(2) $J_3 = -\frac{1}{3}\sin^2 x\cos x + \frac{2}{3}J_1 = -\frac{1}{3}\sin^2 x\cos x - \frac{2}{3}\cos x$,
$I_3 = \frac{1}{3}\cos^2 x\sin x + \frac{2}{3}I_1 = \frac{1}{3}\cos^2 x\sin x + \frac{2}{3}\sin x$. //

次の節では，定積分を定義し，本節の結果を用いて計算する．

演習問題 3.2
1. 次の不定積分を求めよ．
(1) $\int \frac{x^2}{(1+x^2)^3}\,dx$ (2) $\int \frac{1}{x^2+2x+3}\,dx$ (3) $\int \frac{x^2}{x^2-x-6}\,dx$
(4) $\int \frac{2}{x(x-1)(x-2)}\,dx$ (5) $\int \frac{2}{(x-1)(x^2+1)}\,dx$ (6) $\int \frac{3}{x^3+1}\,dx$
(7) $\int \frac{x}{(x-1)(x-2)}\,dx$ (8) $\int \frac{x^3+1}{x(x-1)^3}\,dx$
2. 次の不定積分を計算せよ．
(1) $\int \frac{1}{1+\sqrt{x}}\,dx$ (2) $\int \frac{1}{x}\sqrt{\frac{1+x}{1-x}}\,dx$ (3) $\int x\sqrt{x+2}\,dx$
(4) $\int \frac{1}{x\sqrt{x^2+1}}\,dx$ (5) $\int \frac{16}{x^2\sqrt{x+4}}\,dx$ (6) $\int \frac{x+2}{\sqrt[3]{x+1}+2}\,dx$
(7) $\int \frac{1}{\sqrt{(x-a)(b-x)}}\,dx$ $(a<b)$ (8) $\int \frac{x}{\sqrt{(x-a)(b-x)}}\,dx$ $(a<b)$
3. 次の不定積分を求めよ．
(1) $\int \frac{1}{\tan x+1}\,dx$ (2) $\int (\tan x+\cot x)^3\,dx$ (3) $\int \frac{\cos x}{1+\sin x}\,dx$
(4) $\int \frac{1+\sin x}{1+\cos x}\,dx$ (5) $\int \frac{\sin x}{1+\sin x}\,dx$ (6) $\int \frac{\sin x}{1+\cos^2 x}\,dx$
4. 次の不定積分を計算せよ．
(1) $\int \frac{e^x-1}{e^x+1}\,dx$ (2) $\int \frac{1}{e^x+e^{-x}}\,dx$ (3) $\int \frac{1}{x\log x}\,dx$ (4) $\int e^{x+e^x}\,dx$

3.3 定 積 分

3.3.1 区 間 の 分 割
閉区間 $[a,b]$ について，
$$\Delta:\quad a=x_0<x_1<x_2<\cdots<x_{n-1}<x_n=b$$
を $[a,b]$ の**分割**といい，
$$|\Delta|:=\max_{1\le i\le n}(x_i-x_{i-1})$$

3.3 定 積 分

を分割 Δ の幅という．x_i $(0 \leq i \leq n)$ は分割 Δ の分点とよばれる．

3.3.2 分割の細分
区間 $[a,b]$ の分割
$$\Delta: \quad a = x_0 < x_1 < x_2 < \cdots < x_{n-1} < x_n = b$$
に対して，さらに Δ の分点 $x_0, x_1, x_2, \ldots, x_{n-1}, x_n$ の間に分点を追加して得られる分割を，Δ の細分という（図 3.4）．

図 3.4 細分

3.3.3 定積分の定義
閉区間 $[a,b]$ で定義された有界関数 $f(x)$ に対して，
$$S(f, \Delta) := \sum_{i=1}^{n} M_i (x_i - x_{i-1}), \qquad M_i := \sup_{x \in [x_{i-1}, x_i]} f(x),$$
$$s(f, \Delta) := \sum_{i=1}^{n} m_i (x_i - x_{i-1}), \qquad m_i := \inf_{x \in [x_{i-1}, x_i]} f(x)$$
とおく．

閉区間 $[a,b]$ の別の分割 Δ' が Δ の細分であれば，
$$m(b-a) \leq s(f, \Delta) \leq s(f, \Delta') \leq S(f, \Delta') \leq S(f, \Delta) \leq M(b-a) \tag{3.4}$$
が成り立つ．（次の図 3.5 と図 3.6 を比較してみよ．）ここで M および m は $f(x)$ の区間 $[a,b]$ 上での最大値と最小値を表す (存在しないときは，上限と下限を考える)．

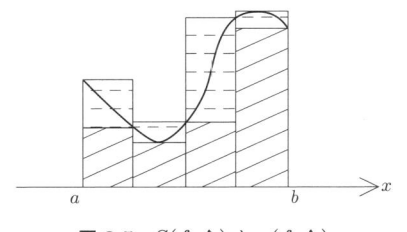

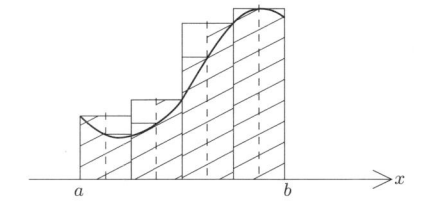

図 3.5 $S(f, \Delta)$ と $s(f, \Delta)$　　　　図 3.6 $S(f, \Delta)$ と $S(f, \Delta')$

次に，分割 Δ をいろいろ動かして，
$$S(f) := \inf_{\Delta} S(f, \Delta) \quad (\text{分割 } \Delta \text{ を動かしたときの } S(f, \Delta) \text{ の下限}),$$
$$s(f) := \sup_{\Delta} s(f, \Delta) \quad (\text{分割 } \Delta \text{ を動かしたときの } s(f, \Delta) \text{ の上限}),$$

とおく. (3.4) より,
$$m(b-a) \leq s(f) \leq S(f) \leq M(b-a) \tag{3.5}$$
である.

実際, $[a,b]$ の任意の 2 つの分割 Δ と Δ' について,
$$s(f,\Delta) \leq S(f,\Delta') \tag{3.6}$$
が成り立つ. これから (3.5) が導かれる. (3.6) は次のようにしてわかる. というのは, 2 つの分割 Δ と Δ' の分点をあわせてできる分割を $\Delta \cup \Delta'$ とすると, $\Delta \cup \Delta'$ は 2 つの分割 Δ および Δ' 両方の細分となる. したがって (3.4) より,
$$s(f,\Delta) \leq s(f,\Delta \cup \Delta') \leq S(f,\Delta \cup \Delta') \leq S(f,\Delta')$$
となるからである. //

$S(f) = s(f)$ となるとき, $f(x)$ は $[a,b]$ 上で**積分可能**といい, この $S(f) = s(f)$ の値を $[a,b]$ における $f(x)$ の**定積分** といい, $\int_a^b f(x)dx$ と書く. すなわち,
$$\int_a^b f(x)dx = S(f) = s(f).$$

3.3.4　積分可能定理と区分求積法

次の定理が成り立つ.

定理 3.5 (1) 関数 $f(x)$ が閉区間 $[a,b]$ 上で連続ならば, 積分可能である.

(2) 関数 $f(x)$ が $[a,b]$ 上で積分可能であるとする. このとき, $[a,b]$ の分割 Δ の小区間 $[x_{i-1},x_i]$ の中に任意の点 ξ_i を取り, **リーマン和**
$$\sum_{i=1}^n f(\xi_i)(x_i - x_{i-1})$$
を考えると, 次の式が成り立つ.
$$\int_a^b f(x)dx = \lim_{|\Delta| \to 0} \sum_{i=1}^n f(\xi_i)(x_i - x_{i-1}).$$

(証明) (1) 閉区間 $[a,b]$ 上で連続な関数は一様連続である (定理 1.17). したがって, 任意の正の数 $\epsilon > 0$ に対して, $\delta > 0$ として,
$$|x - x'| < \delta \quad \text{ならば}, \quad |f(x) - f(x')| < \epsilon \tag{3.7}$$
となるものが存在する. そこで $[a,b]$ の分割 Δ を
$$a = x_0 < x_1 < x_2 < \cdots < x_{n-1} < x_n = b$$

とする．分割 Δ の幅 $|\Delta|$ は $|\Delta| < \delta$ となるように細かく取っておく．そうすれば，
$$x, x' \in [x_{i-1}, x_i] \quad \text{ならば} \quad |x - x'| < \delta$$
となるので，
$$|f(x) - f(x')| < \epsilon$$
が成り立つ．したがって，$M_i - m_i < \epsilon$ $(1 \leq i \leq n)$ が成り立つ．よって，
$$\begin{aligned} 0 \leq S(f, \Delta) - s(f, \Delta) &= \sum_{i=1}^{n}(M_i - m_i)(x_i - x_{i-1}) \\ &< \epsilon \sum_{i=1}^{n}(x_i - x_{i-1}) = \epsilon(b - a) \end{aligned}$$
となる．したがって $S(f) = s(f)$ を得る．

(2) 任意の $\xi_i \in [x_{i-1}, x_i]$ に対して，
$$m_i \leq f(\xi_i) \leq M_i \qquad (i = 1, \ldots, n)$$
となるので，
$$s(f, \Delta) \leq \sum_{i=1}^{n} f(\xi_i)(x_i - x_{i-1}) \leq S(f, \Delta) \tag{3.8}$$
となる．また，
$$s(f, \Delta) \leq \int_a^b f(x)dx \leq S(f, \Delta) \tag{3.9}$$
であるので，(3.8) と (3.9) をあわせて，
$$\left| \int_a^b f(x)dx - \sum_{i=1}^{n} f(\xi_i)(x_i - x_{i-1}) \right| \leq S(f, \Delta) - s(f, \Delta) \tag{3.10}$$
を得る．ここで分割 Δ の幅を細かくして $|\Delta| \to 0$ とすれば，(3.10) の右辺 $\to 0$ となるので，求める結論を得る． //

定理 3.6 (区分求積法)　関数 $f(x)$ が閉区間 $[a, b]$ 上で連続とすると，
$$\begin{aligned} \int_a^b f(x)dx &= \lim_{n \to \infty} \frac{b-a}{n} \sum_{i=1}^{n} f\left(a + \frac{i(b-a)}{n}\right) \\ &= \lim_{n \to \infty} \frac{b-a}{n} \sum_{i=0}^{n-1} f\left(a + \frac{i(b-a)}{n}\right). \end{aligned} \tag{3.11}$$
(証明)　$[a, b]$ を n 等分割して，分割
$$\Delta : \quad a = x_0 < x_1 < x_2 < \ldots < x_{n-1} < x_n = b$$
を，$x_i = a + \frac{i(b-a)}{n}$ $(i = 1, 2, \ldots, n)$ とする．このとき，(3.11) の第 1 式は $\xi_i = x_i$ $(i = 1, 2, \ldots, n)$ と取って，定理 3.5 の (2) を適用すると，得られる．(3.11) の第 2 式は $\xi_i = x_{i-1}$ $(i = 1, 2, \ldots, n)$ と取って同様に，定理 3.5 の (2) を適用すればよい． //

3.3.5 定積分の基本的性質

次の定理は基本的である．

定理 3.7 関数 $f(x)$, $g(x)$ は閉区間 $[a,b]$ 上で連続とし，λ, μ を任意の定数とする．

(1) このとき次の等式が成り立つ．
$$\int_a^b \{\lambda f(x) + \mu g(x)\} dx = \lambda \int_a^b f(x)dx + \mu \int_a^b g(x)dx.$$

(2) $[a,b]$ 上で，$f(x) \leq g(x)$ であれば，
$$\int_a^b f(x)dx \leq \int_a^b g(x)dx.$$
このとき，$\int_a^b f(x)dx = \int_a^b g(x)dx$ ならば，$[a,b]$ 上で，$f(x) = g(x)$ が成り立つ．

(3) 次の不等式が成立する．
$$\left| \int_a^b f(x)dx \right| \leq \int_a^b |f(x)|dx.$$

(4) $a < c < b$ とすると，次が成り立つ．
$$\int_a^b f(x)dx = \int_a^c f(x)dx + \int_c^b f(x)dx.$$

(証明) リーマン和を取って証明するために，$[a,b]$ の分割を
$$\Delta: \quad a = x_0 < x_1 < x_2 < \cdots < x_{n-1} < x_n = b$$
とし，小区間 $[x_{i-1}, x_i]$ 内に，任意の点 ξ_i を取る $(i = 1, 2, \ldots, n)$．

(1) について．
$$\begin{aligned}
\int_a^b \{\lambda f(x) + \mu g(x)\} dx &= \lim_{|\Delta| \to 0} \sum_{i=1}^n \{\lambda f(\xi_i) + \mu g(\xi_i)\}(x_i - x_{i-1}) \\
&= \lambda \lim_{|\Delta| \to 0} \sum_{i=1}^n f(\xi_i)(x_i - x_{i-1}) \\
&\quad + \mu \lim_{|\Delta| \to 0} \sum_{i=1}^n g(\xi_i)(x_i - x_{i-1}) \\
&= \lambda \int_a^b f(x)dx + \mu \int_a^b g(x)dx.
\end{aligned}$$

(2) について，
$$\begin{aligned}
\int_a^b f(x)dx &= \lim_{|\Delta| \to 0} \sum_{i=1}^n f(\xi_i)(x_i - x_{i-1}) \\
&\leq \lim_{|\Delta| \to 0} \sum_{i=1}^n g(\xi_i)(x_i - x_{i-1}) = \int_a^b g(x)dx.
\end{aligned}$$
ここで等号成立のときは，各段階で等号成立となるので，求める $f(x) = g(x)$, $x \in [a,b]$ を得る．

(3) については，$-|f(x)| \le f(x) \le |f(x)|$ であるから，(1), (2) を用いて，次を得る．それからわかる．
$$-\int_a^b |f(x)|dx \le \int_a^b f(x)dx \le \int_a^b |f(x)|dx.$$
(4) について．c を分点にもつ $[a,b]$ の分割 Δ を

$$\Delta: \quad a = x_0 < x_1 < x_2 < \cdots < x_m = c < x_{m+1} < \cdots < x_n = b$$

とし，$\xi_i \in [x_{i-1}, x_i]$ $(i=1,2,\ldots,n)$ とする．ここで Δ を $[a,c]$ の分割 Δ_1 と $[c,b]$ の分割 Δ_2 とに分ける．すなわち，

$$\Delta_1: \quad a = x_0 < x_1 < \cdots < x_{m-1} < x_m = c,$$
$$\Delta_2: \quad c = x_m < x_{m+1} < \cdots < x_n = b$$

とする．$|\Delta| = \max\{|\Delta_1|, |\Delta_2|\}$ なので，

$$\begin{aligned}
\int_a^b f(x)dx &= \lim_{|\Delta| \to 0} \sum_{i=1}^n f(\xi_i)(x_i - x_{i-1}) \\
&= \lim_{|\Delta| \to 0} \{\sum_{i=1}^m f(\xi_i)(x_i - x_{i-1}) \\
&\quad + \sum_{i=m+1}^n f(\xi_i)(x_i - x_{i-1})\} \\
&= \lim_{|\Delta_1| \to 0} \sum_{i=1}^m f(\xi_i)(x_i - x_{i-1}) \\
&\quad + \lim_{|\Delta_2| \to 0} \sum_{i=m+1}^n f(\xi_i)(x_i - x_{i-1}) \\
&= \int_a^c f(x)dx + \int_c^b f(x)dx. \quad //
\end{aligned}$$

$\int_a^b f(x)dx$ において，$f(x)$ を**被積分関数**という．

注意 3.2 $a < b$ のとき，次のようにおく．
$$\int_b^a f(x)dx = -\int_a^b f(x)dx, \qquad \int_a^a f(x)dx = 0$$

定理 3.8 (積分の平均値定理) 関数 $f(x)$ を閉区間 $[a,b]$ 上で連続関数とすると，
$$\int_a^b f(x)dx = (b-a)f(\xi)$$
となるような点 ξ $(a < \xi < b)$ が存在する．

(証明) $f(x)$ が定数のときは正しいので，定数でないときに示す．$f(x)$ は $[a,b]$ 上で連続なので，
$$M = \max_{x \in [a,b]} f(x) = f(c), \quad m = \min_{x \in [a,b]} f(x) = f(d)$$
となる c と d が $[a,b]$ に存在する．$f(x)$ は定数でないので，$m < M$ であり，$c \ne d$ である．このとき，前定理 3.7 (2) より，

なので,
$$m < \frac{1}{b-a}\int_a^b f(x)dx < M$$
である. よって中間値の定理 (定理 1.14) より,
$$\frac{1}{b-a}\int_a^b f(x)dx = f(\xi)$$
となる点 ξ が c と d の間に存在する. //

例 3.8 $f(x)$, $g(x)$ を閉区間 $[a,b]$ 上の連続関数とするとき, 次の不等式が成り立つことを示せ.
$$\left(\int_a^b f(x)g(x)dx\right)^2 \leq \int_a^b f(x)^2 dx \int_a^b g(x)^2 dx.$$
この不等式を**シュワルツの不等式**という.
(解答) $f(x)$ が恒等的に 0 に等しいときは, 両辺とも 0 に等しいので, 正しい. そうでないときは 定理 3.7 (2) より, $\int_a^b f(x)^2 dx > 0$ である. さらに定理 3.7 (2) より, 任意の実数 t について,
$$\begin{aligned}0 &\leq \int_a^b \{tf(x)-g(x)\}^2 dx \\ &= t^2\int_a^b f(x)^2 dx - 2t\int_a^b f(x)g(x)dx + \int_a^b g(x)^2 dx.\end{aligned}$$
右辺を t の 2 次式とみると, t^2 の係数は正であり, 判別式は 0 以下でなければならない. これから求める不等式を得る. //

定理 3.9 (微分積分学の基本定理) 関数 $f(x)$ は閉区間 $[a,b]$ 上で連続関数とする.

(1) $F(x) = \int_a^x f(t)dt$ とおくと, $F(x)$ は微分可能であり,
$$\frac{dF}{dx} = f(x)$$
が成り立つ.

(2) $G(x)$ を $f(x)$ の原始関数 (不定積分) とすると,
$$\int_a^b f(x)dx = G(b) - G(a) = [G(x)]_a^b$$

(証明) (1) について. $h > 0$ とする. 積分の平均値定理 (定理 3.8) により,
$$F(x+h) - F(x) = \int_x^{x+h} f(t)dt = f(x+\theta h)h$$

となる θ $(0 < \theta < 1)$ が存在する．$h \to 0$ ならば，$f(x)$ の連続性より，$f(x+\theta h) \to f(x)$ となるので，
$$\frac{F(x+h)-F(x)}{h} \to f(x) \quad (h \to 0)$$
が成り立つ．$h < 0$ のときも同様にいえるので，$F(x)$ は微分可能となり，$F'(x) = f(x)$ である．

(2) について．(1) により，$F(x)$ も $f(x)$ の原始関数であるから，$F(x)-G(x)$ が定数 C である．つまり，
$$\int_a^x f(t)dt = F(x) = G(x)+C$$
となる．このとき，$F(a) = 0$ だから，$C = -G(a)$ である．よって
$$\int_a^b f(x)dx = G(b)+C = G(b)-G(a). \quad //$$

したがって，微積分学の基本定理により，定積分は定義や区分求積法によらなくとも，3.2 節の不定積分を求めて計算できる．

次の 2 つの定理は定理 3.9 のおかげで，定理 3.3 と定理 3.4 から得られるので，証明は省略する．

定理 3.10 (定積分の部分積分)　関数 $f(x)$, $g(x)$ は閉区間 $[a,b]$ 上で連続関数とする．$G(x) = \int g(x)dx$ とすると，次式が成立する．
$$\int_a^b f(x)g(x)dx = [f(x)G(x)]_a^b - \int_a^b f'(x)G(x)dx.$$

定理 3.11 (定積分の置換積分)　関数 $f(x)$ は閉区間 $[a,b]$ 上で連続関数で，$x = g(t)$ は閉区間 $[\alpha,\beta]$ で C^1-関数で，$a = g(\alpha)$, $b = g(\beta)$ とし，閉区間 $[\alpha,\beta]$ が g によって $[a,b]$ に写されているとする．このとき次式が成立する．
$$\int_a^b f(x)dx = \int_\alpha^\beta f(g(t))g'(t)dt.$$

例 3.9 (積分形の剰余項をもつテーラーの定理)　$f(x)$ を区間 I 上の C^n-関数とし，$a \in I$ とする．このとき次の等式が成り立つことを示せ．
$$f(x) = \sum_{k=0}^{n-1} \frac{f^{(k)}(a)}{k!}(x-a)^k + J_n.$$

ここで $J_n := \frac{1}{(n-1)!} \int_a^x (x-t)^{n-1} f^{(n)}(t)dt$ である (**積分形の剰余項**という).

(解答) 部分積分法 (定理 3.10) により, J_j $(j = 2, 3, \ldots, n)$ は次のようになる.
$$\begin{aligned} J_j &= \frac{1}{(j-1)!} \left[(x-t)^{j-1} f^{(j-1)}(t)\right]_{t=a}^{t=x} + \frac{j-1}{(j-1)!} \int_a^x (x-t)^{j-2} f^{(j-1)}(t)dt \\ &= -\frac{f^{(j-1)}(a)}{(j-1)!} (x-a)^{j-1} + \frac{1}{(j-2)!} \int_a^x (x-t)^{j-2} f^{(j-1)}(t)dt \\ &= -\frac{f^{(j-1)}(a)}{(j-1)!} (x-a)^{j-1} + J_{j-1} \end{aligned}$$

なので, 漸化式
$$J_j = -\frac{f^{(j-1)}(a)}{(j-1)!} (x-a)^{j-1} + J_{j-1} \quad (j = 2, 3, \ldots, n)$$
を得る. ここで $J_1 = \int_a^x f'(t)dt = f(x) - f(a)$ に注意. したがって,
$$\begin{aligned} J_n &= -\sum_{j=2}^n \frac{f^{(j-1)}(a)}{(j-1)!} (x-a)^{j-1} + J_1 \\ &= -\sum_{k=1}^{n-1} \frac{f^{(k)}(a)}{k!} (x-a)^k + f(x) - f(a). \end{aligned}$$
これは求める結果である. //

演習問題 3.3

1. 自然数 m, n に対して, 次が成り立つことを示せ.
(1) $\int_0^{2\pi} \sin mx \cos nx \, dx = 0$
(2) $\int_0^{2\pi} \sin mx \sin nx \, dx = \int_0^{2\pi} \cos mx \cos nx \, dx = \begin{cases} \pi & (m = n) \\ 0 & (m \neq n) \end{cases}$

2. 次の定積分の値を計算せよ.
(1) $\int_0^{\frac{\pi}{2}} \sin^5 x \, dx$ (2) $\int_0^{\frac{\pi}{2}} (1 - \sin x) \cos^6 x \, dx$ (3) $\int_0^{\frac{\pi}{2}} \sin^4 x \, dx$

```
Integrate[(Sin[x])^5, {x, 0, Pi/2}]

 8
──
15
```

図 3.7 *Mathematica* による $\int_0^{\frac{\pi}{2}} \sin^5 x \, dx$ の計算

3. $n = 1, 2, \ldots$ に対して, 次を示せ.
$$\int_0^{\frac{\pi}{2}} \sin^n x \, dx = \int_0^{\frac{\pi}{2}} \cos^n x \, dx = \begin{cases} \frac{n-1}{n} \frac{n-3}{n-2} \cdots \frac{3}{4} \cdot \frac{1}{2} \cdot \frac{\pi}{2} & (n = \text{偶数}) \\ \frac{n-1}{n} \frac{n-3}{n-2} \cdots \frac{4}{5} \cdot \frac{2}{3} & (n = \text{奇数}) \end{cases}$$

4. 定積分 $\int_0^{\frac{\pi}{2}} \sin^m x \, dx$ を用い, 次の公式を示せ (**ウォリスの公式**).
$$\lim_{n \to \infty} \frac{1}{\sqrt{n}} \frac{2^{2n} (n!)^2}{(2n)!} = \sqrt{\pi}$$

3.4 広義積分

これまでは,関数の定積分は閉区間におけるものを扱ってきた.ここでは閉区間以外の区間における定積分を定義する.

3.4.1 広義積分

区間 $[a,b)$ (b は実数または ∞ とする) 上の連続な関数 $f(x)$ について,極限値
$$\lim_{T \to b-0} \int_a^T f(x)dx$$
が存在するとき,$f(x)$ は区間 $[a,b)$ 上で**広義積分可能**であるといい (広義積分が収束する,存在するともいう),
$$\int_a^b f(x)dx = \lim_{T \to b-0} \int_a^T f(x)dx$$
と書く (図 3.7,3.8).

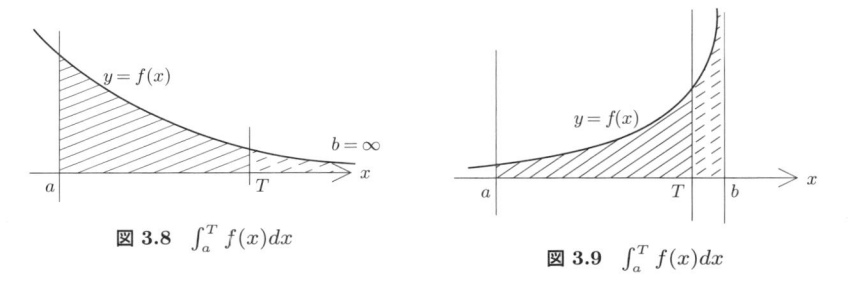

図 3.8 $\int_a^T f(x)dx$

図 3.9 $\int_a^T f(x)dx$

区間 $(a,b]$ (a は実数または $-\infty$) における積分についてもまったく同様に定義される.
$$\int_a^b f(x)dx = \lim_{T \to a+0} \int_T^b f(x)dx.$$
このように,閉区間以外で定義される積分を**広義積分**という.

開区間 (a,b) (a は実数または $-\infty$,b は実数または ∞) 上の連続関数 $f(x)$ について,**広義積分可能**であるとは,a と b の間に適当に c を取ったとき,$f(x)$ が区間 $(a,c]$ および $[c,b)$ において広義積分可能であるときをいい,
$$\int_a^b f(x)dx = \int_a^c f(x)dx + \int_c^b f(x)dx$$

とおく．この定義は点 c の取り方によらない．

例 3.10 次の広義積分を計算せよ．
(1) $\int_{-1}^{1} \frac{dx}{\sqrt{1-x^2}}$　　(2) $\int_{0}^{\infty} e^{-x} dx$

(解答) (1) これは $\frac{1}{\sqrt{1-x^2}}$ が $x = \pm 1$ で無限大となる広義積分である．

$$\begin{aligned}
\int_{-1}^{1} \frac{dx}{\sqrt{1-x^2}} &= \int_{0}^{1} \frac{dx}{\sqrt{1-x^2}} + \int_{-1}^{0} \frac{dx}{\sqrt{1-x^2}} \\
&= \lim_{S \to 1-0} [\arcsin x]_0^S + \lim_{T \to -1+0} [\arcsin x]_T^0 \\
&= \lim_{S \to 1-0} \{\arcsin S - \arcsin 0\} \\
&\quad + \lim_{T \to -1+0} \{\arcsin 0 - \arcsin T\} \\
&= \frac{\pi}{2} + \frac{\pi}{2} = \pi.
\end{aligned}$$

(2) これは積分区間が $[0, \infty)$ の広義積分である．そこで

$$\begin{aligned}
\int_{0}^{\infty} e^{-x} dx &= \lim_{T \to \infty} \int_{0}^{T} e^{-x} dx \\
&= \lim_{T \to \infty} \left[-e^{-x}\right]_0^T \\
&= \lim_{T \to \infty} \{-e^{-T} + 1\} \\
&= 1. \quad //
\end{aligned}$$

```
Integrate[1 / Sqrt[1 - x^2], {x, -1, 1}]
```
π

図 3.10　*Mathematica* による $\int_{-1}^{1} \frac{dx}{\sqrt{1-x^2}}$ の計算

```
Integrate[E^{-x}, {x, 0, Infinity}]
```
{1}

図 3.11　*Mathematica* による $\int_{0}^{\infty} e^{-x} dx$ の計算

3.4.2　不連続点を含む関数の積分

関数 $f(x)$ が開区間 (a,b) において，有限個の点 $c_1 < c_2 < \cdots < c_k$ を除いて連続であるとする．このとき (a,b) を $c_1, c_2, \ldots, c_k$ で分割して得られる有限個の区間における広義積分がすべて収束するとき，積分 $\int_a^b f(x)dx$ が存在するといい，次のようにおく（図 3.12）．

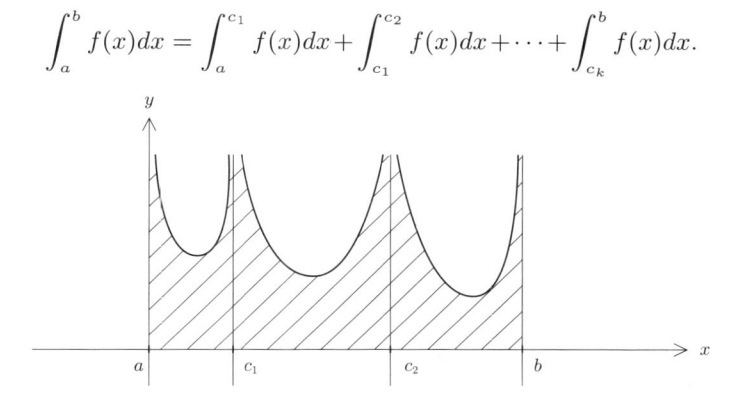

$$\int_a^b f(x)dx = \int_a^{c_1} f(x)dx + \int_{c_1}^{c_2} f(x)dx + \cdots + \int_{c_k}^b f(x)dx.$$

図 3.12 不連続点を含む場合

例 3.11 次の積分を計算せよ．
(1) $\int_{-1}^1 \frac{dx}{\sqrt{|x|}}$ (2) $\int_{-1}^1 \frac{dx}{x}$

(解答) (1) 関数 $\frac{1}{\sqrt{|x|}}$ は $x=0$ で不連続である．そこで

$$\begin{aligned}
\int_{-1}^1 \frac{dx}{\sqrt{|x|}} &= \int_{-1}^0 \frac{dx}{\sqrt{-x}} + \int_0^1 \frac{dx}{\sqrt{x}} \\
&= \lim_{S\to -0} \int_{-1}^S \frac{dx}{\sqrt{-x}} + \lim_{T\to +0} \int_T^1 \frac{dx}{\sqrt{x}} \\
&= \lim_{S\to -0} \left[-2\sqrt{-x}\right]_{-1}^S + \lim_{T\to +0} \left[2\sqrt{x}\right]_T^1 \\
&= \lim_{S\to -0} \left\{-2\sqrt{-S}+2\right\} + \lim_{T\to +0} \left\{2-2\sqrt{T}\right\} \\
&= 4.
\end{aligned}$$

(2) 関数 $\frac{1}{x}$ は $x=0$ で不連続である．そこで

$$\begin{aligned}
\int_{-1}^1 \frac{dx}{x} &= \int_{-1}^0 \frac{dx}{x} + \int_0^1 \frac{dx}{x} \\
&= \lim_{S\to -0} \int_{-1}^S \frac{dx}{x} + \lim_{T\to +0} \int_T^1 \frac{dx}{x} \\
&= \lim_{S\to -0} \left[\log|x|\right]_{-1}^S + \lim_{T\to +0} \left[\log x\right]_T^1 \\
&= \lim_{S\to -0} \left\{\log|S|+0\right\} + \lim_{T\to +0} \left\{0-\log T\right\} \\
&= -\infty + \infty. \quad \text{(発散する)} \quad //
\end{aligned}$$

注意 3.3 上記 (2) の問題では第 1 項と第 2 項両方の積分が収束しなければ積分 $\int_{-1}^1 \frac{dx}{x}$ は収束するとはいえない．したがって $-\infty+\infty=0$ としてはいけない．

3.4.3 収束判定法

広義積分の値が計算できなくても,広義積分が収束するか否かを知りたいことは多い.そのようなとき,次の定理は有用である.

定理 3.12 (広義積分の比較判定法) 関数 $f(x)$ は区間 $[a,b]$ 上で連続関数であるとする.

(I) (存在条件) 次の (i), (ii) を満たす連続関数 $g(x)$ が存在すれば,広義積分 $\int_a^b f(x)dx$ は存在する.

$$\text{(i)} \quad |f(x)| \leq g(x), \qquad \text{(ii)} \quad \int_a^b g(x)dx \text{ は存在する}.$$

(II) (発散条件) 次の (iii), (iv) を満たす連続関数 $h(x)$ が存在すれば,広義積分 $\int_a^b f(x)$ は発散する.

$$\text{(iii)} \quad 0 \leq h(x) \leq f(x), \qquad \text{(iv)} \quad \int_a^b h(x)dx \text{ は発散する}.$$

(証明は省略する.各自試みよ.)

次の例はそれぞれ基本的であるが重要である.

例 3.12 実数 a, b, k について,次が成り立つ.
$$\int_a^b (b-x)^k dx = \int_a^b (x-a)^k dx = \begin{cases} \frac{1}{k+1}(b-a)^{k+1} & (\text{収束}) \quad (k > -1) \\ (\text{発散}) & (k \leq -1). \end{cases}$$

例 3.13 実数 k と正の数 a について,次が成り立つ.
$$\int_a^\infty x^k dx = \begin{cases} -\frac{1}{k+1}a^{k+1} & (\text{収束}) \quad (k < -1) \\ (\text{発散}) & (k \geq -1). \end{cases}$$

例 3.14 λ, a を実数とする.このとき次が成り立つ.

(1) $\displaystyle\int_a^\infty e^{\lambda x} dx = \begin{cases} -\frac{1}{\lambda}e^{\lambda a} & (\text{収束}) \quad (\lambda < 0) \\ (\text{発散}) & (\lambda \geq 0). \end{cases}$

(2) $\displaystyle\int_{-\infty}^a e^{\lambda x} dx = \begin{cases} \frac{1}{\lambda}e^{\lambda a} & (\text{収束}) \quad (\lambda > 0) \\ (\text{発散}) & (\lambda \leq 0). \end{cases}$

例 3.15 次の広義積分の収束・発散を調べよ．
 (1) $\int_0^1 \log x\, dx$ (2) $\int_0^{\pi/2} \frac{dx}{\sin x}$ (3) $\int_0^\infty e^{-x^2} dx$

(解答) (1) について．広義積分は収束する．実際，次のように計算される．
$$\int_0^1 \log x\, dx = \lim_{T\to 0+} \int_T^1 \log x\, dx = \lim_{T\to 0+} [x\log x - x]_T^1. \qquad (3.12)$$
ここで
$$\lim_{x\to 0+} x\log x = \lim_{x\to 0+} \frac{\log x}{\frac{1}{x}} = \lim_{x\to 0+} \frac{\frac{1}{x}}{-\frac{1}{x^2}} = 0$$
なので，$(3.12) = -1$．

(2) は発散する．これは次のように計算される．
$$\int_0^{\pi/2} \frac{dx}{\sin x} = \lim_{T\to 0+} \int_T^{\pi/2} \frac{dx}{\sin x} = \lim_{T\to 0+} \left[\log\left|\tan \frac{x}{2}\right|\right]_T^{\pi/2} = \infty.$$

(3) は収束する．定理 3.12 を使う．$\int_0^1 e^{-x^2} dx$ の収束は明らか．$\int_1^\infty e^{-x^2} dx$ の収束は次のように示される．実際，$e^{-x^2} \leq e^{-x}$ $(x\in [1,\infty))$ かつ例 3.14 より，$\int_1^\infty e^{-x} dx < \infty$ となるからである．実は，$\int_0^\infty e^{-x^2} dx = \frac{\sqrt{\pi}}{2}$ である． //

例 3.16 次の広義積分を計算せよ．
 (1) $\int_0^\infty \frac{dx}{x^2+1}$ (2) $\int_0^a \frac{dx}{\sqrt{a^2-x^2}}$ $(a>0)$

(解答) (1) は次のように計算される．
$$\begin{aligned}\int_0^\infty \frac{dx}{x^2+1} &= \lim_{T\to\infty} \int_0^T \frac{dx}{x^2+1} \\ &= \lim_{T\to\infty} [\arctan x]_0^T \\ &= \lim_{T\to\infty} \{\arctan T - \arctan 0\} \\ &= \frac{\pi}{2}.\end{aligned}$$

(2) は次のようになる．
$$\begin{aligned}\int_0^a \frac{dx}{\sqrt{a^2-x^2}} &= \lim_{T\to a-0} \int_0^T \frac{dx}{\sqrt{a^2-x^2}} \\ &= \lim_{T\to a-0} \left[\arcsin\left(\frac{x}{a}\right)\right]_0^T \\ &= \lim_{T\to a-0} \left\{\arcsin\left(\frac{T}{a}\right) - \arcsin 0\right\} \\ &= \frac{\pi}{2}. \qquad //\end{aligned}$$

例 3.17 $p>0$, $q>0$ のとき，次の広義積分は収束する．
$$\int_0^1 x^{p-1}(1-x)^{q-1} dx$$

この積分値を $B(p,q)$ と書き，p と q の**ベータ関数**という．実際，例 3.12 と定理 3.12 を使って容易に示される．各自試みよ．

例 3.18 $s>0$ のとき，次の広義積分は収束する．
$$\int_0^\infty x^{s-1}e^{-x}dx$$
この積分値を $\Gamma(s)$ と書き，s の**ガンマ関数**という．実際，
$$\int_0^\infty x^{s-1}e^{-x}dx = \int_0^1 x^{s-1}e^{-x}dx + \int_1^\infty x^{s-1}e^{-x}dx$$
として，それぞれの収束を調べる．被積分関数を $f(x)$ とおく．$(0,1]$ 上の積分については，$s\geq 1$ のときは $f(x)$ は $[0,1]$ 上の連続関数となるので，積分は収束している．$0<s<1$ のときは，
$$f(x) \leq x^{s-1} \quad (x \in (0,1])$$
が成り立ち，$-1<s-1<0$ なので，例 3.12 より，収束していることがわかる．$[1,\infty)$ 上の積分については，ロピタルの定理 (定理 2.11) または 例 2.8 より，$f(x)x^2 = \frac{x^{s+1}}{e^x} \to 0 \ (x\to\infty)$ となる．したがって $M := \sup\{f(x)x^2; x\geq 1\}$ とおくと，$M<\infty$ である．よって
$$f(x) = x^{s-1}e^{-x} \leq \frac{M}{x^2} \quad (x\in [1,\infty))$$
を得る．例 3.13 と定理 3.12 により，$\int_1^\infty f(x)dx$ は収束である．

例 3.19 ベータ関数とガンマ関数については，次のことが成り立つ．
(1) $\Gamma(s+1) = s\,\Gamma(s) \quad (s>0)$ (2) $\Gamma(n+1) = n! \quad (n=0,1,2,\ldots)$
(3) $B(p,q) = \frac{\Gamma(p)\Gamma(q)}{\Gamma(p+q)} \quad (p\geq 1,\ q\geq 1)$
(4) $\int_0^{\frac{\pi}{2}} \sin^a\theta \cos^b\theta\, d\theta = \frac{1}{2}B(\frac{a+1}{2}, \frac{b+1}{2}) \quad (a,b>-1)$.

演習問題 3.4

1. 次の広義積分を計算せよ．
(1) $\int_0^1 x\log x\, dx$ (2) $\int_{-1}^1 \frac{dx}{\sqrt{1-x^2}}$ (3) $\int_0^1 \sqrt{\frac{x}{1-x}}\, dx$
(4) $\int_{-\infty}^\infty \frac{dx}{(x^2+a^2)(x^2+b^2)} \quad (a>b>0)$ (5) $\int_1^3 \frac{dx}{\sqrt{x-1}}$
(6) $\int_0^\infty e^{-a\,x}\cos(b\,x)\, dx \quad (a>0)$ (7) $\int_{-1}^1 \sqrt{\frac{1-x}{x+1}}\, dx$ (8) $\int_1^2 \frac{dx}{\sqrt{x^2-1}}$

2. 次の広義積分の収束・発散を調べよ．

(1) $\int_1^\infty \frac{dx}{x\sqrt{x-1}}$ (2) $\int_0^\infty \frac{dx}{\sqrt{x^2+1}}$ (3) $\int_0^1 \log x\, dx$
(4) $\int_0^{\frac{\pi}{2}} \frac{dx}{\sin x}$ (5) $\int_0^1 \frac{dx}{\sqrt{x(1-x)}}$ (6) $\int_{-\infty}^\infty \frac{dx}{\sqrt{x^4+1}}$

3. 次の広義積分を計算せよ．
(1) $\int_0^\infty \frac{dx}{e^x+e^{-x}}$ (2) $\int_1^\infty \frac{x+1}{x(1+x^2)}\, dx$ (3) $\int_0^\infty \frac{dx}{(1+x^2)^2}$
(4) $\int_0^\infty \frac{dx}{(a+b\,e^x)^2}$ $(a>0, b>0)$ (5) $\int_1^\infty \frac{dx}{x(1+x)}$
(6) $\int_a^b \frac{dx}{\sqrt{(x-a)(b-x)}}$ $(a<b)$

4. 次の広義積分の収束・発散を調べよ．
(1) $\int_0^1 \frac{dx}{\sqrt{1-x^3}}$ (2) $\int_0^1 \frac{dx}{\sqrt{1-x^4}}$ (3) $\int_0^\infty e^{-x^2}\, dx$ (4) $\int_0^\pi \frac{dx}{\sin x+\cos x}$

3.5 積分の応用

3.5.1 面積

定理 3.13 閉区間 $[a,b]$ 上の 2 つの連続関数 $f(x)$, $g(x)$ が
$$g(x) \leq f(x) \quad a \leq x \leq b$$
を満たすとする．このとき 2 直線 $x=a$ および $x=b$ と 2 曲線 $y=f(x)$ と $y=g(x)$ で囲まれる領域 D を
$$D := \{(x,y)|\, a \leq x \leq b, g(x) \leq y \leq f(x)\}$$
とする．このとき D の面積 S は
$$S = \int_a^b \{f(x)-g(x)\}dx$$
で与えられる（図 3.13）．

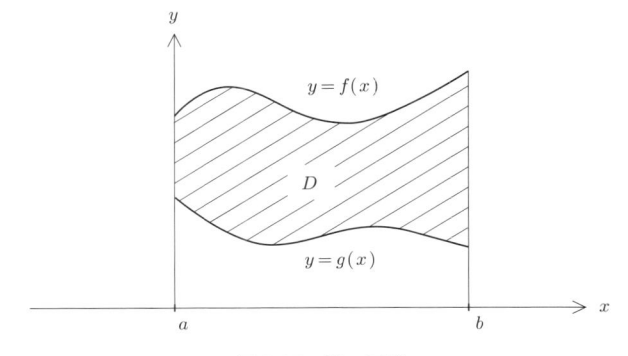

図 3.13 D の面積

定理 3.14 (極座標表示)　極座標 $x = r\cos\theta$, $y = r\sin\theta$ を用いて, 関数 $r = f(\theta)$, $\theta \in [\alpha, \beta]$ が連続とする. このとき2つの半直線 $\theta = \alpha$ および $\theta = \beta$ と曲線 $r = f(\theta)$ で囲まれる図形 (扇形) の面積 S は
$$S = \frac{1}{2}\int_\alpha^\beta f(\theta)^2 d\theta$$
によって与えられる.

(証明)　実際, 閉区間 $[\alpha, \beta]$ の分割
$$\Delta : \alpha = \theta_0 < \theta_1 < \theta_2 < \cdots < \theta_{n-1} < \theta_n = \beta$$
に対して, $\xi_j \in [\theta_{j-1}, \theta_j]$ $(j = 1, 2, \ldots, n)$ を任意に取っておく. このとき, 扇形
$$\{(r, \theta); 0 \leq r \leq f(\xi_j),\ \theta_{j-1} \leq \theta \leq \theta_j\}$$
の面積は,
$$\pi f(\xi_j)^2 \frac{\theta_j - \theta_{j-1}}{2\pi} = \frac{1}{2}f(\xi_j)^2(\theta_j - \theta_{j-1})$$
により与えられる. その総和を考えて, 分割 Δ の幅 $|\Delta|$ を細かくして $|\Delta| \to 0$ とすると, 次式を得る.
$$S = \lim_{|\Delta|\to 0}\sum_{j=1}^n \frac{f(\xi_j)^2}{2}(\theta_j - \theta_{j-1}) = \frac{1}{2}\int_\alpha^\beta f(\theta)^2 d\theta. \quad //$$

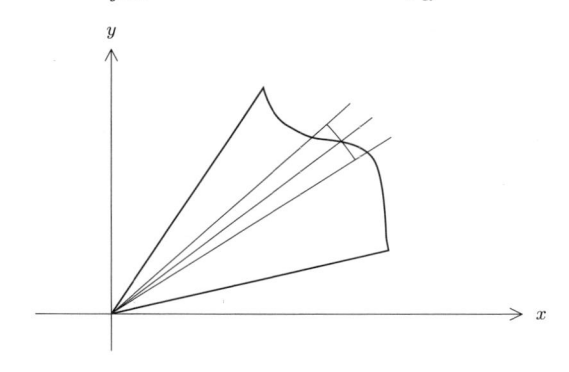

図 3.14　扇形の面積

3.5.2　C^1-曲線の長さ

定理 3.15　平面内の C^1-曲線 $C : (x, y) = (\varphi(t), \psi(t)), t \in [\alpha, \beta]$ の曲線の長さを $\ell(C)$ とすると, $\ell(C)$ は次式で与えられる.
$$\ell(C) = \int_\alpha^\beta \sqrt{\varphi'(t)^2 + \psi'(t)^2}\, dt. \tag{3.13}$$

とくに，曲線 C が $y = f(x)$ $(a \leq x \leq b)$ と表示されているときは，
$$\ell(C) = \int_a^b \sqrt{1 + f'(x)^2}\, dx, \tag{3.14}$$
また，極座標で $r = g(\theta)$ $(\alpha \leq \theta \leq \beta)$ と表示されているときは，
$$\ell(C) = \int_\alpha^\beta \sqrt{g(\theta)^2 + g'(\theta)^2}\, d\theta, \tag{3.15}$$
とそれぞれ与えられる．

(証明) 実際，(3.13) は次のように示される．

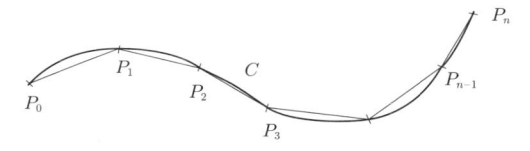

図 3.15 曲線 C の長さ

曲線 C を次のように折れ線に分割する．区間 $[\alpha, \beta]$ の分割を
$$\Delta: \quad \alpha = t_0 < t_1 < t_2 < \cdots < t_{n-1} < t_n = \beta$$
とし，C 上の $n+1$ 個の点 $P_i = (\varphi(t_i), \psi(t_i))$, $(t = 0, 1, \ldots, n)$ と取り，点 P_{i-1} と点 P_i を線分で結び折れ線をつくる（図 3.15）．このとき，折れ線の長さは，次のように与えられる．
$$\begin{aligned}\sum_{i=1}^n \overline{P_{i-1}P_i} &= \sum_{i=1}^n \sqrt{(\varphi(t_i) - \varphi(t_{i-1}))^2 + (\psi(t_i) - \psi(t_{i-1}))^2} \\ &= \sum_{i=1}^n \sqrt{\left(\frac{\varphi(t_i) - \varphi(t_{i-1})}{t_i - t_{i-1}}\right)^2 + \left(\frac{\psi(t_i) - \psi(t_{i-1})}{t_i - t_{i-1}}\right)^2}\,(t_i - t_{i-1}).\end{aligned} \tag{3.16}$$
ここで，平均値定理により，$t_{i-1} < c_i < t_i$ と $t_{i-1} < d_i < t_i$ が存在して，
$$(3.16) \text{ の右辺} = \sum_{i=1}^n \sqrt{\varphi'(c_i)^2 + \psi'(d_i)^2}\,(t_i - t_{i-1}) \tag{3.17}$$
となる．ここで分割 Δ の幅をどんどん細かくし，$|\Delta| \to 0$ とすると，(3.17) は
$$\int_\alpha^\beta \sqrt{\varphi'(t)^2 + \psi'(t)^2}\, dt$$
に収束する．一方，分割 Δ の幅を細かくしてゆくと，$|\Delta| \to 0$ のとき，折れ線の長さは一定の極限値に収束する．これが C^1-曲線 C の長さである（$\ell(C)$ と書いた）．こうして求める等式 (3.13) を得る．

等式 (3.14) は (3.13) において，$x = t$ かつ $y = f(t)$ とおくとよい．

等式 (3.15) は $x = r\cos\theta$, $y = r\sin\theta$ だから，

$$\frac{dx}{d\theta} = g'(\theta)\cos\theta - g(\theta)\sin\theta, \quad \frac{dy}{d\theta} = g'(\theta)\sin\theta + g(\theta)\cos\theta.$$

したがって
$$\left(\frac{dx}{d\theta}\right)^2 + \left(\frac{dy}{d\theta}\right)^2 = g'(\theta)^2 + g(\theta)^2$$

なので，(3.13) より，求める等式を得る． //

例 3.20 曲線 $C : r = a(1+\cos\theta)\ (a > 0)$ の 全長 ℓ を求めよ (図 3.16)．
(解答)
$$\begin{aligned} r^2 + \left(\tfrac{dr}{d\theta}\right)^2 &= a^2(1+\cos\theta)^2 + a^2\sin^2\theta \\ &= 2a^2(1+\cos\theta) = 4a^2\cos^2\tfrac{\theta}{2} \end{aligned}$$

なので，
$$\ell = \int_{-\pi}^{\pi} 2a\cos\tfrac{\theta}{2}\,d\theta = 2a\left[2\sin\tfrac{\theta}{2}\right]_{-\pi}^{\pi} = 8a. \quad //$$

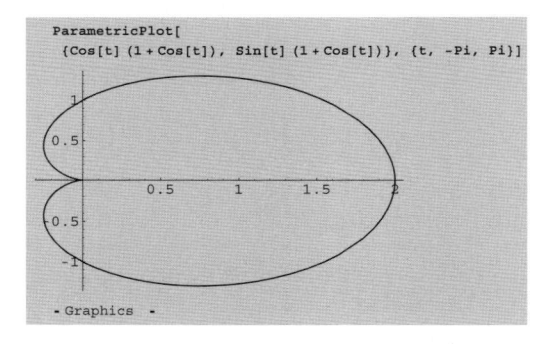

図 3.16 $Mathematica$ による曲線 $r = 1 + \cos\theta$ の図

例 3.21 曲線 $C : x^{\frac{2}{3}} + y^{\frac{2}{3}} = a^{\frac{2}{3}}$ (ただし $a > 0$) の 全長 ℓ を求めよ (図 3.17)．
(解答)
$$\begin{cases} x = a\cos^3\theta \\ y = a\sin^3\theta \end{cases} \quad (0 \leq \theta \leq 2\pi)$$

とパラメータ表示できる．第 1 象限の部分の長さを 4 倍すればよい．
$$\begin{aligned} \left(\tfrac{dx}{d\theta}\right)^2 + \left(\tfrac{dx}{d\theta}\right)^2 &= 9a^2(\cos^4\theta\sin^2\theta + \sin^4\theta\cos^2\theta) \\ &= 9a^2\sin^2\theta\cos^2\theta \end{aligned}$$

なので，

$$\ell = 12a \int_0^{\frac{\pi}{2}} \sin\theta \cos\theta \, d\theta = 6a \int_0^{\frac{\pi}{2}} \sin 2\theta \, d\theta$$
$$= 3a[-\cos(2\theta)]_0^{\frac{\pi}{2}} = 6a. \quad //$$

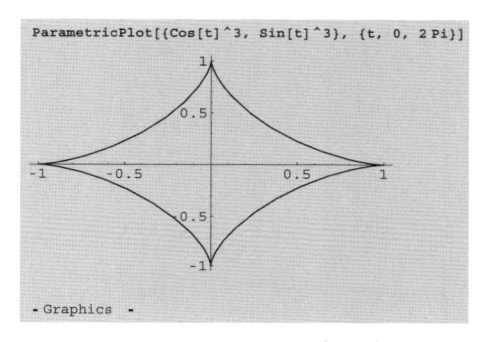

図 3.17 $Mathematica$ による $x^{\frac{2}{3}} + y^{\frac{2}{3}} = 1$ の図

演習問題 3.5

1. (1) 極座標 $r = a(1 + \cos\theta)$ $(0 \leq \theta \leq 2\pi)$ で表される曲線で囲まれる内部の領域の面積 S を求めよ．ここで $a > 0$ とする．

(2) (1) における曲線の長さ L を求めよ．

2. 次の曲線を図示し，それで囲まれる領域の面積を求めよ．ただし，$a > 0$．
$$r^2 = a^2 \cos 2\theta \quad \left(-\frac{\pi}{4} \leq \theta \leq \frac{\pi}{4}\right)$$

3. a を正の定数とする．このとき次に答えよ．

(1) $r = a\theta$ $(0 \leq \theta \leq 2\pi)$ で表される曲線の全長を求めよ．

(2) $r = e^{-a\theta}$ $(0 \leq \theta < \infty)$ で表される曲線の全長を求めよ．

4. 次の式で与えられる曲線で囲まれる領域の面積 S をそれぞれ求めよ．

(1) $\frac{x^2}{a^2} + \frac{y^2}{b^2} = 1$ $(a > 0, b > 0)$ である曲線

(2) 曲線 $\sqrt{x} + \sqrt{y} = 1$ と x 軸と y 軸

第4章

偏微分

CHAPTER 4

4.1 2変数関数の連続性

4.1.1 2変数関数

変数 x と y に対して z の値が定まるとき，z は x と y の関数であるといい，$z = f(x,y)$ などと書く．

例 4.1 $z = f(x,y) = x^3y + 4x^2y^2$ は2変数 x と y の関数である．

4.1.2 平面の領域

2次元の空間を
$$\mathbb{R}^2 = \{(x,y) | x, y \in \mathbb{R}\}$$
と書く．平面 $\mathbb{R}^2$ 上の2点 $P(a,b)$ と $Q(c,d)$ の間の**距離**は
$$d(P,Q) = \sqrt{(a-c)^2 + (b-d)^2}$$
である（図 4.1）．

中心 $P(a,b)$，半径 r の**開円板** $B_r(P)$ とは，
$$\begin{aligned}B_r(P) &= \{Q \in \mathbb{R}^2 \mid d(P,Q) < r\} \\ &= \{(x,y) \in \mathbb{R}^2 \mid \sqrt{(x-a)^2 + (y-b)^2} < r\}\end{aligned}$$
のことをいう．$\mathbb{R}^2$ 内の部分集合 D が**開集合**であるとは，D の任意の点 $P(a,b)$ に対して，正の数 $r > 0$ を十分小さく取って，
$$B_r(P) \subset D$$
となるようにできるときをいう．直観的には，図 4.2 のように D の周囲の点が

4.1 2変数関数の連続性

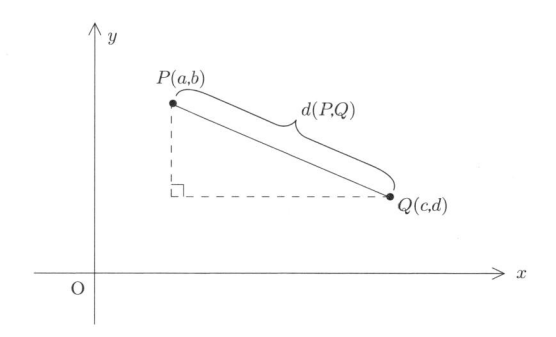

図 4.1 2 点間の距離

D に含まれていないときをいう．

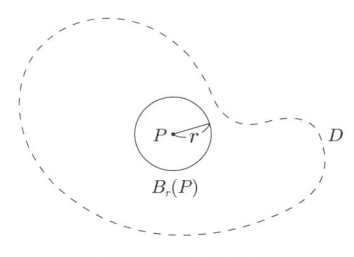

図 4.2 開集合 D

また，$\mathbb{R}^2$ の部分集合 D が，D 内の任意の 2 点が D に含まれる折れ線で結ぶことができるとき，D を **領域** という（図 4.3）．たとえば，$\mathbb{R}^2$ 全体，円板の内部，$\{(x,y) \in \mathbb{R}^2 \,|\, y > 0\}$ などは領域である．

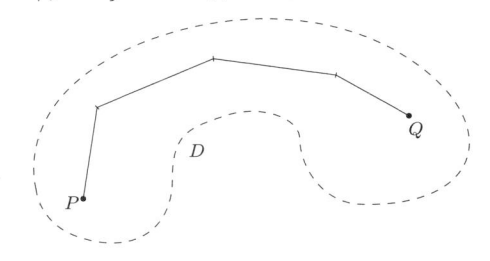

図 4.3 領域 D

次に，$\mathbb{R}^2$ 内の点列 P_n $(n = 1, 2, \ldots)$ が点 Q に **収束する** とは，$d(P_n, Q) \to 0$ $(n \to \infty)$ のときをいう．P_n の座標を (x_n, y_n) とし，Q の座標を (a, b) とするとき，P_n が Q に収束するための必要十分条件は，

$$x_n \to a \ (n \to \infty) \quad \text{かつ} \quad y_n \to b \ (n \to \infty)$$

が同時に成り立つことである．このとき $P_n \to Q \ (n \to \infty)$ と書く．

$\mathbb{R}^2$ の部分集合 K が**閉集合**であるとは，K に属する点からなる点列 $\{P_n\}_{n=1}^{\infty}$ が点 P に収束するならば，P が再び K に属するときをいう．つまり，$P_n \in K$ $(n=1,2,\ldots)$ かつ $P_n \to P \ (n \to \infty)$ ならば，$P \in K$ となることである．領域 D が閉集合のとき**閉領域**，開集合のとき**開領域**という．また，集合 K が**有界集合**であるとは，K がある半径の円板に含まれるときをいう．

例 4.2 (1) $\{Q \mid d(Q,P) \leq r\}$ は有界な閉領域である（図 4.4 (1)）．
(2) 集合 $\{(x,y) \mid x^2 < y\}$ は有界でない開領域である（図 4.4 (2)）．

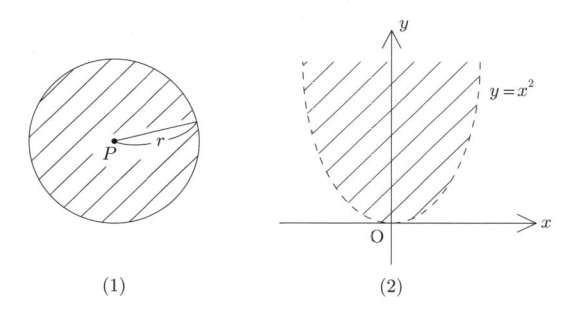

図 4.4 2 つの領域

2 変数関数 $z = f(x,y)$ が $\mathbb{R}^2$ 内の部分集合 D の各点 $P(x,y)$ で定義されているとき，D を関数 $f(x,y)$ の**定義域**，$\{f(P) \mid P \in D\}$ を**値域**という．また，3 次元空間 $\mathbb{R}^3$ 内の部分集合

$$\{(x,y,f(x,y)) \mid (x,y) \in D\}$$

を関数 $z = f(x,y)$ の**グラフ**という．

4.1.3 2 変数関数の極限

2 変数関数 $z = f(x,y)$ について，平面 $\mathbb{R}^2$ 上の定点 $A(a,b)$ に，任意に点 $P(x,y)$ を条件 $P \neq A$ の下に近づけるとき，どのような近づけ方をしても，$f(x,y)$ の値が一定値 α に限りなく近づくならば，

$$\lim_{(x,y)\to(a,b)} f(x,y) = \alpha, \quad \text{または} \quad f(x,y) \to \alpha \quad ((x,y) \to (a,b))$$

と書き，$P(x,y)$ が $A(a,b)$ に近づくとき，$f(x,y)$ は**極限値** α **に収束する**という（図 4.5）．

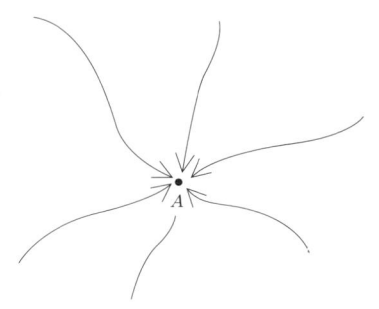

図 4.5 点 P の点 A への収束

例 4.3 次の関数の極限値を調べよ．

(1) $\displaystyle\lim_{(x,y)\to(0,0)} \frac{xy}{x^2+y^2}$ \quad (2) $\displaystyle\lim_{(x,y)\to(0,0)} \frac{xy^2}{x^2+y^2}$

(解答) (1) 関数 $f(x,y) = \frac{xy}{x^2+y^2}$ $((x,y)\neq(0,0))$ について，この関数は半直線 $y=mx$ $(x\neq 0)$ 上では，

$$f(x,mx) = \frac{m}{1+m^2}.$$

したがって，$\lim_{x\to 0} f(x,mx) = \frac{m}{1+m^2}$ であり，この値は半直線の傾き m によっていろいろに異なる．したがって極限値 $\lim_{(x,y)\to(0,0)} \frac{xy}{x^2+y^2}$ は存在しない．

(2) $x = r\cos\theta$，$y = r\sin\theta$ と表すと，$(x,y) \to (0,0)$ であることと $r \to 0$ ということとは同等である．$(x,y) \neq (0,0)$ のとき，$x = r\cos\theta$，$y = r\sin\theta$ を代入して，

$$\left| \frac{xy^2}{x^2+y^2} \right| = |r\cos\theta \sin^2\theta| \leq r \to 0 \quad ((x,y) \to (0,0)).$$

したがって

$$\lim_{(x,y)\to(0,0)} \frac{xy^2}{x^2+y^2} = 0$$

である．　//

4.1.4　2 変数関数の連続性

関数 $z = f(x,y)$ が点 $A(a,b)$ で**連続**であるとは，

$$\lim_{(x,y)\to(a,b)} f(x,y) = f(a,b)$$

を満たすときをいう．$f(x,y)$ が領域 D のすべての点で連続であるとき，$f(x,y)$ は**領域 D 上で連続**であるという．

例 4.4 次の関数の連続性を調べよ．

(1) $f(x,y) = \begin{cases} \frac{xy}{x^2+y^2} & ((x,y) \neq (0,0) \text{ のとき}) \\ 0 & ((x,y) = (0,0) \text{ のとき}) \end{cases}$

(2) $f(x,y) = \begin{cases} \frac{xy^2}{x^2+y^2} & ((x,y) \neq (0,0) \text{ のとき}) \\ 0 & ((x,y) = (0,0) \text{ のとき}) \end{cases}$

(解答) (1) 例 4.3 (1) により，$\lim_{(x,y)\to(0,0)} \frac{xy}{x^2+y^2}$ は存在しないので，$f(x,y)$ は $(0,0)$ で連続ではない．

(2) 例 4.3 (2) により，$\lim_{(x,y)\to(0,0)} \frac{xy^2}{x^2+y^2} = 0$ であるので，$f(x,y)$ は $(0,0)$ においても連続である．　//

1 変数関数と同様に，連続関数の和，差，積，商や合成関数の連続性，および最大・最小について，以下の諸定理が成り立つ．

定理 4.1 (連続関数の和，差，積，商) 2 つの関数 $f(x,y), g(x,y)$ が点 (a,b) で連続であるとする．このとき

(1) $cf(x,y) + dg(x,y)$ 　(c, d は定数)

(2) $f(x,y)g(x,y)$

(3) $\frac{f(x,y)}{g(x,y)}$ 　(ただし $g(a,b) \neq 0$)

はそれぞれ，点 (a,b) で連続である．

定理 4.2 (合成関数の連続性) 2 つの関数 $u = f(x,y), v = g(x,y)$ がともに点 (a,b) で連続であるとし，$\alpha = f(a,b), \beta = g(a,b)$ とする．このとき，関数 $h(u,v)$ が $(u,v) = (\alpha,\beta)$ で連続であるならば，合成関数 $h(f(x,y), g(x,y))$ は点 $(x,y) = (a,b)$ で連続である．

定理 4.3 (連続関数の最大・最小) 関数 $f(x,y)$ が有界な閉領域 D 上で連続ならば，$f(x,y)$ は D 内の点で最大値および最小値を取る．

(証明は 1 変数関数の場合と同様にできるので省略する．)

演習問題 4.1

1. 次が極限値をもつか否かを示し，もつときはそれを求めよ．
(1) $\lim_{(x,y)\to(0,0)} \dfrac{x^2 y^2}{x^2+y^2}$
(2) $\lim_{(x,y)\to(0,0)} \dfrac{x^2-2y^2}{x^2+2y^2}$
(3) $\lim_{(x,y)\to(0,0)} \dfrac{x^2+y^2}{2x^2+y^2}$
(4) $\lim_{(x,y)\to(0,0)} \dfrac{x^3+x^2 y}{x^2+y^2}$
(5) $\lim_{(x,y)\to(0,0)} \dfrac{x\sqrt{|y|}}{\sqrt{x^2+y^2}}$
(6) $\lim_{(x,y)\to(0,0)} \dfrac{xy^3}{x^2+y^6}$

2. 次の関数 $z=f(x,y)$ の原点 $(0,0)$ における連続性について調べよ．
(1) $z = \begin{cases} \dfrac{x^3+y^3}{x^2+y^2} & (x,y)\neq(0,0) \\ 0 & (x,y)=(0,0) \end{cases}$
(2) $z = \begin{cases} \dfrac{x^2+2y^2}{x^2+y^2} & (x,y)\neq(0,0) \\ 0 & (x,y)=(0,0) \end{cases}$
(3) $z = \begin{cases} \dfrac{x^4+x^2 y^2+y^4}{x^2+y^2} & (x,y)\neq(0,0) \\ 0 & (x,y)=(0,0) \end{cases}$

3. 平面内の次の集合 D は閉領域であるか否かを判定せよ．また，有界集合であるのはどれか．
(1) $D=\{(x,y)\,|\,1\le x^2+y^2\le 4\}$
(2) $D=\{(x,y)\,|\,x<0,\text{または } y\ge 0\}$
(3) $D=\{(x,y)\,|\,1<x^2+y^2\le 2\}$
(4) $D=\{(x,y)\,|\,1\le xy\le 2\}$

4.2 偏微分と全微分

4.2.1 偏微分

平面 $\mathbb{R}^2$ 内の開領域 D 上で定義された 2 変数関数 $z=f(x,y)$ が，点 $(a,b)\in D$ で，x に関して**偏微分可能**であるとは，$y=b$ とおいて得られる x の関数 $f(x,b)$ が $x=a$ において微分可能なときをいい，x に関する $x=a$ での微係数を，点 (a,b) における $f(x,y)$ の x に関する**偏微分係数**といい，$f_x(a,b)$, $\dfrac{\partial f}{\partial x}(a,b)$ と書く．すなわち，極限値

$$f_x(a,b) = \lim_{h\to 0} \frac{f(a+h,b)-f(a,b)}{h}$$

が定まることをいう．

同様に，$x=a$ とおいて得られる y の関数 $f(a,y)$ が $y=b$ で微分可能なとき，点 (a,b) における $f(x,y)$ の y に関する偏微分係数 $f_y(a,b)$, $\dfrac{\partial f}{\partial y}(a,b)$ が定義される．すなわち，

$$f_y(a,b) = \lim_{k \to 0} \frac{f(a,b+k)-f(a,b)}{k}$$

である.

$z = f(x,y)$ が開領域 D 内の各点で x に関して偏微分可能であるとき，D の各点 (x,y) に対して，(x,y) における x に関する偏微分係数を対応させることにより，D 上の関数が得られる．これを $z = f(x,y)$ の x に関する**偏導関数**といい，

$$z_x, \quad z_x(x,y), \quad f_x, \quad f_x(x,y)$$
$$\tfrac{\partial z}{\partial x}, \quad \tfrac{\partial f}{\partial x}, \quad \tfrac{\partial f}{\partial x}(x,y), \quad \tfrac{\partial}{\partial x} f(x,y)$$

などと表す．同様に，$z = f(x,y)$ の y に関する偏導関数が定義される．

開領域 D 上の関数 $z = f(x,y)$ が偏微分可能でしかも 2 つの偏導関数が D 上で連続であるとき，$z = f(x,y)$ は C^1-**関数**という．

例 4.5 次の関数 $z = f(x,y)$ の偏導関数を計算せよ．
$$z = f(x,y) = x^6 y + 2xy^2 + y^3$$
(解答) $z_x = f_x(x,y) = 6x^5 y + 2y^2, \quad z_y = f_y(x,y) = x^6 + 4xy + 3y^2.$ //

偏微分可能であっても，一般には連続ではない．

```
D[x^6 y + 2 x y^2 + y^3, x]

6 x^5 y + 2 y^2

D[x^6 y + 2 x y^2 + y^3, y]

x^6 + 4 x y + 3 y^2
```

図 4.6　*Mathematica* による偏微分の検算

例 4.6 次の関数 $z = f(x,y)$ は偏微分可能であるが，連続ではない．
$$z = f(x,y) = \begin{cases} \dfrac{xy}{x^2+y^2} & ((x,y) \neq (0,0) \text{ のとき}) \\ 0 & ((x,y) = (0,0) \text{ のとき}) \end{cases}$$
(解答) この関数は例 4.4 (1) でみたように $(0,0)$ で連続ではない．
しかし，

$$f_x(0,0) = \lim_{h \to 0} \frac{f(h,0) - f(0,0)}{h} = \lim_{h \to 0} \frac{0 - 0}{h} = 0,$$
$$f_y(0,0) = \lim_{k \to 0} \frac{f(0,k) - f(0,0)}{k} = \lim_{k \to 0} \frac{0 - 0}{k} = 0$$

なので,$f(x,y)$ は原点 $(0,0)$ においても偏微分可能である.　//

4.2.2 全 微 分

1 変数関数の微分と同様の概念が,2 変数関数 $z = f(x,y)$ の場合にも考えられる.開領域 D 内の点 (a,b) において $f(x,y)$ が**全微分可能**であるとは,$f(a+h, b+k)$ を h と k の関数とみたとき,h と k に無関係な定数 A と B が存在して,次のように表示できるときをいう:

$$f(a+h, b+k) = f(a,b) + Ah + Bk + \epsilon(h,k) \tag{4.1}$$

ここで第 4 項の $\epsilon(h,k)$ は h と k について高次の項を表し,次式が成り立つものとする.

$$\lim_{(h,k) \to (0,0)} \frac{\epsilon(h,k)}{\sqrt{h^2 + k^2}} = 0. \tag{4.2}$$

また,第 1 項の $f(a,b)$ は h と k について定数であり,第 2 項と第 3 項の $Ah + Bk$ は h と k について 1 次の項を表す.

$f(x,y)$ が (a,b) において全微分可能であるとき,(4.1) において,とくに,$k = 0$ とすると,

$$f(a+h, b) = f(a,b) + Ah + \epsilon(h,0)$$

となり,このとき,(4.2) は

$$\lim_{h \to 0} \frac{\epsilon(h,0)}{|h|} = 0$$

となる.このことは,$f(x,b)$ が x について $x = a$ で微分可能であることを意味し,$A = f_x(a,b)$ を得る.

同様に,今度は,$h = 0$ とすると,$f(a,y)$ が y について,$y = b$ で微分可能であり,$B = f_y(a,b)$ を得る.

また,(4.2) より,

$$\lim_{(h,k) \to (0,0)} \epsilon(h,k) = \lim_{(h,k) \to (0,0)} \frac{\epsilon(h,k)}{\sqrt{h^2 + k^2}} \cdot \sqrt{h^2 + k^2} = 0$$

となるので,

$$f(a+h, b+k) \to f(a,b) \qquad ((h,k) \to (0,0) \ \text{のとき})$$

となる.以上より,次の定理を得る.

定理 4.4 関数 $f(x,y)$ が点 (a,b) において全微分可能ならば，$f(x,y)$ は点 (a,b) において偏微分可能であり，かつ連続である．このとき，(4.1) 式は
$$f(a+h,b+k) = f(a,b) + f_x(a,b)\,h + f_y(a,b)\,k + \epsilon(h,k) \tag{4.3}$$
と表される．

$f(x,y)$ が D の各点で全微分可能のとき，D 上で全微分可能であるという．$dz = \frac{\partial z}{\partial x}dx + \frac{\partial z}{\partial y}dy$ を 2 変数関数 $z = f(x,y)$ の**全微分**という．2 変数関数の合成関数の微分法において有用である．

4.2.3　全微分の図形的意味

2 変数関数 $z = f(x,y)$ について，$x = a+h,\ y = b+k$ および $A = f_x(a,b),\ B = f_y(a,b)$ とおいて，(4.1) 式を書き直すと，
$$z - f(a,b) = f_x(a,b)(x-a) + f_y(a,b)(y-b) + \epsilon(h,k) \tag{4.4}$$
となる．ここで，高次の項 $\epsilon(h,k)$ を打ち切って無視すると，2 変数関数 $z = f(x,y)$ が表す xyz 空間内の曲面上の点 $(a,b,f(a,b))$ における**接平面の方程式**
$$z - f(a,b) = f_x(a,b)(x-a) + f_y(a,b)(y-b) \tag{4.5}$$
が得られる．全微分はこの式を微分の形で書き直したものである（図 4.7）．

$z = f(x,y)$ の表す曲面 $(x,y,f(x,y))$ 上の点 $(a,b,f(a,b))$ を通り，$(a,b,f(a,b))$

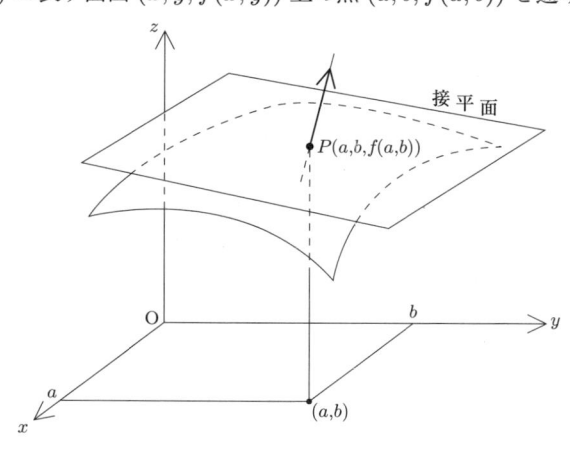

図 4.7　$z = f(x,y)$ のグラフと接平面

における接平面と垂直な直線を，$(a, b, f(a,b))$ における**法線**という．法線の方程式は，
$$\frac{x-a}{f_x(a,b)} = \frac{y-b}{f_y(a,b)} = \frac{z-f(a,b)}{-1} \tag{4.6}$$
と与えられることが知られている．

定理 4.5 開領域 D 上の C^1-関数は全微分可能である．

(証明) $z = f(x,y)$ が D 上の C^1-関数とし，このとき，D の各点 (a,b) で全微分可能であることを示そう．平均値定理 (定理 2.7) をそれぞれ使うと，
$$f(a+h, b+k) - f(a, b+k) = h f_x(a+\theta_1 h, b+k), \quad 0 < \theta_1 < 1,$$
$$f(a, b+k) - f(a, b) = k f_y(a, b+\theta_2 k), \quad 0 < \theta_2 < 1$$
を満たす θ_1 と θ_2 が存在する．そこで，f_x と f_y がどちらも連続であることを使い，
$$\epsilon_1 = \epsilon_1(h,k) := f_x(a+\theta_1 h, b+k) - f_x(a,b)$$
$$\epsilon_2 = \epsilon_2(h,k) := f_y(a, b+\theta_2 k) - f_y(a,b)$$
とおくと，
$$\epsilon_1 = \epsilon_1(h,k) \to 0 \quad \text{かつ} \quad \epsilon_2 = \epsilon_2(h,k) \to 0 \quad (\rho := \sqrt{h^2+k^2} \to 0) \tag{4.7}$$
が成り立つ．ここで $\epsilon(h,k) := h\epsilon_1 + k\epsilon_2$ とおくと，
$$\begin{aligned} f(a+h, b+k) - f(a,b) &= f(a+h, b+k) - f(a, b+k) \\ &\quad + f(a, b+k) - f(a,b) \\ &= h\left(\epsilon_1 + f_x(a,b)\right) + k\left(\epsilon_2 + f_y(a,b)\right) \\ &= h f_x(a,b) + k f_y(a,b) + h\epsilon_1 + k\epsilon_2 \\ &= h f_x(a,b) + k f_y(a,b) + \epsilon(h,k) \end{aligned}$$
となる．しかも，コーシー・シュワルツの不等式により，
$$|h\epsilon_1 + k\epsilon_2| \le \sqrt{h^2+k^2}\sqrt{\epsilon_1{}^2 + \epsilon_2{}^2}$$
が成り立つので，
$$\frac{|\epsilon(h,k)|}{\rho} = \frac{|h\epsilon_1 + k\epsilon_2|}{\rho} = \frac{|h\epsilon_1 + k\epsilon_2|}{\sqrt{h^2+k^2}} \le \sqrt{\epsilon_1{}^2 + \epsilon_2{}^2}$$
となる．ここで (4.7) により，$\rho \to 0$ のとき，右辺は 0 に収束する．このことは，$z = f(x,y)$ が (a,b) で全微分可能であることを意味する． //

4.2.4 合成関数の微分法

2 変数関数の合成関数の微分法については，次の 2 つの定理が成り立つ．

定理 4.6 関数 $z = f(x, y)$ が開領域 D で全微分可能であり，2 つの関数 $x = \varphi(t)$ と $y = \psi(t)$ が t の区間 I で微分可能で，$(\varphi(t), \psi(t)) \in D \ (t \in I)$ を満たすとする．このとき，合成関数 $z = f(\varphi(t), \psi(t))$ は t の関数として区間 I 上で微分可能であり，次式が成立する．

$$\frac{dz}{dt} = \frac{\partial z}{\partial x}\frac{dx}{dt} + \frac{\partial z}{\partial y}\frac{dy}{dt}$$

(証明) 区間 I 上の点を任意に取って固定し $t_0 \in I$ とおき，$a = \varphi(t_0), b = \psi(t_0)$ とする．また，

$$\Delta t = t - t_0, \quad h = \varphi(t) - a, \quad k = \psi(t) - b, \quad \rho = \sqrt{h^2 + k^2}$$

とおく．$\varphi(t)$ と $\psi(t)$ が $t = t_0$ において微分可能であるので，次が成り立つ．

$$\frac{h}{\Delta t} \to \varphi'(t_0), \quad \frac{k}{\Delta t} \to \psi'(t_0) \qquad (\Delta t \to 0 \text{ のとき}) \tag{4.8}$$

したがって

$$\frac{\rho}{|\Delta t|} = \sqrt{\left(\frac{h}{\Delta t}\right)^2 + \left(\frac{k}{\Delta t}\right)^2} \to \sqrt{\varphi'(t_0)^2 + \psi'(t_0)^2} \qquad (\Delta t \to 0 \text{ のとき}) \tag{4.9}$$

である．また，$z = f(x, y)$ が全微分可能なので，

$$f(a+h, b+k) - f(a, b) = f_x(a, b)h + f_y(a, b)k + \epsilon(h, k) \tag{4.10}$$

とおくと，

$$\lim_{(h,k) \to (0,0)} \frac{\epsilon(h, k)}{\rho} = 0 \tag{4.11}$$

である．したがって，(4.10) 式の両辺を Δt で割ると，

$$\frac{f(a+h, b+k) - f(a, b)}{\Delta t} = f_x(a, b)\frac{h}{\Delta t} + f_y(a, b)\frac{k}{\Delta t} + \frac{\epsilon(h, k)}{\Delta t} \tag{4.12}$$

であるが，(4.9) と (4.11) により，(4.12) の右辺の第 3 項は，

$$\frac{|\epsilon(h, k)|}{|\Delta t|} = \frac{|\epsilon(h, k)|}{\rho} \frac{\rho}{|\Delta t|} \to 0 \qquad (\Delta t \to 0 \text{ のとき})$$

となる．さらに，(4.8) により，(4.12) の第 1 項と第 2 項は，$\Delta t \to 0$ のとき，

$$f_x(a, b)\varphi'(t_0) + f_y(a, b)\psi'(t_0)$$

に収束する．ゆえに求める結果を得る． //

例 4.7 関数 $z = f(x, y)$ が C^1-関数とし，$x = a + ht, y = b + kt$ (a, b, h, k は定数) とするならば，合成関数 $z = f(a+ht, b+kt)$ は t に関する C^1-関数であり，

$$\frac{dz}{dt} = h\frac{\partial z}{\partial x} + k\frac{\partial z}{\partial y} = \left(h\frac{\partial}{\partial x} + k\frac{\partial}{\partial y}\right)f$$

となる．

定理 4.7 (合成関数の偏微分)　関数 $z = f(x,y)$ が開領域 D で全微分可能であり，2つの関数 $x = \varphi(u,v)$ と $y = \psi(u,v)$ が u,v の開領域 E で偏微分可能であり，$(\varphi(u,v), \psi(u,v)) \in D\,((u,v) \in E)$ を満たすとする (図 4.8)．このとき，合成関数 $z = f(\varphi(u,v), \psi(u,v))$ は (u,v) の関数として開領域 E 上で偏微分可能であり，次式が成立する (これを**連鎖律**という)．

$$\frac{\partial z}{\partial u} = \frac{\partial z}{\partial x}\frac{\partial x}{\partial u} + \frac{\partial z}{\partial y}\frac{\partial y}{\partial u}, \qquad \frac{\partial z}{\partial v} = \frac{\partial z}{\partial x}\frac{\partial x}{\partial v} + \frac{\partial z}{\partial y}\frac{\partial y}{\partial v}.$$

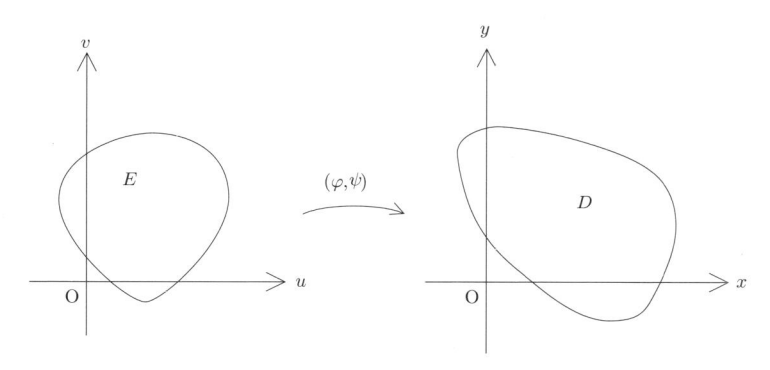

図 4.8　変数変換 $x = \varphi(u,v), y = \psi(u,v)$

(証明)　z を u で偏微分することは，v を定数とみなして，u で微分することと同じであるので，定理 4.6 において，$t = u$ とすれば，第1式が得られる．ただし，$\frac{d}{dt}$ は $\frac{\partial}{\partial u}$ となる．第2式も同様である．　　//

例 4.8　関数 $z = f(x,y)$ が C^1-関数とし，$x = r\cos\theta, y = r\sin\theta$ と**極座標** (r,θ) を用いて変数変換するならば，

$$\left(\frac{\partial f}{\partial x}\right)^2 + \left(\frac{\partial f}{\partial y}\right)^2 = \left(\frac{\partial f}{\partial r}\right)^2 + \frac{1}{r^2}\left(\frac{\partial f}{\partial \theta}\right)^2$$

が成り立つ．

(解答)
$$\frac{\partial f}{\partial r} = \frac{\partial f}{\partial x}\frac{\partial x}{\partial r} + \frac{\partial f}{\partial y}\frac{\partial y}{\partial r} = \frac{\partial f}{\partial x}\cos\theta + \frac{\partial f}{\partial y}\sin\theta,$$
$$\frac{1}{r}\frac{\partial f}{\partial \theta} = \frac{1}{r}\frac{\partial f}{\partial x}\frac{\partial x}{\partial \theta} + \frac{1}{r}\frac{\partial f}{\partial y}\frac{\partial y}{\partial \theta} = \frac{\partial f}{\partial x}(-\sin\theta) + \frac{\partial f}{\partial y}\cos\theta.$$
これらの両辺を 2 乗して加えるとよい． //

4.2.5 ヤコビアン

定理 4.7 における連鎖律を行列を用いて表すと，
$$\left(\frac{\partial z}{\partial u}, \frac{\partial z}{\partial v}\right) = \left(\frac{\partial z}{\partial x}, \frac{\partial z}{\partial y}\right)\begin{pmatrix}\frac{\partial x}{\partial u} & \frac{\partial x}{\partial v} \\ \frac{\partial y}{\partial u} & \frac{\partial y}{\partial v}\end{pmatrix} \tag{4.13}$$
となる．(4.13) の右辺の 2 次の正方行列の行列式を
$$\frac{\partial(x, y)}{\partial(u, v)} = \begin{vmatrix}\frac{\partial x}{\partial u} & \frac{\partial x}{\partial v} \\ \frac{\partial y}{\partial u} & \frac{\partial y}{\partial v}\end{vmatrix} = \frac{\partial x}{\partial u}\frac{\partial y}{\partial v} - \frac{\partial x}{\partial v}\frac{\partial y}{\partial u} \tag{4.14}$$
と書いて，x, y の u, v に関する**ヤコビアン** (または**ヤコビの行列式**) という．これは，第 5 章の重積分の変数変換の公式で用いられる．

例 4.9 (1) $x = u^2 - v^2$, $y = 2uv$ とすると，
$$\frac{\partial(x, y)}{\partial(u, v)} = \begin{vmatrix}2u & -2v \\ 2v & 2u\end{vmatrix} = 4(u^2 + v^2).$$
(2) $x = r\cos\theta$, $y = r\sin\theta$ と極座標 (r, θ) で表すと，
$$\frac{\partial(x, y)}{\partial(r, \theta)} = \begin{vmatrix}\cos\theta & -r\sin\theta \\ \sin\theta & r\cos\theta\end{vmatrix} = r.$$

演習問題 4.2

1. 次の関数 z の偏導関数 z_x および z_y を求めよ．
(1) $z = x^3y^6 - 4x^3y^2 + y^4$ (2) $z = \sin(x^2y^3)$ (3) $z = \cos(xy^2)$
(4) $z = \frac{xy}{x^2+y^2}$ (5) $z = \log(x^2 + xy)$ (6) $z = \log\sqrt{x^2+y^2}$
(7) $z = \arctan\frac{y}{x}$ (8) $z = e^{x^2+y^2}$ (9) $z = \sqrt{1-x^2-y^2}$
(10) $z = \sin x \sinh y$ (11) $z = \arctan\frac{y}{x} + \arctan\frac{x}{y}$ (12) $z = x^y$

2. 合成関数の微分法を用いて，z_u および z_v を求めよ．
(1) $z = 3xy^2 + 4x^2y$, $x = u - v$, $y = u + v$
(2) $z = \sin(x+y)$, $x = u^2 + v^2$, $y = 2uv$

(3) $z = f(x,y)$, $x = \cos(u-v)$, $y = \sin(u+v)$
(4) $z = f(x,y)$, $x = e^u \cos v$, $y = e^u \sin v$

3. 次の変数変換のヤコビアン $\frac{\partial(x,y)}{\partial(u,v)}$ または $\frac{\partial(x,y)}{\partial(r,t)}$ を求めよ．

(1) $x = au+bv$, $y = cu+dv$　（a, b, c, d は定数である）
(2) $x = u+v$, $y = uv$
(3) $x = u^2 - v^2$, $y = uv$
(4) $x = r\cosh t$, $y = r\sinh t$

4. 合成関数の微分法を用いて，$\frac{dz}{dt}$ を t の式で表せ．

(1) $z = xy^3 + x^3 y$, $x = \cos t$, $y = \sin t$
(2) $z = \arctan(xy)$, $x = \cosh t$, $y = \sinh t$
(3) $z = e^{x^2+y^2}$, $x = e^t$, $y = e^{2t}$
(4) $z = \log(x^2+y^2)$, $x = t - \cos t$, $y = 1 + \sin t$

4.3　高次偏導関数とテーラーの定理

4.3.1　高次偏導関数

関数 $z = f(x,y)$ が偏微分可能であるとき，さらに，その偏導関数 f_x, f_y がまた偏微分可能ならば，f_x, f_y の偏導関数 $(f_x)_x$, $(f_x)_y$, $(f_y)_x$, $(f_y)_y$ などが考えられる．これらを $z = f(x,y)$ の **2次偏導関数**といい，それぞれ

$(f_x)_x = \frac{\partial}{\partial x}\left(\frac{\partial f}{\partial x}\right) = \frac{\partial^2 f}{\partial x^2} = f_{xx}$,　$(f_x)_y = \frac{\partial}{\partial y}\left(\frac{\partial f}{\partial x}\right) = \frac{\partial^2 f}{\partial y \partial x} = f_{xy}$,

$(f_y)_x = \frac{\partial}{\partial x}\left(\frac{\partial f}{\partial y}\right) = \frac{\partial^2 f}{\partial x \partial y} = f_{yx}$,　$(f_y)_y = \frac{\partial}{\partial y}\left(\frac{\partial f}{\partial y}\right) = \frac{\partial^2 f}{\partial y^2} = f_{yy}$

などで表す．このとき $z = f(x,y)$ は，**2回偏微分可能**という．

同様に，$z = f(x,y)$ を n 回偏微分することができるとき，こうして得られる関数などを $z = f(x,y)$ の n **次偏導関数**といい，$z = f(x,y)$ は n **回偏微分可能**であるという．

$z = f(x,y)$ が開領域 D 上において n 回偏微分可能であり，かつ n 次偏導関数のすべてが D 上で連続であるとき，$z = f(x,y)$ は D 上で C^n-**関数**であるという．何回でも偏微分可能であり，すべての偏導関数が連続であるとき，$z = f(x,y)$ は C^∞-**関数**という．

定理 4.8 関数 $z = f(x,y)$ が開領域 D 上の C^2-関数であれば，

$$f_{xy}(x,y) = f_{yx}(x,y), \qquad (x,y) \in D$$

が成り立つ (偏微分は微分の順序によらない).

(証明) 平均値定理 (定理 2.7) を 4 回適用して示す. $(a,b) \in D$ とする. このとき $f_{xy}(a,b) = f_{yx}(a,b)$ を示す. このため

$$\Delta := f(a+h, b+k) - f(a, b+k) - f(a+h, b) + f(a, b),$$
$$\varphi(x) := f(x, b+k) - f(x, b), \quad \psi(y) := f(a+h, y) - f(a, y)$$

とおく.

$\varphi(x)$ は微分可能で, $\Delta = \varphi(a+h) - \varphi(a)$ だから, 平均値定理 (定理 2.7) により,

$$\Delta = h\varphi'(a + \theta_1 h), \qquad (0 < \theta_1 < 1) \tag{4.15}$$

となる θ_1 が存在する. また,

$$\varphi'(a+\theta_1 h) = f_x(a+\theta_1 h, b+k) - f_x(a+\theta_1 h, b)$$

だから, この式の右辺に, 再び平均値定理 (定理 2.7) を使うと,

$$\varphi'(a+\theta_1 h) = k f_{xy}(a+\theta_1 h, b+\theta_2 k) \qquad (0 < \theta_2 < 1) \tag{4.16}$$

となる θ_2 が存在する. ゆえに, (4.15) と (4.16) をあわせて,

$$\Delta = hk f_{xy}(a+\theta_1 h, b+\theta_2 k) \tag{4.17}$$

を得る.

今度は, $\psi(y)$ についても, 同様の考察をする. $\Delta = \psi(b+k) - \psi(b)$ なので,

$$\Delta = k\psi'(b+\theta_3 k), \qquad (0 < \theta_3 < 1) \tag{4.18}$$

となる θ_3 が存在する. ここで

$$\psi'(b+\theta_3 k) = f_y(a+h, b+\theta_3 k) - f_y(a, b+\theta_3 k)$$

なので, この式の右辺に平均値定理 (定理 2.7) を適用すると,

$$\psi'(b+\theta_3 k) = h f_{yx}(a+\theta_4 h, b+\theta_3 k) \qquad (0 < \theta_4 < 1) \tag{4.19}$$

となる θ_4 が存在する. ゆえに, (4.18) と (4.19) とあわせて,

$$\Delta = hk f_{yx}(a+\theta_4 h, b+\theta_3 k) \tag{4.20}$$

を得る.

以上より, (4.17) と (4.20) から,

$$\begin{aligned} f_{xy}(a+\theta_1 h, b+\theta_2 k) &= f_{yx}(a+\theta_4 h, b+\theta_3 k) \\ &\quad (0 < \theta_1, \theta_2, \theta_3, \theta_4 < 1) \end{aligned} \tag{4.21}$$

となる. ここで $(h,k) \to (0,0)$ とすると, f_{xy} と f_{yx} はともに連続なので,

$$f_{xy}(a,b) = f_{yx}(a,b)$$

を得る． //

$z = f(x,y)$ が C^2-関数であるという仮定が満たされないときは，上記の定理は成り立たない．実際，次のような例がある．

例 4.10 関数
$$f(x,y) = \begin{cases} \frac{xy(x^2-y^2)}{x^2+y^2} & (x,y) \neq (0,0) \\ 0 & (x,y) = (0,0) \end{cases}$$
について，次が成り立つことを示せ．
$$f_{xy}(0,0) = -1, \quad f_{yx}(0,0) = 1.$$
(解答) 実際，定義通りに計算すると，
$$f_x(0,y) = \lim_{h\to 0}\frac{f(h,y)-f(0,y)}{h} = \lim_{h\to 0}\frac{\frac{hy(h^2-y^2)}{h^2+y^2}}{h} = \begin{cases} 0 & (y=0), \\ -y & (y \neq 0), \end{cases}$$
$$f_y(x,0) = \lim_{k\to 0}\frac{f(x,k)-f(x,0)}{k} = \lim_{k\to 0}\frac{\frac{xk(x^2-k^2)}{x^2+k^2}}{k} = \begin{cases} 0 & (x=0), \\ x & (x \neq 0). \end{cases}$$
したがって，
$$f_{xy}(0,0) = \lim_{k\to 0}\frac{f_x(0,k)-f_x(0,0)}{k} = \lim_{k\to 0}\frac{-k-0}{k} = -1,$$
$$f_{yx}(0,0) = \lim_{h\to 0}\frac{f_y(h,0)-f_y(0,0)}{h} = \lim_{h\to 0}\frac{h-0}{h} = 1. \quad //$$

例 4.11 関数
$$f(x,y) = \arctan\frac{y}{x}$$
の2次偏導関数を計算せよ．
(解答)
$$f_x = \frac{1}{1+\left(\frac{y}{x}\right)^2} \cdot \left(-\frac{y}{x^2}\right) = -\frac{y}{x^2+y^2}, \qquad f_y = \frac{x}{x^2+y^2}$$
よって，
$$\begin{array}{ll} f_{xx} = \frac{2xy}{(x^2+y^2)^2}, & f_{xy} = \frac{-x^2+y^2}{(x^2+y^2)^2}, \\ f_{yx} = \frac{-x^2+y^2}{(x^2+y^2)^2}, & f_{yy} = \frac{-2xy}{(x^2+y^2)^2}. \end{array} \quad //$$

例 4.12 C^2-関数 $z = f(x,y)$ に対して，例 4.8 と同様に，$x = r\cos\theta, y = r\sin\theta$ と極座標 (r,θ) を用いて変数変換すると，次式が成り立つことを示せ．

$$\frac{\partial^2 f}{\partial x^2}+\frac{\partial^2 f}{\partial y^2}=\frac{\partial^2 f}{\partial r^2}+\frac{1}{r}\frac{\partial f}{\partial r}+\frac{1}{r^2}\frac{\partial^2 f}{\partial \theta^2} \tag{4.22}$$

(解答)

$$\frac{\partial f}{\partial r}=\frac{\partial f}{\partial x}\frac{\partial x}{\partial r}+\frac{\partial f}{\partial y}\frac{\partial y}{\partial r}=f_x\cos\theta+f_y\sin\theta$$

なので,

$$\frac{1}{r}\frac{\partial f}{\partial r}=f_x\frac{\cos\theta}{r}+f_y\frac{\sin\theta}{r}. \tag{4.23}$$

となる．したがって,

$$\begin{aligned}\frac{\partial^2 f}{\partial r^2}&=\frac{\partial}{\partial r}(f_x)\cos\theta+\frac{\partial}{\partial r}(f_y)\sin\theta\\&=\left(\frac{\partial f_x}{\partial x}\frac{\partial x}{\partial r}+\frac{\partial f_x}{\partial y}\frac{\partial y}{\partial r}\right)\cos\theta+\left(\frac{\partial f_y}{\partial x}\frac{\partial x}{\partial r}+\frac{\partial f_y}{\partial y}\frac{\partial y}{\partial r}\right)\sin\theta\\&=(f_{xx}\cos\theta+f_{xy}\sin\theta)\cos\theta+(f_{yx}\cos\theta+f_{yy}\sin\theta)\sin\theta\\&=f_{xx}\cos^2\theta+f_{yy}\sin^2\theta+2f_{xy}\sin\theta\cos\theta\end{aligned} \tag{4.24}$$

となる．同様に,

$$\frac{\partial f}{\partial \theta}=\frac{\partial f}{\partial x}\frac{\partial x}{\partial \theta}+\frac{\partial f}{\partial y}\frac{\partial y}{\partial \theta}=f_x(-r\sin\theta)+f_y(r\cos\theta)=f_x(-y)+f_y\,x$$

を使って計算して,

$$\frac{1}{r^2}\frac{\partial^2 f}{\partial \theta^2}=f_{xx}\sin^2\theta+f_{yy}\cos^2\theta-2f_{xy}\sin\theta\cos\theta-f_x\frac{\cos\theta}{r}-f_y\frac{\sin\theta}{r} \tag{4.25}$$

を得る．(4.23), (4.24), (4.25) をあわせて, 求める (4.22) を得る． //

4.3.2　テーラーの定理

2 変数関数のテーラーの定理を示す．テーラーの定理は本章の金字塔である．次の例は, 2 変数関数のテーラーの定理の証明で重要な役割を果たす．

例 4.13 C^1-関数 $z=f(x,y)$ において, $x=a+ht$, $y=b+kt$ とおいて, t で微分すると,

$$\begin{aligned}\frac{dz}{dt}=\frac{d}{dt}f(a+ht,b+kt)&=h\,f_x(a+ht,b+kt)+k\,f_y(a+ht,b+kt)\\&=\left(h\frac{\partial}{\partial x}+k\frac{\partial}{\partial y}\right)f(a+ht,b+kt)\end{aligned} \tag{4.26}$$

となる．

$z=f(x,y)$ が C^n-関数のとき, 上のことを繰り返して, $j=1,2,\ldots,n$ に対して,

$$\frac{d^j z}{dt^j}=\frac{d^j}{dt^j}f(a+ht,b+kt)=\left(h\frac{\partial}{\partial x}+k\frac{\partial}{\partial y}\right)^j f(a+ht,b+kt) \tag{4.27}$$

が成り立つ．

定理 4.9 (2変数関数のテーラーの定理)　関数 $z = f(x, y)$ が開領域 D 上の C^n-関数であり，$(a, b) \in D$ かつ $(a+h, b+k) \in D$ とし，(a, b) と $(a+h, b+k)$ とを結ぶ線分が D に含まれるとする（図 4.9）．

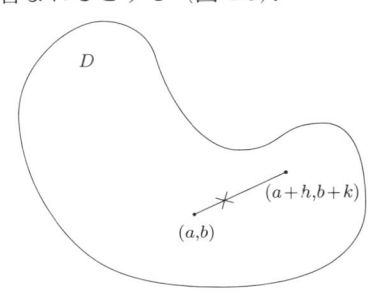

図 4.9　2変数関数のテーラーの定理

このとき
$$\begin{aligned} f(a+h, b+k) &= \sum_{j=0}^{n-1} \frac{1}{j!} \left(h\frac{\partial}{\partial x} + k\frac{\partial}{\partial y} \right)^j f(a, b) \\ &\quad + \frac{1}{n!} \left(h\frac{\partial}{\partial x} + k\frac{\partial}{\partial y} \right)^n f(a+\theta h, b+\theta k) \end{aligned} \quad (4.28)$$
となる θ $(0 < \theta < 1)$ が存在する．

(証明)　$F(t) := f(a+ht, b+kt)$ $(0 \le t \le 1)$ とすると，$F(t)$ は t の C^n-関数なので，1変数関数のテーラーの定理 (定理 2.14) により，
$$F(1) = \sum_{j=0}^{n-1} \frac{1}{j!} F^{(j)}(0) + R_n, \qquad R_n = \frac{1}{n!} F^{(n)}(\theta) \quad (4.29)$$
となる θ $(0 < \theta < 1)$ が存在する．ここで
$$\begin{aligned} F^{(j)}(t) &= \frac{d^j}{dt^j} f(a+ht, b+kt) \\ &= \left(h\frac{\partial}{\partial x} + k\frac{\partial}{\partial y} \right)^j f(a+ht, b+kt) \end{aligned}$$
であるから，
$$F^{(j)}(0) = \left(h\frac{\partial}{\partial x} + k\frac{\partial}{\partial y} \right)^j f(a, b)$$
であり，$F(1) = f(a+h, b+k)$ なので，これらを (4.29) に代入して，求める結果を得る．　//

例 4.14　$n = 1$ のときの定理 4.9 は次のように書かれる．(**2変数関数の平均値定理**という)
$$f(a+h, b+k) = f(a, b) + h f_x(a+\theta h, b+\theta k) + k f_y(a+\theta h, b+\theta k)$$

となる θ $(0 < \theta < 1)$ が存在する．

例 4.15 $n = 2$ のときの定理 4.9 は次のように書かれる．
$$\begin{aligned}f(a+h, b+k) &= f(a,b) + h\,f_x(a,b) + k\,f_y(a,b) \\ &\quad + \tfrac{1}{2}\{h^2 f_{xx}(a',b') + 2hk\,f_{xy}(a',b') + k^2 f_{yy}(a',b')\}\end{aligned} \tag{4.30}$$

となる θ $(0 < \theta < 1)$ が存在する．ここで $a' = a + \theta h$, $b' = b + \theta k$ である．

(4.30) は次のようにも表せる．
$$\begin{aligned}f(a+h, b+k) &= f(a,b) + h\,f_x(a,b) + k\,f_y(a,b) \\ &\quad + \tfrac{1}{2}\{h^2 f_{xx}(a,b) + 2hk\,f_{xy}(a,b) + k^2 f_{yy}(a,b)\} + \gamma(h,k)\end{aligned} \tag{4.31}$$

ここで $\gamma(h,k)$ は次を満たす．
$$\lim_{(h,k) \to (0,0)} \frac{|\gamma(h,k)|}{h^2 + k^2} = 0.$$

(証明) なぜなら，(4.30) と (4.31) により，$\gamma(h,k)$ は次式により与えられている．
$$\begin{aligned}\gamma(h,k) := \tfrac{1}{2}\{&h^2\,(f_{xx}(a',b') - f_{xx}(a,b)) \\ &+ 2hk\,(f_{xy}(a',b') - f_{xy}(a,b)) - k^2\,(f_{yy}(a',b') - f_{yy}(a,b))\}.\end{aligned} \tag{4.32}$$

ここで，不等式
$$\begin{aligned}|A\,h^2 + 2B\,hk + C\,k^2| &\le |A|\,h^2 + 2|B|\,|hk| + |C|\,k^2 \\ &\le (h^2 + k^2)(|A| + |B| + |C|)\end{aligned}$$

を使って，
$$\begin{aligned}2\tfrac{|\gamma(h,k)|}{h^2 + k^2} &\le |f_{xy}(a',b') - f_{xx}(a,b)| \\ &\quad + |f_{xy}(a',b') - f_{xy}(a,b)| + |f_{yy}(a',b') - f_{yy}(a,b)| \to 0 \\ &\quad ((h,k) \to (0,0) \text{ のとき})\end{aligned}$$

となるからである． //

演習問題 4.3

1. 次の関数の 2 次の偏導関数をすべて求めよ．
   (1) $z = x^4 y^2 + xy^5$　(2) $z = \cos(x^2 + y^2)$　(3) $z = e^{x^2 - y^2}$
   (4) $z = \arctan(xy)$　(5) $z = x^y\,y^x$　(6) $z = \log(1 - x^2 - y^2)$
   (7) $z = \frac{1}{x+y+1}$　(8) $z = \sin x + \sin y + \cos(x+y)$

2. $z = f(x,y)$ は C^2-関数とする．このとき次の問いに答えよ．
(1) $\left(3\frac{\partial}{\partial x} + 2\frac{\partial}{\partial y}\right)^2 f(x,y)$ を f_{xx}, f_{xy} および f_{yy} を用いて表せ．
(2) $f(x,y) = e^{x^2+y^2}$ のとき，$\left(3\frac{\partial}{\partial x} + 2\frac{\partial}{\partial y}\right)^2 f(0,0)$ を求めよ．

3. C^2-関数 $f(x,y)$ に対して，関数 $\Delta f := f_{xx} + f_{yy}$ を f の**ラプラシアン**といい，$\Delta f = 0$ を満たす f を**調和関数**という．次の関数はすべて調和関数であることを示せ．
(1) $f(x,y) = \log(x^2+y^2)$ (2) $f(x,y) = \frac{y}{x^2+y^2}$
(3) $f(x,y) = e^{2y}\sin 2x$ (4) $f(x,y) = 2x^3 - 3x^2y - 6xy^2 + y^3$
(5) $f(x,y) = \arctan\frac{y}{x}$ (6) $f(x,y) = x^2 - y^2 - 6xy$

4. 次の条件を同時に満たす C^2-関数 $f(x,y)$ は存在するか．存在するときはそのような関数 $f(x,y)$ の例を1つあげよ．存在しないときは理由を述べよ．
(1) $f_x = -y$, $f_y = x$ (2) $f_x = y$, $f_y = y^2$
(3) $f_x = x$, $f_y = y^2$ (4) $f_x = 3x^2 + 2xy$, $f_y = x^2$
(5) $f_x = \cos(x+y)$, $f_y = \cos(x+y)$

5. 関数 $f(x,y) = e^x \sin y$ について，原点 $(0,0)$ において，$n = 3$ まで (3次の項まで) のテーラーの定理を適用せよ．

4.4 2変数関数の極値

テーラーの定理は2変数関数の極値問題に応用される．

4.4.1 極　　値

2変数関数 $z = f(x,y)$ が，点 $P(a,b)$ で**極大値** $f(a,b)$ を取るとは，点 P での $f(x,y)$ の値が，P の近傍の点 (x,y) $((x,y) \neq (a,b))$ での値より大きいときをいう．すなわち，P を中心とする半径 r の開円板 $B_r(P) := \{Q \in \mathbb{R}^2 \mid d(P,Q) < r\}$ について，

$$f(a,b) > f(x,y) \quad (\text{任意の } (x,y) \in B_r(P), \quad (x,y) \neq (a,b) \text{ について})$$

が成り立つときをいう．**極小値**についても同様に定義される (図 4.10)．極大値と極小値をあわせて，**極値**という．

定理 4.10　関数 $z = f(x,y)$ が点 $P(a,b)$ で極値を取るならば，

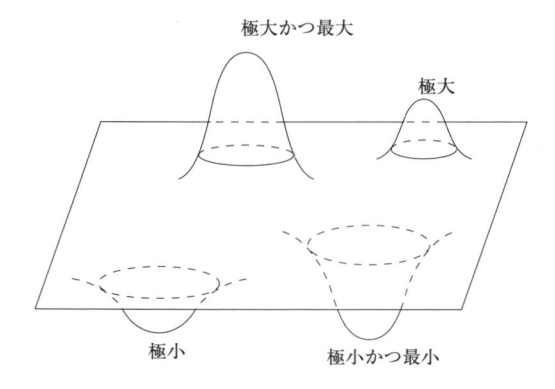

図 4.10 極大と極小

$$f_x(a,b) = f_y(a,b) = 0.$$

(証明) 関数 $f(x,y)$ が点 (a,b) で極値を取るとき, x の関数 $f(x,b)$ は $x = a$ で極値を取るので, $f_x(a,b) = 0$ である. 同様に, y の関数 $f(a,y)$ は $y = b$ で極値を取るので, $f_y(a,b) = 0$ である. //

例 4.16 (1) $f(x,y) = x^2 + y^2$ は $(0,0)$ で極小値 0 を取る (図 4.11).

(2) $f(x,y) = -x^2 - y^2$ は $(0,0)$ で極大値 0 を取る (図 4.12).

(3) $f(x,y) = x^2 - y^2$ は $(0,0)$ で $f_x(0,0) = f_y(0,0) = 0$ であるが, 極値を取らない. この場合, x 軸上では $x = 0$ で極小値であり, y 軸上では $y = 0$ で極大値である. すなわち, 次の意味で $(0,0)$ は $f(x,y)$ の鞍点 (または鞍部) である (図 4.13).

点 (a,b) が関数 $f(x,y)$ の**鞍点**(または**鞍部**)であるとは, (a,b) を通る 2 つの線分 L_1 と L_2 があって, 直線 L_1 上では, $f(x,y)$ は (a,b) で極大になり, 直線 L_2 上では, $f(x,y)$ は (a,b) で極小になるときをいう.

次は $f_x(a,b) = f_y(a,b) = 0$ となる点 (a,b) が いつ極値となるかを判定する定理である.

定理 4.11 (極値の判定法) 関数 $z = f(x,y)$ が C^2-関数であり,
$$f_x(a,b) = f_y(a,b) = 0$$

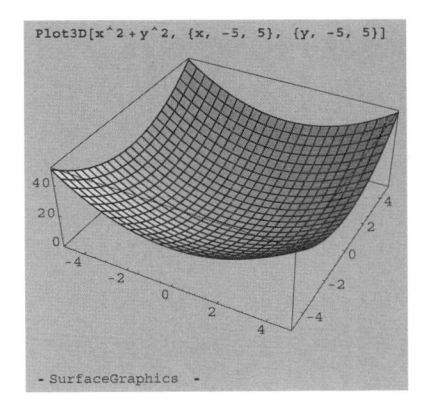

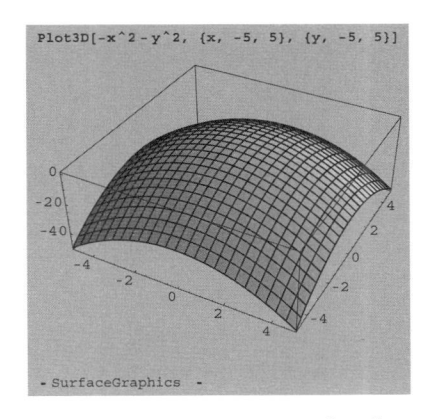

図 4.11 $Mathematica$ による x^2+y^2 の図 **図 4.12** $Mathematica$ による $-x^2-y^2$ の図

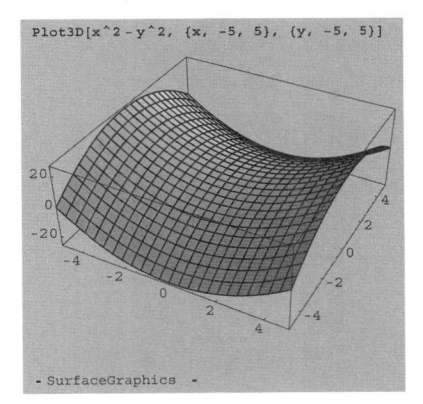

図 4.13 $Mathematica$ による x^2-y^2 の図

を満たすとする.このとき,
$$A = f_{xx}(a,b),\ B = f_{xy}(a,b),\ C = f_{yy}(a,b),\ \Delta = AC - B^2$$
とおく.$f(x,y)$ は,点 (a,b) において,

(1) $\Delta > 0$ かつ $A > 0$ のとき,$f(a,b)$ は極小値となり,
$\Delta > 0$ かつ $A < 0$ のとき,$f(a,b)$ は極大値となる.

(2) $\Delta < 0$ のとき,点 (a,b) は極値を取らない,すなわち,鞍部である.

(3) $\Delta = 0$ のときは,判定できない.

(証明) テーラーの定理(とくに,例 4.15)を使う.$f_x(a,b) = f_y(a,b) = 0$ なので,$0 < \theta < 1$ であるような θ が存在して,(4.30) 式は

$$f(a+h,b+k)-f(a,b) = \tfrac{1}{2}\{h^2 f_{xx}(a',b')+2hk f_{xy}(a',b')$$
$$+k^2 f_{yy}(a',b')\} \qquad (4.33)$$
$$= \tfrac{1}{2}\{A'h^2+2B'hk+C'k^2\}$$

となる．ここで $A' = f_{xx}(a',b')$, $B' = f_{xy}(a',b')$, $C' = f_{yy}(a',b')$, $a' = a+\theta h$, $b' = b+\theta k$ とおいた．

(1) の場合．$\Delta > 0$ かつ $A > 0$ とする．f_{xx}, f_{xy}, f_{yy} は連続なので，$|h|$ と $|k|$ が小さければ，$A'C'-B'^2 > 0$ かつ $A' > 0$ となる．したがって，$(h,k) \neq (0,0)$ ならば，

$$A'h^2+2B'hk+C'k^2 = A'\left(h+\frac{B'}{A'}k\right)^2 + \frac{A'C'-B'^2}{A'}k^2 > 0$$

となり，よって，$f(x,y)$ は (a,b) で極小値を取る．

$A < 0$ のときも，同様にして，$f(x,y)$ は (a,b) で極大値を取ることが示される．

(2) の場合．$\Delta < 0$ とする．このとき関数 $f(x,y)$ が (a,b) で鞍部となることを示すために，$(h,k) \neq (0,0)$ に対して，$(a-h,b-k)$ と $(a+h,b+k)$ を結ぶ線分を $L(h,k)$ とする．そこで上手に 2 つの線分を選び，(a,b) で鞍部となることを示そう．まず，任意の線分 $L(h,k)$ 上で $f(x,y)$ を考えた関数を

$$F(t) = f(a+ht,b+kt), \quad -1 \leq t \leq 1$$

とする．このとき，例 4.13 の計算 (4.26) 式と (4.27) 式より，

$$F'(0) = h f_x(a,b) + k f_y(a,b) = 0 \qquad (4.34)$$

および

$$F''(0) = f_{xx}(a,b)h^2 + 2f_{xy}(a,b)hk + f_{yy}(a,b)k^2$$
$$= Ah^2 + 2Bhk + Ck^2 \qquad (4.35)$$

となる．

さてここで，$\Delta = AC - B^2 < 0$ とする．

(イ) $A \neq 0$ の場合．(4.35) 式を次のように直す．

$$F''(0) = A\left(h+\frac{B}{A}k\right)^2 + \frac{AC-B^2}{A}k^2. \qquad (4.36)$$

ここで，(4.36) 式は，

$(h,k) = (1,0)$ のとき，$F''(0) = A$ となり，

$(h,k) = (-\frac{B}{A},1)$ のとき，$F''(0) = \frac{AC-B^2}{A}$ となる．

ここで，$A \cdot \frac{AC-B^2}{A} = AC-B^2 < 0$ なので，A と $\frac{AC-B^2}{A}$ とは異符号である．したがって，$A>0$ のとき，関数 $f(x,y)$ について，$f(a,b)$ は，線分 $L(1,0)$ 上で極小値，線分 $L(-\frac{B}{A},1)$ 上で極大値となる．$A<0$ のときは，関数 $f(x,y)$ について，$f(a,b)$ は，線分 $L(1,0)$ 上で極大値，線分 $L(-\frac{B}{A},1)$ 上で極小値となる．ゆえに，$f(a,b)$ は極値でなく，鞍部となる（図4.14）．

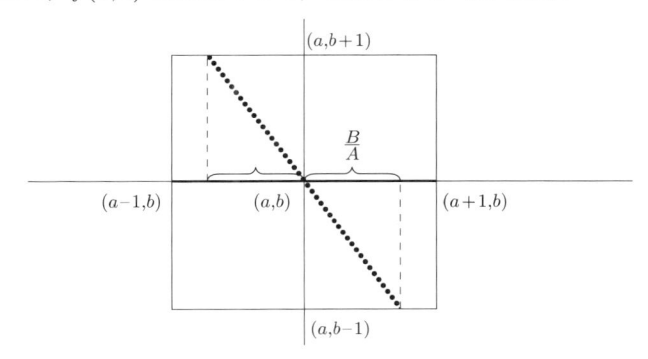

図 4.14 $L(1,0)$（太実線）と $L\left(-\frac{B}{A},1\right)$（太点線）

(ロ) $C \neq 0$ のときは，(4.35) は，
$$F''(0) = C\left(k + \frac{B}{C}h\right)^2 + \frac{AC-B^2}{C}h^2 \qquad (4.37)$$
と表すことができる．(イ) と同様の考察により，$f(a,b)$ が鞍部となることが示される．

(ハ) $A=C=0$ の場合．このとき，(4.35) は
$$F''(0) = 2Bhk = \frac{B}{2}(h+k)^2 - \frac{B}{2}(h-k)^2 \quad (B \neq 0)$$
となるので，今度は，線分 $L(1,1)$ と $L(1,-1)$ を取ると，$B>0$ のときは，関数 $f(x,y)$ について，$f(a,b)$ は，線分 $L(1,1)$ 上で極小値であり，線分 $L(1,-1)$ 上で極大値となるので，(a,b) は鞍部となる．$B<0$ のときは $f(a,b)$ は，線分 $L(1,1)$ 上で極大値であり，線分 $L(1,-1)$ 上で極小値となるので，(a,b) はやはり鞍部となる．以上で，証明は完了した．　//

例 4.17 $f(x,y) = 1 - 2x - 2xy + 3x^2 + y^2$ の極値を求めよ．
(解答) $f_x = 2(-1-y+3x)$, $f_y = 2(-x+y)$ なので，
$$f_x = f_y = 0 \iff x = \frac{1}{2}, y = \frac{1}{2}.$$

ここで
$$A = f_{xx}\left(\tfrac{1}{2}, \tfrac{1}{2}\right) = 6 > 0,\ B = f_{xy}\left(\tfrac{1}{2}, \tfrac{1}{2}\right) = -2,\ C = f_{yy}\left(\tfrac{1}{2}, \tfrac{1}{2}\right) = 2$$
$$\Delta = AC - B^2 = 6 \cdot 2 - (-2)^2 = 8 > 0.$$
したがって，$\left(\tfrac{1}{2}, \tfrac{1}{2}\right)$ で $f(x,y)$ は極小値 $f\left(\tfrac{1}{2}, \tfrac{1}{2}\right) = \tfrac{1}{2}$ を取る（図 4.15）． //

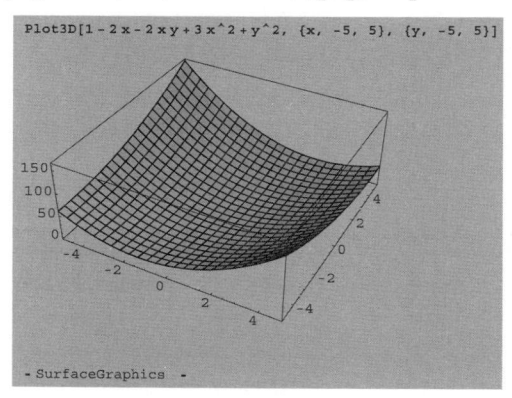

図 4.15 $Mathematica$ による例 4.17 の図

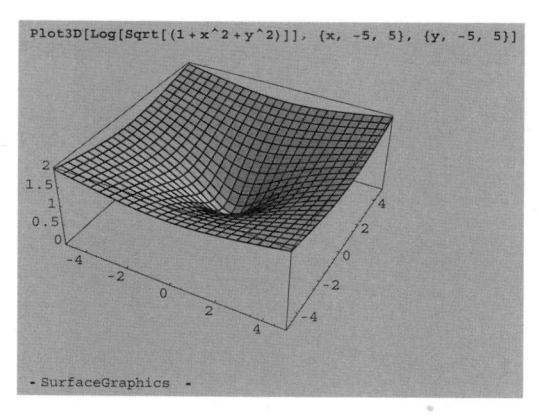

図 4.16 $Mathematica$ による $\log\sqrt{1+x^2+y^2}$ の図

演習問題 4.4

1. 次の関数 $z = f(x,y)$ の極値または鞍部を求めよ．
(1) $z = \dfrac{x^2}{a^2} + \dfrac{y^2}{b^2}$ $(a > 0, b > 0)$
(2) $z = \dfrac{x^2}{a^2} - \dfrac{y^2}{b^2}$ $(a > 0, b > 0)$
(3) $z = x^3 + 3xy + y^3$
(4) $z = e^{-x^2-y^2}(x^2 + 3y^2)$

(5) $z = e^{-x^2-2y^2}$ (6) $z = (x^2+y^2)^2 - 2(x^2-y^2)$
(7) $z = x^3 + y^3 - 3axy \quad (a \neq 0)$
(8) $z = ax^2 + 2bxy + cy^2 \quad (b^2 - ac \neq 0)$
(9) $z = x^4 + y^4 - 4a^2xy + 8a^4 \quad (a \neq 0)$
(10) $z = xy(x^2 + y^2 - 1)$

2. 次の関数についてそれぞれ答えよ ($c > 0$ とする).
(1) 関数 $z = xy + \frac{c}{x} + \frac{c}{y}$ の $\{(x,y) \mid x > 0, y > 0\}$ 上での極値.
(2) $z = \log\sqrt{1+x^2+y^2}$ の最小値.
(3) $z = e^{xy}$ の極値.

4.5 陰関数と条件付き極値問題

本節では，陰関数と条件付き極値問題を扱う．

4.5.1 陰 関 数

関数 $z = f(x,y)$ のグラフの $z = 0$ での切り口の点 (x,y) は，$f(x,y) = 0$ を満たす（図 4.17）．このとき，y は x の関数と考えられる．こうして得られる x の関数 $y = \varphi(x)$ は，$f(x, \varphi(x)) = 0$ を満たす．$y = \varphi(x)$ を $f(x,y) = 0$ で定義された**陰関数**という．

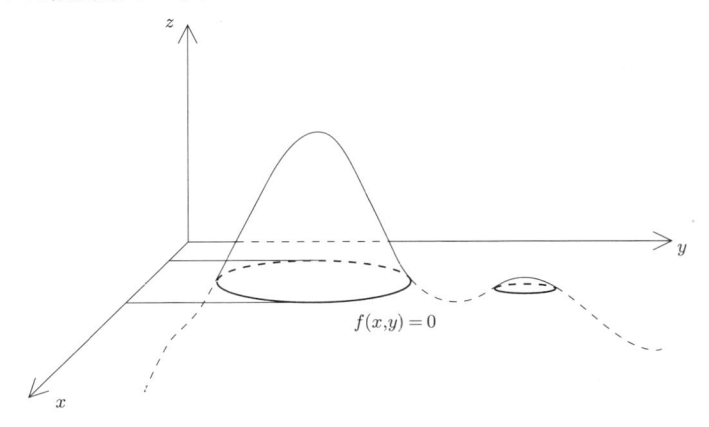

図 4.17 $f(x,y)$ のグラフと陰関数

例 4.18 $f(x,y) = x^2+y^2-1$ のとき, $f(x,y) = x^2+y^2-1 = 0$ で定義される陰関数は $y = \pm\sqrt{1-x^2}$ で与えられる.

$f_y = 2y$ なので, 点 $(0,1)$ では $f_y(0,1) = 2 \neq 0$ であり, 点 $(1,0)$ と $(-1,0)$ では $f_y(1,0) = 0$ および $f_y(-1,0) = 0$ である. $(0,1)$ の近傍では陰関数 $y = \sqrt{1-x^2}$ が定義されるが, $(1,0)$ の近傍では $y = \varphi(x)$ と書かれる陰関数は存在しない. また, $(-1,0)$ の近傍でも $y = \varphi(x)$ と書かれる陰関数は存在しない.

実際, 次の定理が成り立つ.

定理 4.12 (陰関数定理) 関数 $z = f(x,y)$ が C^1-関数であり, $f(a,b) = 0$ かつ $f_y(a,b) \neq 0$ ならば, $x = a$ を含む開区間 I で定義された $f(x,y) = 0$ の陰関数 $y = \varphi(x)$ $(x \in I)$ で, $\varphi(a) = b$ となるものが存在する. さらに, このとき, $y = \varphi(x)$ は微分可能で, 次式が成り立つ.

$$\varphi'(x) = -\frac{f_x(x,\varphi(x))}{f_y(x,\varphi(x))}, \quad つまり, \quad \frac{dy}{dx} = -\frac{f_x}{f_y}. \tag{4.38}$$

(証明) (第1段) $f_y(a,b) > 0$ とする. ($f_y(a,b) < 0$ のときも同様である.) $f_y(a,b) > 0$ であり, $f_y(x,y)$ は連続なので, (x,y) が (a,b) に近ければ, $f_y(x,y) > 0$ である. よって $\epsilon > 0$ を十分小さく取れば, $|x-a| < \epsilon$, $|y-b| < \epsilon$ ならば, $f_y(x,y) > 0$ が成り立つ. ゆえに, $x \in (a-\epsilon, a+\epsilon)$ ならばいつでも, y の関数として, $y \mapsto f(x,y)$ は, 開区間 $(b-\epsilon, b+\epsilon)$ 上で連続な狭義の単調増加関数である (図 4.18).

とくに, $x = a$ に取ると,

$b-\epsilon < y_1 < b$ ならば, $f(a,y_1) < 0$ となり,

$b < y_2 < b+\epsilon$ ならば, $0 < f(a,y_2)$ となる.

さらに, $f(x,y)$ は連続なので, ϵ' をもっと小さく取り, $0 < \epsilon' < \epsilon$ であって,

$x \in (a-\epsilon', a+\epsilon')$ ならば, $f(x,y_1) < 0$ となり,

$x \in (a-\epsilon', a+\epsilon')$ ならば, $0 < f(x,y_2)$ となる,

ようにできる. そこで a' を開区間 $(a-\epsilon', a+\epsilon')$ 内に取ると, 中間値の定理 (定理 1.14) により,

$$f(a',b') = 0 \quad (y_1 < b' < y_2)$$

となる b' が唯1つ存在する. そこで $\varphi(a') = b'$ とおく. こうして, $(a-\epsilon', a+\epsilon')$

4.5 陰関数と条件付き極値問題

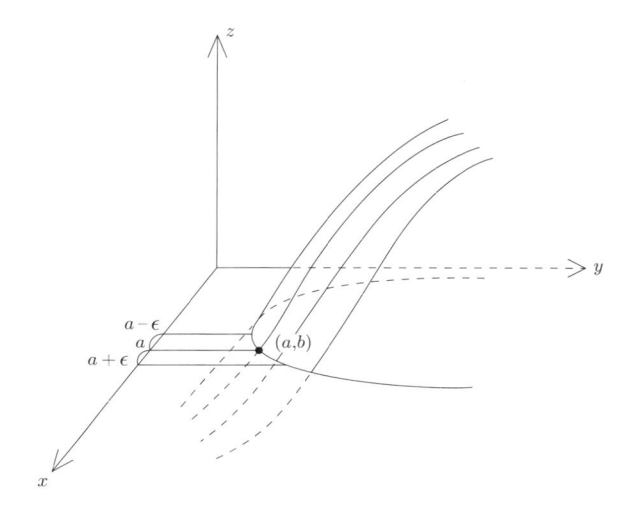

図 4.18 陰関数定理

上の関数 φ が定義される．この関数 $y = \varphi(x)$ は，
$$\varphi(a) = b, \quad f(a', \varphi(a')) = \varphi(a', b') = 0$$
を満たすので，$f(x, y) = 0$ の陰関数である．

(第 2 段) $y = \varphi(x)$ は連続である．

たとえば，$x = a$ で連続であることは次のように示される．$y_1 < \varphi(a) = b < y_2$, $y_1 < \varphi(a') = b' < y_2$ なのであるから，
$$|\varphi(a') - \varphi(a)| = |b' - b| < |y_2 - y_1|$$
となる．この式は $|y_2 - y_1|$ がどんなに小さくても a' が a に近ければ成り立つ．よって $\lim_{a' \to a} |\varphi(a') - \varphi(a)| = 0$ である．(a 以外の点についての連続性も同様に証明できる．)

(第 3 段) φ が $x = a$ で微分可能なことを示し，微係数 $\varphi'(a)$ を計算する．

$a' = a+h$, $k = \varphi(a+h) - \varphi(a) = b' - b$ とおく．$b' = b+k$ としていることに注意．2 変数関数の平均値定理 (例 4.14) を使うと，
$$f(a+h, b+k) = f(a,b) + h f_x(a+\theta h, b+\theta k) + k f_y(a+\theta h, b+\theta k) \quad (4.39)$$
となる θ $(0 < \theta < 1)$ が存在する．
$$f(a,b) = 0, \quad \text{かつ} \quad f(a+h, b+k) = f(a', b') = 0$$
であるから，(4.39) 式に代入して，f_x と f_y の連続性を使うと，

$$\frac{\varphi(a+h)-\varphi(a)}{h}=\frac{k}{h}=-\frac{f_x(a+\theta h,b+\theta k)}{f_y(a+\theta h,b+\theta k)}\to -\frac{f_x(a,b)}{f_y(a,b)}$$

が $h\to 0$ のとき成り立つ. (a 以外の点での微分可能性と微係数の計算も同様に示される.) //

注意 4.1 $f_x(a,b)\neq 0$ の場合には, (a,b) の近くで, $x=\psi(y)$ の形の, $f(x,y)=0$ の陰関数が存在する.

例 4.19 $z=f(x,y)$ が C^2-関数とする. $f(a,b)=0$ かつ $f_y(a,b)\neq 0$ となる点 (a,b) の近くで定義される $f(x,y)=0$ の陰関数 $y=\varphi(x)$ は 2 回微分可能であり, 次式が成り立つことを示せ.

$$\varphi''(x)=\frac{d^2y}{dx^2}=-\frac{f_{xx}f_y{}^2-2f_{xy}f_xf_y+f_{yy}f_x{}^2}{f_y{}^3}. \tag{4.40}$$

(解答) 陰関数定理 (定理 4.12) により,

$$\varphi'(x)=-\frac{f_x(x,y)}{f_y(x,y)}\quad (y=\varphi(x))$$

である. この両辺を x で微分すると,

$$\varphi''(x)=-\frac{\frac{d}{dx}f_x(x,y)f_y(x,y)-f_x(x,y)\frac{d}{dx}f_y(x,y)}{f_y(x,y)^2} \tag{4.41}$$

また, 合成関数の微分法 (定理 4.6) を使い,

$$\frac{d}{dx}f_x(x,y)=f_{xx}(x,y)+f_{xy}(x,y)\frac{dy}{dx}=f_{xx}(x,y)-f_{xy}(x,y)\frac{f_x(x,y)}{f_y(x,y)}$$

$$\frac{d}{dx}f_y(x,y)=f_{yx}(x,y)+f_{yy}(x,y)\frac{dy}{dx}=f_{xy}(x,y)-f_{yy}(x,y)\frac{f_x(x,y)}{f_y(x,y)}$$

である. これらを, (4.41) 式に代入して, (4.40) 式を得る. //

注意 4.2 陰関数 $y=\varphi(x)$ の極値を求めるには, $y'=\varphi'(x)=0$, すなわち $f_x(x,y)=0$ となる (x,y) を探さねばならない. このような点 (x,y) では, (4.40) において $f_x(x,y)=0$ を代入すると,

$$y''=-\frac{f_{xx}}{f_y} \tag{4.42}$$

となる. これは便利な公式である.

例 4.20 次式で定められる x の陰関数 y の極値を求めよ (図 4.19).

$$f(x,y)=x^3-3x+y^2-2y-2=0$$

(解答) $f_x=3x^2-3, f_y=2y-2$ より,

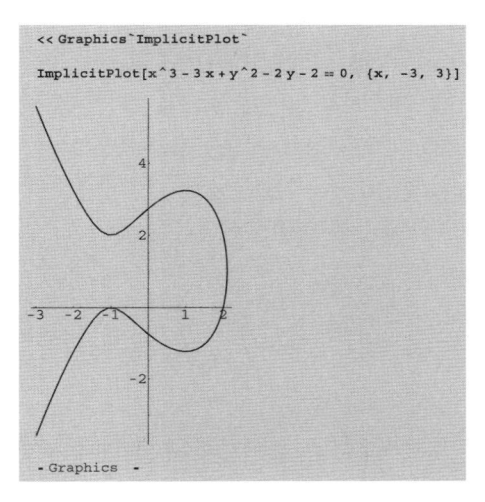

```
<< Graphics`ImplicitPlot`
ImplicitPlot[x^3 - 3 x + y^2 - 2 y - 2 == 0, {x, -3, 3}]
```

図 4.19 $Mathematica$ による例 4.20 の陰関数の図

$$y' = -\frac{f_x}{f_y} = -\frac{3}{2} \cdot \frac{x^2 - 1}{y - 1}.$$

したがって，
$$y' = 0 \iff x = \pm 1.$$

$x = 1$ のとき $y = 1 \pm \sqrt{5}$, $x = -1$ のとき $y = 0, 2$.

$f_{xx} = 6x$ なので，$y' = 0$ となる (x, y) では，
$$y'' = -\frac{f_{xx}}{f_y} = -\frac{3x}{y - 1}.$$

$(1, 1+\sqrt{5})$ では，$y'' = -\frac{3}{\sqrt{5}} < 0$ なので，$(1, 1+\sqrt{5})$ の近傍では，陰関数 y は $x = 1$ で極大値 $1+\sqrt{5}$ を取る．

$(1, 1-\sqrt{5})$ では，$y'' = \frac{3}{\sqrt{5}} > 0$ なので，$(1, 1-\sqrt{5})$ の近傍では，陰関数 y は $x = 1$ で極小値 $1-\sqrt{5}$ を取る．

$(-1, 0)$ では，$y'' = -3 < 0$ なので，$(-1, 0)$ の近傍では，陰関数 y は $x = -1$ で極大値 0 を取る．

$(-1, 2)$ では，$y'' = 3 > 0$ なので，$(-1, 2)$ の近傍では，陰関数 y は $x = -1$ で極小値 2 を取る．　//

4.5.2　逆写像定理

まず，定理 4.12 を拡張して，4 変数 (x, y, u, v) の 2 つの C^1-関数 $F(x, y, u, v)$

と $G(x,y,u,v)$ について，連立方程式
$$\begin{cases} F(x,y,u,v) = 0, \\ G(x,y,u,v) = 0 \end{cases}$$
を満たす 2 つの陰関数 $u = f(x,y)$, $v = g(x,y)$ の存在定理（陰関数定理）が知られている．すなわち，(a,b,p,q) において，
$$F(a,b,p,q) = G(a,b,p,q) = 0 \quad \text{かつ}$$
$$\frac{\partial(F,G)}{\partial(u,v)} = \begin{vmatrix} F_u & F_v \\ G_u & G_v \end{vmatrix}(a,b,p,q)$$
$$= F_u(a,b,p,q)G_v(a,b,p,q) - G_u(a,b,p,q)F_v(a,b,p,q) \neq 0$$
が成り立つとする．このとき，(x,y) の 2 つの C^1-関数 $u = f(x,y)$ と $v = g(x,y)$ で，
$$(p,q) = (f(a,b), g(a,b)) \quad \text{および}$$
$$F(x,y,f(x,y),g(x,y)) = G(x,y,f(x,y),g(x,y)) = 0$$
を満たすものが存在する．証明は，定理 4.12 と同様にできるので，省略する．

このとき，次の逆写像定理が得られる．

定理 4.13 (逆写像定理) 2 つの C^1-関数 $x = \varphi(u,v)$ と $y = \psi(u,v)$ が点 (p,q) において，
$$a = \varphi(p,q),\ b = \psi(p,q) \quad \text{かつ}$$
$$\frac{\partial(x,y)}{\partial(u,v)} = \begin{vmatrix} \varphi_u & \varphi_v \\ \psi_u & \psi_v \end{vmatrix}(p,q) = \varphi_u(p,q)\psi_v(p,q) - \psi_u(p,q)\varphi_v(p,q) \neq 0$$
を満たすとする．このとき，xy-平面上の点 (a,b) の近傍上の 2 つの C^1-関数 $u = f(x,y)$ と $v = g(x,y)$ で，
$$p = f(a,b),\ q = g(a,b) \quad \text{かつ} \quad \begin{cases} x = \varphi(f(x,y), g(x,y)), \\ y = \psi(f(x,y), g(x,y)) \end{cases}$$
を満たすものが存在する．

(証明)　実際，
$$F(x,y,u,v) := \varphi(u,v) - x$$
$$G(x,y,u,v) := \psi(u,v) - y$$
とおくと，
$$\begin{vmatrix} F_u & F_v \\ G_u & G_v \end{vmatrix}(a,b,p,q) = \begin{vmatrix} \varphi_u & \varphi_v \\ \psi_u & \psi_v \end{vmatrix}(p,q) \neq 0$$

なので，上記に示した陰関数定理により，2つの C^1-関数 $u = f(x,y)$ と $v = g(x,y)$ で，
$$p = f(a,b),\ q = g(a,b) \quad \text{かつ}$$
$$\begin{cases} 0 = F(x,y,f(x,y),g(x,y)) = \varphi(f(x,y),g(x,y)) - x, \\ 0 = G(x,y,f(x,y),g(x,y)) = \psi(f(x,y),g(x,y)) - y \end{cases}$$
を満たすものが存在するからである．　//

4.5.3　条件付き極値問題

条件 $\varphi(x,y) = 0$ を満たしながら点 (x,y) が動くとき，関数 $z = f(x,y)$ の極値を考察する．この問題は直観的にいうと，次のような問題である．

"図 4.20 のような等高線が記載された地図が与えられているとする．関数 $z = f(x,y)$ によって与えられた地形に沿って山道が付けられており，その山道の xy 座標が方程式 $\varphi(x,y) = 0$ によって与えられているとする．このとき，この山道に沿っての最高地点を求めよ．"

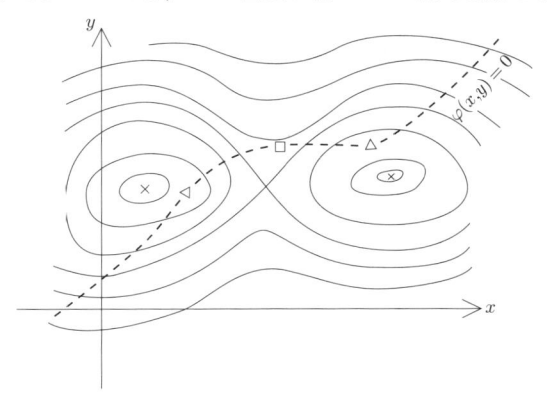

図 4.20　$f(x,y)$ の等高線と条件 $\varphi(x,y) = 0$

この問題は，$\varphi(x,y) = 0$ の陰関数を $y = \psi(x)$ とするとき，それを代入して得られる x の関数 $z = f(x, \psi(x))$ の極値を求めればよい．しかし，この方法はあまりうまいやり方ではない．しかし，次の**ラグランジュの未定乗数法**が知られている．

定理 4.14 (ラグランジュの未定乗数法)　$\varphi(x,y) = 0$ の条件の下で，関数 $z =$

$f(x,y)$ が，点 (a,b) において極値をもつとする．このとき，
$$F(x,y,\lambda) := f(x,y) + \lambda \varphi(x,y) \tag{4.43}$$
とおく．ここで λ は新たに付け加えられた変数である．このとき，もし $\varphi_x(a,b) = \varphi_y(a,b) = 0$ でないならば，
$$F_x(a,b,\alpha) = F_y(a,b,\alpha) = F_\lambda(a,b,\alpha) = 0 \tag{4.44}$$
を満たす α が存在する．

(証明) まず，$F_\lambda(a,b,\alpha) = \varphi(a,b) = 0$ は，与えられた条件そのものである．そこで，
$$F_x(a,b,\alpha) = f_x(a,b) + \alpha \varphi_x(a,b) = 0, \tag{4.45}$$
$$F_y(a,b,\alpha) = f_y(a,b) + \alpha \varphi_y(a,b) = 0 \tag{4.46}$$
を満たす α の存在を示す．仮定より，$\varphi_x(a,b) \neq 0$ または $\varphi_y(a,b) \neq 0$ である．$\varphi_y(a,b) \neq 0$ ならば，$\varphi(x,y) = 0$ の陰関数 $y = \psi(x)$ が存在する．($\varphi_x(a,b) \neq 0$ のときも，$x = \psi(y)$ の形の陰関数を使って同様に示すことができる．) このとき，$f(x, \psi(x))$ は x の関数として $x = a$ で極値をもつので，
$$\left. \frac{d}{dx} \right|_{x=a} f(x, \psi(x)) = 0 \tag{4.47}$$
である．ところが，合成関数の微分法 (定理 4.6) と陰関数定理 (定理 4.12) により，
$$\frac{d}{dx} f(x, \psi(x)) = f_x(x, \psi(x)) + f_y(x, \psi(x)) \psi'(x)$$
$$= f_x(x, \psi(x)) - f_y(x, \psi(x)) \frac{\varphi_x(x, \psi(x))}{\varphi_y(x, \psi(x))}$$
だから，これを (4.47) 式に代入して，$b = \psi(a)$ に注意すれば，次式を得る．
$$f_x(a,b) - f_y(a,b) \frac{\varphi_x(a,b)}{\varphi_y(a,b)} = 0. \tag{4.48}$$
そこで，$\alpha = -\frac{f_y(a,b)}{\varphi_y(a,b)}$ とおくと，(4.46) を満たしているが，(4.48) により，同時に，これは (4.45) も満たしている． //

例 4.21 条件 $2x^2 + y^2 = 1$ の下で，関数 $f(x,y) = xy$ の極値の候補を求めよ．
(解答) 関数 $F(x,y,\lambda)$ を $F(x,y,\lambda) := xy + \lambda(2x^2 + y^2 - 1)$ で定めると，次式を得る．

4.5 陰関数と条件付き極値問題

$$F_x = y + 4\lambda x = 0, \tag{4.49}$$
$$F_y = x + 2\lambda y = 0, \tag{4.50}$$
$$F_\lambda = 2x^2 + y^2 - 1 = 0. \tag{4.51}$$

ここで $y = -4\lambda x$ を (4.50) 式に代入して,
$$0 = x + 2\lambda(-4\lambda)x = x(1 - 8\lambda^2).$$
したがって, $x = 0$ または $\lambda = \pm\frac{1}{\sqrt{8}}$ である.

$x = 0$ のときは, (4.49) より $y = 0$ を得るが, $(x,y) = (0,0)$ は (4.51) を満たさないので, これは不適.

$\lambda = \frac{1}{\sqrt{8}}$ のときは, (4.49) と (4.50) は,
$$\begin{cases} y + \frac{4}{\sqrt{8}}x = 0, \\ x + \frac{2}{\sqrt{8}}y = 0 \end{cases}$$
より, $y = -\sqrt{2}x$ となる. これを (4.51) に代入して, $(x,y) = (\pm\frac{1}{2}, \mp\frac{1}{\sqrt{2}})$ を得る.

$\lambda = -\frac{1}{\sqrt{8}}$ のときは, $y = \sqrt{2}x$ となるので, $(x,y) = (\pm\frac{1}{2}, \pm\frac{1}{\sqrt{2}})$ を得る.

以上より, 求める極値を与える候補は, $(\frac{1}{2}, -\frac{1}{\sqrt{2}}), (-\frac{1}{2}, \frac{1}{\sqrt{2}}), (\frac{1}{2}, \frac{1}{\sqrt{2}}), (-\frac{1}{2}, -\frac{1}{\sqrt{2}})$ の 4 通りである. ラグランジュの未定乗数法を用いてできるのはここまでである. //

演習問題 4.5

1. 次の式で定まる陰関数 $y = \varphi(x)$ について, その微分 $\varphi'(x)$ を求めよ.
(1) $x^3 + xy^2 - 2x = 0$ (2) $e^x + e^y = e^{x+y}$
(3) $x^2 + 2xy + 2y^2 - 1 = 0$ (4) $x^2 + xy + 2y^2 - 1 = 0$

2. 次の式で定まる陰関数 $y = \varphi(x)$ の極値を求めよ. (ただし $a > 0$)
(1) $x^4 + 2a^2x^2 + ay^3 - a^3y = 0$ (2) $x^2 + xy + 2y^2 = 1$
(3) $x^2 - xy + y^2 = 1$ (4) $x^3 + y^3 - 9x = 0$
(5) $\log(x^2 + y^2) = 2\arctan\frac{y}{x}$ $((x,y) \neq (0,0))$

3. 次の問いに答えよ.
(1) 条件 $x^2 + 2y^2 = 1$ の下での, 関数 $f(x,y) = x^2y^2$ の極値の候補
(2) 条件 $2x^2 + y^2 = 1$ の下での, 関数 $f(x,y) = x^3 + y^3$ の極値の候補
(3) 条件 $x^2 + y^2 = 1$ の下での, 関数 $f(x,y) = x^2 + xy + y^2$ の極値の候補
(4) 条件 $x^2 + y^2 = 1$ の下での, 関数 $f(x,y) = x^2 + y^2 - x - y$ の極値の候補

第 5 章
重　積　分

本章では，1 変数関数の定積分の概念を拡張して，2 変数以上の関数の定積分にあたる概念を学ぶ．

5.1　重　積　分

本章では，平面上の**有界閉領域**というときは，有限個の滑らかな曲線で囲まれた境界を含む部分を意味することとする．有界閉領域 D を，x 軸または y 軸に平行な直線で分割し，定理 3.13 などを使うと，D の面積 $\mu(D)$ が決まる．D の**直径** (D 内の 2 点間の距離の最大値のこと) を $|D|$ で表す．

2 変数関数 $z = f(x, y)$ を，有界閉領域 D 上で定義された連続関数とする．次のような順で，リーマン和などを考える．

(1)　D を有限個の有界閉領域からなる小領域 $\Delta = \{D_i\}$ $(i = 1, \ldots, n)$ に分割する (図 5.1)．ただし境界を共有することはあってよいとする．Δ を D の**分割**という．

(2)　次に，$f(x, y)$ の D_i における上限と下限を，次のようにおく．
$$M_i := \sup\{f(x, y) \mid (x, y) \in D_i\}, \qquad m_i := \inf\{f(x, y) \mid (x, y) \in D_i\}$$

(3)　D_i 内の任意の点 $P_i = (\xi_i, \eta_i) \in D_i$ を取ると，
$$m_i \leq f(P_i) \leq M_i$$
である．

(4)　D の分割 Δ の**幅**を，$|\Delta| := \max_{1 \leq i \leq n} |D_i|$ によって定義する．

(5)　そこで，
$$S(f, \Delta) := \sum_{i=1}^{n} M_i \, \mu(D_i), \quad s(f, \Delta) := \sum_{i=1}^{n} m_i \, \mu(D_i)$$

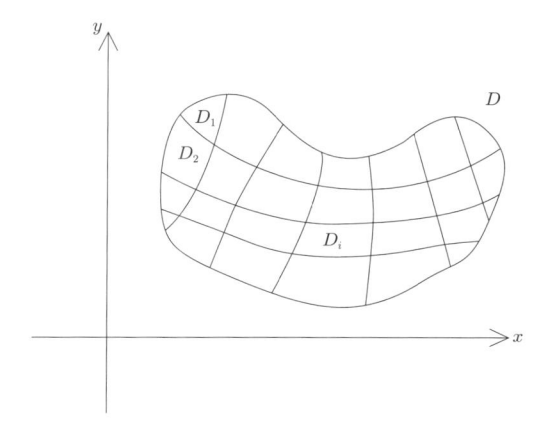

図 5.1 領域 D の分割 $\Delta = \{D_i\}$

とおき，リーマン和を $\sum_{i=1}^{n} f(P_i)\,\mu(D_i)$ と定義すると，
$$s(f,\Delta) \leq \sum_{i=1}^{n} f(P_i)\,\mu(D_i) \leq S(f,\Delta)$$
が成り立つ．

(6) D の分割 Δ をすべて動かしたときの $S(f,\Delta)$ の下限と $s(f,\Delta)$ の上限を考える．
$$S(f) := \inf_{\Delta} S(f,\Delta), \quad s(f) := \sup_{\Delta} s(f,\Delta)$$
とする．このとき，D の任意の 2 つの分割 Δ と Δ' に対して，第 3 章 (3.6) と同様に，
$$s(f,\Delta) \leq S(f,\Delta')$$
が成り立つことがわかるので，
$$m\,\mu(D) \leq s(f) \leq S(f) \leq M\,\mu(D)$$
となる．ここで M は $f(x,y)$ の D 上での上限とし，m は $f(x,y)$ の D 上での下限である．

(7) 関数 $f(x,y)$ は D 上で連続であることから，第 3 章の定理 3.5 の証明と同様にして，任意の正の数 $\epsilon > 0$ に対して，$\delta > 0$ として，任意の 2 点 (x,y) と (x',y') の距離 $d((x,y),(x',y'))$ が δ より小ならば，$|f(x,y) - f(x',y')| < \epsilon$ となるように選ぶことができる．そこで D の分割を，Δ の幅 $|\Delta|$ を十分細かく $|\Delta| < \delta$ となるように取ると，

$(x, y), (x', y') \in D_i$ ならば, $|f(x,y) - f(x',y')| < \epsilon$

が成り立つ. とくに, $M_i - m_i < \epsilon \ (1 \leq i \leq n)$ が成り立つ. よって,

$$0 \leq S(f, \Delta) - s(f, \Delta) = \sum_{i=1}^{n}(M_i - m_i)\mu(D_i) < \epsilon \sum_{i=1}^{n} \mu(D_i) = \epsilon \mu(D)$$

が成り立ち, $S(f) = s(f)$ を得る. こうして次の定義に到達する.

定義 5.1 この共通の値 $S(f) = s(f)$ を, 関数 $f(x,y)$ の D 上の**重積分** (2 重積分) といい,

$$\iint_D f(x,y)dxdy$$

と書く. このとき $f(x,y)$ は D 上で**積分可能**であるという.

定理 5.1 有界閉領域 D 上の連続関数 $f(x,y)$ は D 上で積分可能である. すなわち, 重積分 $\iint_D f(x,y)dxdy$ が存在する.

さらに, このとき D の分割 $\Delta = \{D_i\} \ (1 \leq i \leq n)$ に対して, 各小領域 D_i 上に任意に点 P_i を取り, リーマン和

$$\sum_{i=1}^{n} f(P_i)\mu(D_i)$$

を考えると, 次の式が成り立つ.

$$\iint_D f(x,y)dxdy = \lim_{|\Delta| \to 0} \sum_{i=1}^{n} f(P_i)\mu(D_i).$$

(証明) 最後の等式を第 3 章定理 3.5 と同様に示す. D の分割 $\Delta = \{D_i\}$ $(1 \leq i \leq n)$ について, 任意の点 $P_i \in D_i$ に対して,

$$m_i \leq f(P_i) \leq M_i \quad (i = 1, \ldots, n)$$

なので,

$$s(f, \Delta) \leq \sum_{i=1}^{n} f(P_i)\mu(D_i) \leq S(f, \Delta) \tag{5.1}$$

となる. また,

$$s(f, \Delta) \leq \iint_D f(x,y)dxdy \leq S(f, \Delta) \tag{5.2}$$

となる. (5.1) と (5.2) をあわせて,

$$\left| \iint_D f(x,y)dxdy - \sum_{i=1}^{n} f(P_i)\mu(D_i) \right| \leq S(f, \Delta) - s(f, \Delta) \tag{5.3}$$

を得る. ここで分割 Δ の幅を細かくして, $|\Delta| \to 0$ とすれば, (5.3) の右辺 $\to 0$ となるので, 求める結論を得る. //

関数 $z = f(x, y)$ が有界閉領域 D 上で 0 以上であるとき，
$$K := \{(x, y, z) \mid 0 \leq z \leq f(x, y), \quad (x, y) \in D\}$$
とする．このとき，2 重積分の定義から，
$$\iint_D f(x, y) dxdy = K \text{ の体積}$$
となっている．次の定理が成り立つ．

定理 5.2 $f(x, y)$, $g(x, y)$ を有界閉領域 D 上の 2 つの連続関数とする．
(1) c を定数とすれば，$\iint_D c\, dxdy = c\mu(D)$ である．
(2) λ, μ が定数であれば，次式が成り立つ．
$$\iint_D \{\lambda f(x,y) + \mu g(x,y)\} dxdy = \lambda \iint_D f(x,y) dxdy + \mu \iint_D g(x,y) dxdy.$$
(3) $f(x, y) \leq g(x, y)$ $((x, y) \in D)$ ならば，
$$\iint_D f(x, y) dxdy \leq \iint_D g(x, y) dxdy.$$
このとき，$\iint_D f(x,y) dxdy = \iint_D g(x,y) dxdy$ ならば，$f(x,y) = g(x,y)$ $((x,y) \in D)$ が成り立つ．
(4) 任意の D 上の連続関数 $f(x, y)$ に対して，
$$\left| \iint_D f(x, y) dxdy \right| \leq \iint_D |f(x, y)| dxdy.$$
(5) D を，境界のみを共有する 2 つの有界閉領域 D_1 と D_2 に分割すれば (図 5.2)，
$$\iint_D f(x, y) dxdy = \iint_{D_1} f(x, y) dxdy + \iint_{D_2} f(x, y) dxdy.$$

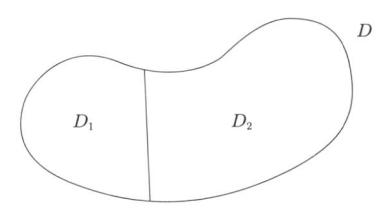

図 5.2 領域 D の分割

(6) (重積分の平均値定理) D は**連結**，すなわち，D 内の任意の 2 点は D 内に含まれる有限個の折れ線で結ばれているので，
$$\frac{1}{\mu(D)} \iint_D f(x, y) dxdy = f(P)$$

を満たす D 内の点 $P \in D$ が存在する.

(証明) (1) から (5) は, 1 変数関数の定積分の場合の定理 3.7 と同様であるので, (6) を示そう. $f(x,y)$ が定数でないときに示す. $f(x,y)$ の D 上での最大値を M とし, 最小値を m とする. また, D 内の 2 点 Q および Q' を, $M = f(Q)$, $m = f(Q')$ となるように選ぶ. このとき,

$$m \leq f(x,y) \leq M, \quad (x,y) \in D$$

なので, この両辺を D 上で積分すると, (1) と (3) により,

$$m\mu(D) < \iint_D f(x,y)dxdy < M\mu(D)$$

となる. ゆえに,

$$f(Q') < \frac{1}{\mu(D)} \iint_D f(x,y)dxdy < f(Q) \tag{5.4}$$

となる.

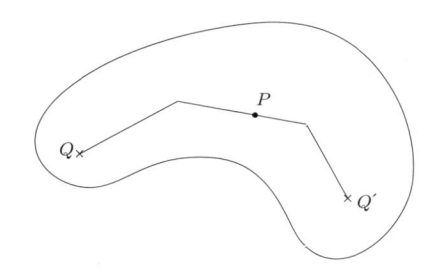

図 5.3 重積分の平均値定理

ゆえに, 中間値の定理 (定理 1.14) により, Q と Q' を結ぶ折れ線上の点 P で

$$f(P) = \frac{1}{\mu(D)} \iint_D f(x,y)dxdy$$

となるものが存在する (図 5.3). //

演習問題 5.1

1. 定数 c について, 次式を重積分の定義に基づいて示せ.
$$\iint_D c\,dxdy = c\mu(D)$$
ここで $\mu(D)$ は D の面積を表す.

2. xyz 空間内の立体 B が, 2 つの平面 $x = a$ と $x = b$ $(a < b)$ の間にある. $a \leq t \leq b$ なる t に対して, 平面 $x = t$ での D の切り口の面積を $S(t)$ とすると, B

の体積 $V(B)$ は次のように書けることを示せ (**カバリエリの定理**).
$$V(B) = \int_a^b S(t)\,dt$$

3. 問題 2 を用いて, xy 平面内の閉領域 $\{(x,y)\,|\,a \le x \le b,\, 0 \le y \le f(x)\}$ を x 軸のまわりに回転して得られる立体 B の体積は次のように与えられることを示せ.
$$V(B) = \pi \int_a^b f(x)^2\,dx$$

4. (1) xy 平面内の閉領域 $\{(x,y)\,|\,\frac{x^2}{a^2} + \frac{y^2}{b^2} \le 1\}$ を x 軸のまわりに回転して得られる立体 B の体積 $V(B)$ を求めよ.

(2) 半径 $r > 0$ の閉球の体積が $\frac{4}{3}\pi r^3$ で与えられることを示せ.

5.2 累次積分

重積分を実際に計算する方法について述べる.

閉区間 $[a,b]$ 上の 2 つの連続関数 $y = p(x)$ と $q(x)$ で, $p(x) \le q(x), (x \in [a,b])$ を満たすとき, これらによって囲まれる図形
$$D = \{(x,y)\,|\,a \le x \le b,\, p(x) \le y \le q(x)\}$$
を**縦線領域**という (図 5.4).

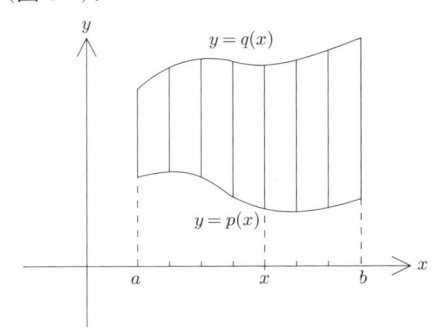

図 5.4 縦線領域

縦線領域は重積分の計算において, 基本的に重要である.

D 上の連続関数 $z = f(x,y)$ に対して,
$$F(x) = \int_{p(x)}^{q(x)} f(x,y)\,dy \quad (a \le x \le b)$$
とおく. この図形的意味は, $f(x,y) \ge 0 \; (a \le x \le b)$ のとき, $z = f(x,y)$

のグラフが D 上で囲む立体を考えると, $F(x_0)$ は, 平面 $x = x_0$, つまり, $\{(x_0, y, z) \mid y, z \in \mathbb{R}\}$ によるこの立体の切り口の断面積を表す (図 5.5 を参照せよ).

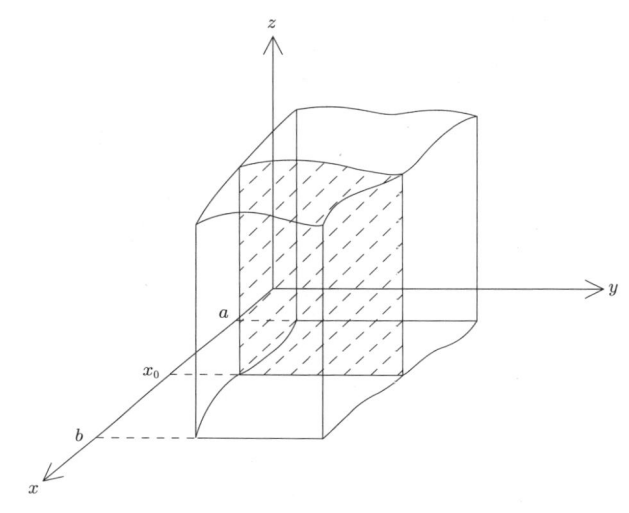

図 5.5 $x = x_0$ による切り口の断面積が $F(x_0)$

$F(x)$ は x $(a \leq x \leq b)$ の連続関数であり, さらに閉区間 $[a, b]$ 上でのその積分

$$\int_a^b F(x)dx = \int_a^b \left\{ \int_{p(x)}^{q(x)} f(x, y)dy \right\} dx \tag{5.5}$$

を考えることができる. これを**累次積分** (**逐次積分**) といい,

$$\int_a^b dx \int_{p(x)}^{q(x)} f(x, y)dy \tag{5.6}$$

と書く.

定理 5.3 縦線領域 $D = \{(x, y) \mid a \leq x \leq b, p(x) \leq y \leq q(x)\}$ 上の連続関数 $f(x, y)$ に対して,

$$\iint_D f(x, y)dxdy = \int_a^b dx \int_{p(x)}^{q(x)} f(x, y)dy \tag{5.7}$$

が成り立つ.

(証明) 閉区間 $[a, b]$ を n 等分して得られる分割を

$$a = x_0 < x_1 < x_2 < \cdots < x_{n-1} < x_n = b$$
とする．ただし
$$x_i = a + \frac{i}{n}(b-a) \quad (i = 0, 1, 2, \ldots, n-1, n)$$
である．また，各 $a \leq x \leq b$ に対して，閉区間 $[p(x), q(x)]$ を n 等分して得られる分割を
$$p(x) = p_0(x) < p_1(x) < p_2(x) < \cdots < p_{n-1}(x) < p_n(x) = q(x)$$
とする．ただし
$$p_j(x) = p(x) + \frac{j}{n}(q(x) - p(x)) \quad (j = 0, 1, 2, \ldots, n-1, n)$$
とする．このとき，D は n^2 個の有界閉領域からなる次のような小領域 D_{ij} に分割される．
$$D_{ij} := \{(x,y) \mid x_{i-1} \leq x \leq x_i, \, p_{j-1}(x) \leq y \leq p_j(x)\}$$
ここで $(i, j = 1, 2, \ldots, n-1, n)$ である．D のこの分割を $\Delta = \{D_{ij}\}$ とおく．各小領域 D_{ij} 上での関数 $f(x,y)$ の最大値を M_{ij} とし，最小値を m_{ij} とおくと，
$$m_{ij} \leq f(x, y) \leq M_{ij} \qquad ((x, y) \in D_{ij})$$
が成り立つ．ゆえにこの両辺を，閉区間 $[p_{j-1}(x), p_j(x)]$ 上で積分すると，
$$m_{ij}(p_j(x) - p_{j-1}(x)) \leq \int_{p_{j-1}(x)}^{p_j(x)} f(x, y) dy \leq M_{ij}(p_j(x) - p_{j-1}(x))$$
が成り立つ．今度はこの両辺をさらに，x について閉区間 $[x_{i-1}, x_i]$ 上で積分すると，各 D_{ij} の面積 $\mu(D_{ij})$ が
$$\mu(D_{ij}) = \int_{x_{i-1}}^{x_i} \{p_j(x) - p_{j-1}(x)\} dx$$
で与えられることに注意すると，
$$m_{ij} \mu(D_{ij}) \leq \int_{x_{i-1}}^{x_i} dx \int_{p_{j-1}(x)}^{p_j(x)} f(x, y) dy \leq M_{ij} \mu(D_{ij})$$
が成り立つ．この両辺を $i, j = 1, 2, \ldots, n$ について総和を取ると，
$$s(f, \Delta) = \sum_{i,j=1}^{n} m_{ij} \mu(D_{ij}) \leq \sum_{i=1}^{n} \int_{x_{i-1}}^{x_i} dx \left\{ \sum_{j=1}^{n} \int_{p_{j-1}(x)}^{p_j(x)} f(x, y) dy \right\}$$
$$\leq \sum_{i,j=1}^{n} M_{ij} \mu(D_{ij}) = S(f, \Delta)$$
となる．ここで
$$\sum_{i=1}^{n} \int_{x_{i-1}}^{x_i} dx \left\{ \sum_{j=1}^{n} \int_{p_{j-1}(x)}^{p_j(x)} f(x, y) dy \right\} = \int_a^b dx \int_{p(x)}^{q(x)} f(x, y) dy$$
なのであるから，

$$s(f,\Delta) \leq \int_a^b dx \int_{p(x)}^{q(x)} f(x,y)dy \leq S(f,\Delta)$$

を得る. ゆえに, $n \to \infty$ とすれば, 上式の右辺と左辺はともに $\iint_D f(x,y)dxdy$ に収束するのであるから, 求める等式を得る. //

今度は x と y の立場を逆にして, 閉区間 $[c,d]$ 上の2つの連続関数 $x = r(y)$ と $x = s(y)$ で, $r(y) \leq s(y)$ ($y \in [c,d]$) を満たすものが与えられているとき, **横線領域**

$$E = \{(x,y) \mid c \leq y \leq d,\ r(y) \leq x \leq s(y)\}$$

を考えて, 累次積分

$$\int_c^d dy \int_{r(y)}^{s(y)} f(x,y)dx = \int_c^d \left\{\int_{r(y)}^{s(y)} f(x,y)dx\right\} dy \tag{5.8}$$

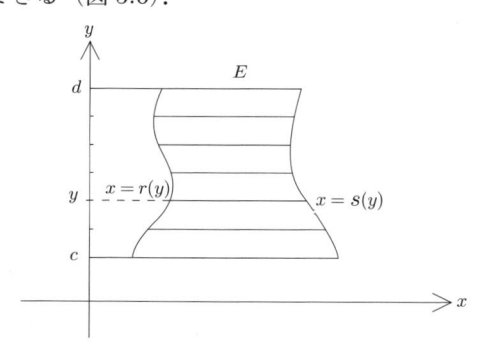

を考えることができる (図 5.6).

図 5.6 横線領域

このとき同様に, 次の定理を得る.

定理 5.4 横線領域 $E = \{(x,y) \mid c \leq y \leq d, r(y) \leq x \leq s(y)\}$ 上の連続関数 $f(x,y)$ に対して,

$$\iint_E f(x,y)dxdy = \int_c^d dy \int_{r(y)}^{s(y)} f(x,y)dx \tag{5.9}$$

が成り立つ.

(証明) 証明は定理 5.3 とまったく同様であるので省略する. //

定理 5.5 とくに，長方形領域 $D = \{(x,y) \mid a \leq x \leq b,\ c \leq y \leq d\}$ は，縦線領域でも，横線領域でもあるので，その上の連続関数 $f(x,y)$ に対して，

$$\iint_D f(x,y)dxdy = \int_a^b dx \int_c^d f(x,y)dy = \int_c^d dy \int_b^a f(x,y)dx \quad (5.10)$$

が成り立つ．

例 5.1 次の重積分を求めよ．
$$I = \iint_D e^y \cos x \, dxdy \qquad D = \{(x,y) \mid 0 \leq x \leq \frac{\pi}{2},\ 0 \leq y \leq 1\}$$

(解答) 定理 5.5 を使うと，
$$I = \int_0^{\frac{\pi}{2}} dx \int_0^1 e^y \cos x \, dy = \int_0^{\frac{\pi}{2}} [e^y \cos x]_{y=0}^{y=1} dx$$
$$= \int_0^{\frac{\pi}{2}} \{(e-1)\cos x\} dx = (e-1)[\sin x]_{x=0}^{x=\frac{\pi}{2}} = e-1. \quad /\!/$$

例 5.2 次の重積分を求めよ．
$$I = \iint_D (3x^2 + 9y^2) dxdy \qquad D = \{(x,y) \mid x^2 + y^2 \leq 1\}$$

(解答) まず，D を
$$D = \{(x,y) \mid -1 \leq x \leq 1,\ -\sqrt{1-x^2} \leq y \leq \sqrt{1-x^2}\}$$
と縦線領域に表す（図 5.7）．

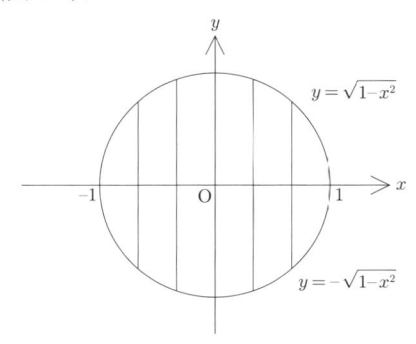

図 5.7 円板 D の縦線領域表示

定理 5.3 により，

$$I = \int_{-1}^{1} dx \int_{-\sqrt{1-x^2}}^{\sqrt{1-x^2}} (3x^2 + 9y^2) dy$$

$$= \int_{-1}^{1} \left[3x^2 y + 3y^3\right]_{y=-\sqrt{1-x^2}}^{y=\sqrt{1-x^2}} dx$$

$$= 6 \int_{-1}^{1} \sqrt{1-x^2} dx$$

$$= 6\left[\frac{1}{2}(x\sqrt{1-x^2} + \arcsin x)\right]_{x=-1}^{x=1} = 3\left(\frac{\pi}{2} - \left(-\frac{\pi}{2}\right)\right) = 3\pi. \quad //$$

```
Integrate[3 x^2 + 9 y^2, {x, -1, 1},
 {y, -Sqrt[1 - x^2], Sqrt[1 - x^2]}]
```
3 π

図 5.8 *Mathematica* による例 5.2 の計算

例 5.3 次の累次積分を積分順序変更して,求めよ.
$$I = \int_0^1 dx \int_{x^2}^1 x\, e^{y^2}\, dy$$
(解答) 不定積分 $\int e^{y^2} dy$ の計算が不可能なので,積分順序を変更して計算してみる.

(第 1 段) まず,与えられた累次積分を重積分に直す.累次積分 I は縦線領域 $D = \{(x,y) \mid 0 \leq x \leq 1,\, x^2 \leq y \leq 1\}$ 上の重積分に等しい(図 5.9).
$$I = \iint_D x\, e^{y^2}\, dxdy.$$

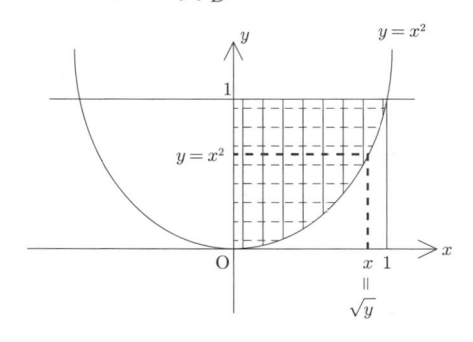

図 5.9 領域 D の縦線,横線領域表示

(第2段)　D は横線領域としても表せる．
$$D = \{(x,y) \mid 0 \leq y \leq 1, \, 0 \leq x \leq \sqrt{y}\}.$$

(第3段)　定理 5.4 を使い上の重積分を累次積分に直して，計算する．
$$\begin{aligned}
I &= \iint_D x\,e^{y^2}\,dxdy = \int_0^1 dy \int_0^{\sqrt{y}} x\,e^{y^2}\,dx \\
&= \int_0^1 \left[\frac{x^2}{2}e^{y^2}\right]_{x=0}^{x=\sqrt{y}} dy = \int_0^1 \frac{1}{2}y\,e^{y^2}\,dy \\
&= \frac{1}{4}\int_0^1 e^s\,ds \quad (s=y^2 \text{ と変数変換した}) \\
&= \frac{1}{4}\left[e^s\right]_{s=0}^{s=1} = \frac{1}{4}(e-1). \quad //
\end{aligned}$$

```
Integrate[x Exp[y^2], {x, 0, 1}, {y, x^2, 1}]
1
─ (-1 + e)
4
```

図 5.10　*Mathematica* による例 5.3 の計算

演習問題 5.2

1. 次の重積分を計算せよ．
(1) $\iint_D y\,dxdy$ 　　　　　$D = \{(x,y) \mid 1 \leq x \leq 2, \, 0 \leq y \leq \sqrt{\log x}\}$
(2) $\iint_D \sin(x+y)dxdy$ 　$D = \{(x,y) \mid 0 \leq x \leq \frac{\pi}{2}, \, 0 \leq x+y \leq \frac{\pi}{2}\}$
(3) $\iint_D 2xy\,dxdy$ 　　　　$D = \{(x,y) \mid x^2+y^2 \leq 1, \, x^2+y^2 \leq 2x\}$
(4) $\iint_D 2(x+1)y\,dxdy$ 　$D = \{(x,y) \mid x^2+y^2 \leq 4, \, y \geq 0\}$

2. 次の累次積分の積分順序を変更せよ．
(1) $\int_0^1 dx \int_{x^2}^x f(x,y)dy$ 　　　(2) $\int_0^1 dx \int_0^{x^3} f(x,y)dy$

3. 次の重積分を計算せよ．
(1) $\iint_D xy(x-y)\,dxdy$ 　　$D = \{(x,y) \mid 0 \leq x \leq a, \, 0 \leq y \leq b\}$
(2) $\iint_D xy\,dxdy$ 　　　　　$D = \{(x,y) \mid x^2 \leq y \leq \frac{x}{2}\}$
(3) $\iint_D (x+y+1)^2\,dxdy$ 　$D = \{(x,y) \mid 0 \leq x, \, 0 \leq y, \, x+y \leq 1\}$
(4) $\iint_D (1+x+y^2)\,dxdy$ 　$D = \{(x,y) \mid x^2-x \leq y \leq x\}$
(5) $\iint_D x^2y\,dxdy$ 　　　　$D = \{(x,y) \mid x^2+y^2 \leq 1, \, y \geq 0\}$
(6) $\iint_D e^{x+y}\,dxdy$ 　　　$D = \{(x,y) \mid 0 \leq y \leq \log x, \, x \leq 2\}$
(7) $\iint_D x^3y^2\,dxdy$ 　　　$D = \{(x,y) \mid x^2 \leq y \leq x\}$
(8) $\iint_D (x^3-3xy)\,dxdy$ 　$D = \{(x,y) \mid \frac{1}{x} \leq y \leq 2, \, x \leq 2\}$

(9) $\iint_D (2x+3y^2)\,dxdy \qquad D = \{(x,y)\,|\,0 \leq x,\,x^3 \leq y \leq x\}$

(10) $\iint_D x^2 y\,dxdy \qquad D = \{(x,y)\,|\,0 \leq x \leq y \leq 1\}$

(11) $\iint_D \sqrt{4x^2 - y^2}\,dxdy \qquad D = \{(x,y)\,|\,0 \leq y \leq x \leq 1\}$

(12) $\iint_D e^{\frac{y}{x}}\,dxdy \qquad D = \{(x,y)\,|\,0 \leq y \leq x^3,\,x \leq 1\}$

4. 次の累次積分の積分順序を変更せよ．

(1) $\int_a^b dx \int_a^x f(x,y)dy \qquad (a < b)$

(2) $\int_{-1}^1 dx \int_{x^2+x}^{x+1} f(x,y)dy$

(3) $\int_0^{2a} dx \int_{\frac{x^2}{4a}}^{3a-x} f(x,y)dy \qquad (a > 0)$

(4) $\int_0^a dx \int_0^{\frac{b}{a}\sqrt{a^2-x^2}} f(x,y)dy \qquad (a > 0,\,b > 0)$

(5) $\int_0^a dx \int_0^{x^2} f(x,y)dy \qquad (a > 0)$

(6) $\int_0^1 dx \int_{\sqrt{1-x^2}}^{x+2} f(x,y)dy$

5.3　広義重積分

有界な閉領域とは限らない領域 D での重積分について考察する．まずはじめに次のような領域の近似増加列について考える．

5.3.1　近似増加列

領域 D に対して，D に含まれる有界閉領域の列 $\{D_n\}_{n=1}^\infty$ が，次の3条件を満たすとき，$\{D_n\}_{n=1}^\infty$ は D の**近似増加列**であるという．

- $D_1 \subset D_2 \subset \cdots \subset D_n \subset \cdots \subset D$ \hfill (5.11)

- $D = \displaystyle\bigcup_{n=1}^\infty D_n$ \hfill (5.12)

- D に含まれる任意の有界閉領域 E はいずれかの D_n に含まれる　(5.13)

与えられた領域 D の近似増加列の取り方はいろいろなものが考えられる．

例 5.4
$$D = \{(x,y)\,|\,0 \leq x < \infty,\,0 \leq y < \infty\}$$
とする．$n = 1, 2, \ldots$ に対して，
$$D_n = \{(x,y)\,|\,0 \leq x \leq n,\,0 \leq y \leq n\}$$
とすると，$\{D_n\}_{n=1}^\infty$ は D の近似増加列である．

$$D'_n = \{(x,y) \,|\, 0 \leq x \leq n,\, 0 \leq y \leq n-x\}$$

とすれば，$\{D'_n\}_{n=1}^\infty$ も D の近似増加列である（図 5.11）．

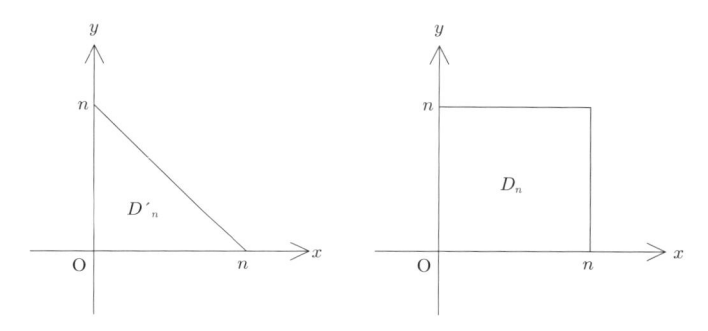

図 5.11 2 つの近似増大列

例 5.5

$$D = \{(x,y) \,|\, 0 < x^2 + y^2 \leq 1\}$$

とする．$n = 1, 2, \cdots$ に対して，
$$D_n = \{(x,y) \,|\, \frac{1}{n^2} \leq x^2 + y^2 \leq 1\}$$
とすると，$\{D_n\}_{n=1}^\infty$ は D の近似増加列である（図 5.12）．

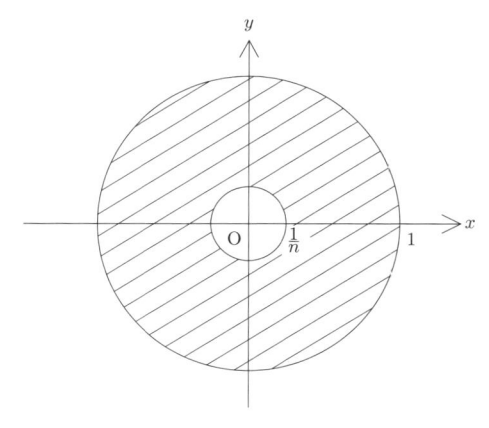

図 5.12 領域 D_n

5.3.2 広義重積分

$f(x,y)$ を領域 D 上の連続関数とする．D のすべての近似増加列 $\{D_n\}_{n=1}^{\infty}$ に対して，その取り方によらずに，
$$\lim_{n\to\infty}\iint_{D_n}f(x,y)dxdy$$
が同じ有限の値に収束するとき，$f(x,y)$ は D 上で**広義積分可能**であるといい，
$$\iint_D f(x,y)dxdy = \lim_{n\to\infty}\iint_{D_n}f(x,y)dxdy$$
と書き表す．$\iint_D f(x,y)dxdy$ を **広義重積分** という．

定理 5.6 関数 $f(x,y)$ が，$f(x,y)\geq 0$, $(x,y)\in D$ を満たすとする．もし，D の1つの近似増加列 $\{D_n\}_{n=1}^{\infty}$ について，$\lim_{n\to\infty}\iint_{D_n}f(x,y)dxdy$ が収束すれば，$f(x,y)$ は D 上で広義重積分可能であり，次式が成り立つ．
$$\iint_D f(x,y)dxdy = \lim_{n\to\infty}\iint_{D_n}f(x,y)dxdy.$$
(証明) D のもう1つの近似増加列 $\{E_n\}_{n=1}^{\infty}$ について，
$$I_n := \iint_{D_n}f(x,y)dxdy,\quad J_n := \iint_{E_n}f(x,y)dxdy$$
とし，
$$I = \lim_{n\to\infty}I_n = \lim_{n\to\infty}\iint_{D_n}f(x,y)dxdy$$
とおく．このとき，$\lim_{n\to\infty}\iint_{E_n}f(x,y)dxdy = I$ を示せばよい．

$f(x,y)\geq 0$ より，2つの数列 $\{I_n\}$, $\{J_n\}$ はどちらも単調増加数列である．$\{D_n\}$ は D の近似増加列であるので，条件 (5.13) により，任意の E_n に対して，$E_n \subset D_m$ となる m が存在する．ゆえに，
$$J_n = \iint_{E_n}f(x,y)dxdy \leq \iint_{D_m}f(x,y)dxdy = I_m \leq I$$
である．したがって $\{J_n\}$ は上に有界な単調増加数列であるので，収束する (定理1.5)．$J = \lim_{n\to\infty}J_n$ とおくと，$J\leq I$ である．まったく同様に，今度は，$\{E_n\}$ は D の近似増加列であるので，条件 (5.13) により，任意の D_n に対して，$D_n \subset E_m$ となる m が存在する．ゆえに，
$$I_n \leq J_m \leq J.$$
これから $I\leq J$ もわかるので，$I=J$ を得る． //

5.3.3 絶対収束

関数 $f(x,y)$ が定符号でないときは，極限値
$$\lim_{n\to\infty}\iint_{D_n}f(x,y)dxdy$$
が $\{D_n\}_{n=1}^{\infty}$ の選び方によって変わることがあるので，注意を要する．しかし，$|f(x,y)|$ の広義重積分が D 上で収束するときは次のことが成立する．

$$f^+(x,y)=\frac{|f(x,y)|+f(x,y)}{2},\quad f^-(x,y)=\frac{|f(x,y)|-f(x,y)}{2}$$
とおくと，D 上で，$f^+(x,y)\geq 0$ かつ $f^-(x,y)\geq 0$ であり，D 上で，
$$f(x,y)=f^+(x,y)-f^-(x,y),\quad |f(x,y)|=f^+(x,y)+f^-(x,y)$$
が成り立つ．さらに，D 上で，$|f(x,y)|\geq f^+(x,y)$ かつ $|f(x,y)|\geq f^-(x,y)$ であるので，もし，$\iint_D|f(x,y)|dxdy$ が収束すれば，$\iint_D f^+(x,y)dxdy$ および $\iint_D f^-(x,y)dxdy$ も収束し，
$$\iint_D f(x,y)dxdy=\iint_D f^+(x,y)dxdy-\iint_D f^-(x,y)dxdy$$
が成り立つ．$\iint_D|f(x,y)|dxdy$ が収束するとき，広義重積分 $\iint_D f(x,y)dxdy$ は **絶対収束する** という．次の定理が成り立つ．

定理 5.7（比較判定法）　D は xy 平面内の領域で，関数 $f(x,y)$ は D 上で連続な関数とする．もし，D 上の連続関数 $g(x,y)$ で，次の条件 (i) と (ii) を満たすものが存在すれば，$f(x,y)$ は D 上で広義重積分可能である．

 (i) $|f(x,y)|\leq g(x,y)\quad (x,y\in D)$

 (ii) $g(x,y)$ は D 上で広義重積分可能．

とくに，$|f(x,y)|$ が広義重積分可能であれば，$f(x,y)$ も広義重積分可能である．

(証明)　(1 変数関数の場合の比較判定法の定理 3.12 と同様であるので，証明は省略する．各自試みよ．)　　//

例 5.6　次の広義重積分を求めよ．
$$I=\iint_D\frac{dxdy}{(x+y+1)^\alpha}\qquad D=\{(x,y)\,|\,0\leq x<\infty,\,0\leq y<\infty\}$$
ただし $\alpha>2$ とする．

(解答) D の近似増加列 $\{D_n\}_{n=1}^{\infty}$ を,
$$D_n = \{(x,y) \mid 0 \leq x \leq n,\, 0 \leq y \leq n-x\}$$
とする.このとき,
$$\begin{aligned}
I_n &= \iint_{D_n} \frac{dxdy}{(x+y+1)^\alpha} = \int_0^n dx \int_0^{n-x} \frac{dy}{(x+y+1)^\alpha} \\
&= \int_0^n \left[\frac{(x+y+1)^{1-\alpha}}{1-\alpha} \right]_{y=0}^{y=n-x} dx \\
&= \frac{1}{1-\alpha} \int_0^n \left\{ (n+1)^{1-\alpha} - (x+1)^{1-\alpha} \right\} dx \\
&= \frac{1}{1-\alpha} \left[(n+1)^{1-\alpha} x - \frac{1}{2-\alpha}(x+1)^{2-\alpha} \right]_{x=0}^{x=n} \\
&= \frac{1}{1-\alpha} \left\{ (n+1)^{1-\alpha} n - \frac{1}{2-\alpha}(n+1)^{2-\alpha} + \frac{1}{2-\alpha} \right\}.
\end{aligned}$$
ここで,$\alpha > 2$ なのであるから,
$$I = \lim_{n \to \infty} I_n = \frac{1}{(\alpha-1)(\alpha-2)}. \quad //$$

例 5.7 次の広義重積分を求めよ.
$$I = \iint_D \frac{dxdy}{\sqrt{x-y}} \qquad D = \{(x,y) \mid 0 \leq x \leq 1,\, 0 \leq y < x\}.$$
(解答) 被積分関数は $x=y$ において無限大となる.D の近似増加列を
$$D_n = \{(x,y) \mid \frac{1}{n} \leq x \leq 1,\, 0 \leq y \leq x - \frac{1}{n}\} \quad (n=1,2,\cdots)$$
とする.このとき
$$\begin{aligned}
I_n &= \iint_{D_n} \frac{dxdy}{\sqrt{x-y}} = \int_{\frac{1}{n}}^1 dx \int_0^{x-\frac{1}{n}} \frac{dy}{\sqrt{x-y}} \\
&= \int_{\frac{1}{n}}^1 \left[-2(x-y)^{\frac{1}{2}} \right]_{y=0}^{y=x-\frac{1}{n}} dx \\
&= \int_{\frac{1}{n}}^1 \left\{ -\frac{2}{\sqrt{n}} + 2\sqrt{x} \right\} dx \\
&= \left[-\frac{2}{\sqrt{n}} x + \frac{4}{3} x^{\frac{3}{2}} \right]_{x=\frac{1}{n}}^{x=1} \\
&= -\frac{2}{\sqrt{n}} + \frac{4}{3} + \frac{2}{\sqrt{n}\,n} - \frac{4}{3}\left(\frac{1}{n}\right)^{\frac{3}{2}}.
\end{aligned}$$
したがって

$$I = \lim_{n\to\infty} I_n = \frac{4}{3}. \quad \text{//}$$

```
Integrate[1/Sqrt[x-y], {x, 0, 1}, {y, 0, x}]
```
$\frac{4}{3}$

図 5.13 *Mathematica* による例 5.7 の計算

演習問題 5.3

1. 次の広義重積分を求めよ．
(1) $\iint_D \frac{1}{\sqrt{x-y}}\,dxdy \qquad D = \{(x,y)|\, 0 \leq y < x \leq 1\}$
(2) $\iint_D \frac{1}{(x+y+1)^5}\,dxdy \qquad D = \{(x,y)|\, 0 \leq x,\, 0 \leq y\}$
(3) $\iint_D \frac{xy}{(x^2+y^2)^3}\,dxdy \qquad D = \{(x,y)|\, x \geq 1,\, y \geq 1\}$
(4) $\iint_D x\,e^{-(x+y)}\,dxdy \qquad D = \{(x,y)|\, x \geq 0,\, y \geq 0\}$

2. 次の広義重積分の収束・発散を調べよ．ただし a は正の定数とする．
(1) $\iint_D (x+y)^{-a}\,dxdy \qquad D = \{(x,y)|\, 0 < x+y \leq 1,\, 0 \leq x \leq 1\}$
(2) $\iint_D (x+y+1)^{-a}\,dxdy \qquad D = \{(x,y)|\, 0 \leq x,\, 0 \leq y\}$
(3) $\iint_D (y-x)^{-a}\,dxdy \qquad D = \{(x,y)|\, 0 \leq x < y \leq 1\}$

5.4 重積分の変数変換

1変数関数の定積分 $\int_a^b f(x)dx$ において，$x = \varphi(t)$ と変数変換すれば，
$$\int_a^b f(x)dx = \int_\alpha^\beta f(\varphi(t))\varphi'(t)dt \quad (a = \varphi(\alpha),\, b = \varphi(\beta))$$
が成り立つ．ここで重積分の変数変換の公式を求める．

5.4.1 変数変換

D を xy 平面内の領域とし，E を uv 平面内の領域とする．2つの C^1-関数
$$x = \varphi(u,v),\, y = \psi(u,v), \quad (u,v) \in E$$
によって定義される写像 $\Phi : (x,y) = \Phi(u,v) = (\varphi(u,v), \psi(u,v))$ によって，E が D に1対1に写されているとする（図 5.14）．

写像 Φ のヤコビアンを，

図 5.14 写像 Φ

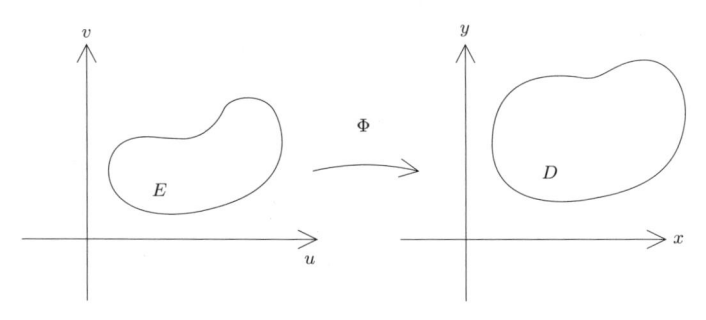

$$J(u,v) = \frac{\partial(x,y)}{\partial(u,v)} = \begin{vmatrix} \varphi_u & \varphi_v \\ \psi_u & \psi_v \end{vmatrix} = \varphi_u \psi_v - \varphi_v \psi_u \tag{5.14}$$

とする．このとき次の定理が成り立つ．

定理 5.8 (重積分の変数変換)　$x = \varphi(u,v)$, $y = \psi(u,v)$ が E 上の 2 つの C^1-関数であり，D と E は有限個のなめらかな曲線によって囲まれた閉領域とし，E が D に 1 対 1 に写され，

$$J(u,v) \neq 0 \quad ((u,v) \in E)$$

とする．このとき，D 上の連続関数 $f(x,y)$ に対して，次式が成り立つ．

$$\iint_D f(x,y)dxdy = \iint_E f(\varphi(u,v), \varphi(u,v))|J(u,v)|dudv. \tag{5.15}$$

定理 5.9　とくに，$f(x,y) = 1$ $((x,y) \in D)$ とすると，次式が成り立つ．

$$\mu(D) = \iint_D 1 dxdy = \iint_E |J(u,v)|dudv. \tag{5.16}$$

とくに，E は**連結**，すなわち，E の任意の 2 点 P と Q は E 内の有限個の折れ線で結ばれているので，定理 5.2 (6) により，

$$\mu(D) = |J(P)|\mu(E)$$

となる点 $P(u,v) \in E$ が存在する．

(定理 5.9 の証明)　uv 平面内の E 内の点 $P(u,v)$ の近くの点 $P'(u+h, v+k)$ に対して，

$$\begin{aligned}\varphi(u+h, v+k) &= \varphi(u,v) + \varphi_u(u,v)h + \varphi_v(u,v)k + \epsilon_1, \\ \psi(u+h, v+k) &= \psi(u,v) + \psi_u(u,v)h + \psi_v(u,v)k + \epsilon_2,\end{aligned}$$

すなわち,
$$\Phi(P')-\Phi(P) = \begin{pmatrix} \varphi(u+h,v+k) \\ \psi(u+h,v+k) \end{pmatrix} - \begin{pmatrix} \varphi(u,v) \\ \psi(u,v) \end{pmatrix}$$
$$= \begin{pmatrix} \varphi_u(u,v) & \varphi_v(u,v) \\ \psi_u(u,v) & \psi_v(u,v) \end{pmatrix} \begin{pmatrix} h \\ k \end{pmatrix} + \begin{pmatrix} \epsilon_1 \\ \epsilon_2 \end{pmatrix}$$

と表されている.ただし $i=1,2$ について,
$$\lim_{\rho \to 0} \frac{\epsilon_i}{\rho} = 0 \qquad (\rho = \sqrt{h^2+k^2}). \tag{5.17}$$

である.このとき,
$$Q = \begin{pmatrix} \varphi(u,v) \\ \psi(u,v) \end{pmatrix}, \quad \mathbf{a} = \begin{pmatrix} \varphi_u(u,v) \\ \psi_u(u,v) \end{pmatrix}, \quad \mathbf{b} = \begin{pmatrix} \varphi_v(u,v) \\ \psi_v(u,v) \end{pmatrix}$$

とおき,
$$Q_1 = Q + h\mathbf{a}, \quad Q_3 = Q + k\mathbf{b}, \quad Q_2 = Q + h\mathbf{a} + k\mathbf{b}$$

とおいて,xy 平面内に平行四辺形 $QQ_1Q_2Q_3$ を作る(図 5.15).

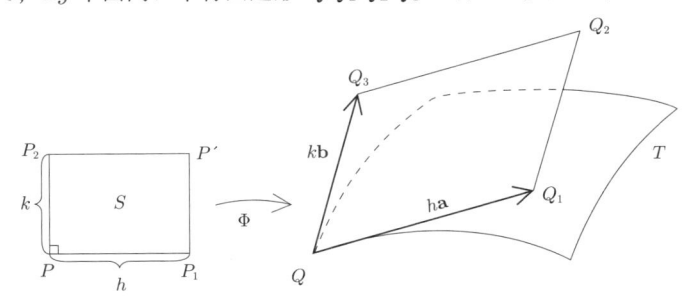

図 5.15 写像 Φ と平行四辺形 $QQ_1Q_2Q_3$

$P(u,v)$, $P_1(u+h,v)$, $P_2(u,v+k)$, $P'(u+h,v+k)$ とおいて得られる uv 平面内にある平行四辺形 $S = PP_1P'P_2$ の面積 $\mu(S) = |hk|$ と,$T := \Phi(S)$ の面積 $\mu(T)$ を比較することを考える.

$\mu(T)$ は近似的に平行四辺形 $QQ_1Q_2Q_3$ の面積に等しく,さらに,この平行四辺形の面積は

$$\sqrt{\left|\begin{array}{cc}(h\mathbf{a},h\mathbf{a}) & (h\mathbf{a},k\mathbf{b}) \\ (k\mathbf{b},h\mathbf{a}) & (k\mathbf{b},k\mathbf{b})\end{array}\right|} = \sqrt{\left|\begin{array}{cc}h^2(\varphi_u{}^2+\psi_u{}^2) & hk(\varphi_u\varphi_v+\psi_u\psi_v) \\ hk(\varphi_v\varphi_u+\psi_v\psi_u) & k^2(\varphi_v{}^2+\psi_v{}^2)\end{array}\right|}$$
$$= |hk||\varphi_u\psi_v - \varphi_v\psi_u|$$
$$= |hk||J(u,v)| \qquad (5.18)$$

となる．ここで (5.18) 式の左辺の $(\mathbf{a},\mathbf{b})$ などは，2 つのベクトル $\mathbf{a}$ と $\mathbf{b}$ の内積を表す．したがって

$$\mu(T) \approx |hk||J(u,v)| = |J(u,v)|\mu(S). \qquad (5.19)$$

さて，uv 平面内の領域 E を，境界のみで重なり合う有限個の小長方形 S_i の和集合で近似すると，D は，境界のみで重なり合う有限個の閉領域 $\Phi(S_i)$ の和集合で近似され，各 S_i については，$\mu(\Phi(S_i)) \approx |J(P_i)|\mu(S_i)$ ($P_i \in S_i$) となる．したがって，

$$\mu(D) = \sum_i \mu(\Phi(S_i)) \approx \sum_i |J(P_i)|\,\mu(S_i) \quad (\text{リーマン和})$$

となる．ここで E の分割 $\{E_i\}$ をどんどん細かくしてその極限を考えると，関数 $|J(u,v)|$ は E 上の連続関数であるので，定理 5.1 より次式を得る．

$$\mu(D) = \iint_E |J(u,v)|\,dudv. \quad /\!/$$

(定理 5.8 の証明) E の分割を $\{E_i\}$ とし，$D_i = \Phi(E_i)$ とすると，$\{D_i\}$ は D の分割を与える．定理 5.9 より，

$$\mu(D_i) = |J(P_i)|\mu(E_i)$$

となる点 $P_i \in E_i$ が存在する．よって，$Q_i = \Phi(P_i)$ とすると，次式が成り立つ．

$$\sum_i f(Q_i)\,\mu(D_i) = \sum_i f(\Phi(P_i))\,|J(P_i)|\,\mu(E_i).$$

ここで E の分割 $\{E_i\}$ をどんどん細かくして極限をとると，D の分割 $\{D_i\}$ も細かくなるので，定理 5.1 により，次の等式が成立する．

$$\iint_D f(x,y)dxdy = \iint_E f(\varphi(u,v),\psi(u,v))\,|J(u,v)|\,dudv. \quad /\!/$$

例 5.8 (極座標変換) 極座標変換 $x = r\cos\theta,\ y = r\sin\theta$ のヤコビアンは，

$$\frac{\partial(x,y)}{\partial(r,\theta)} = \left|\begin{array}{cc}\cos\theta & -r\sin\theta \\ \sin\theta & r\cos\theta\end{array}\right| = r$$

5.4 重積分の変数変換

と与えられる．$r\theta$ 平面内の領域 $\{(r,\theta)\,|\,0\leq r<\infty,\,0\leq\theta\leq 2\pi\}$ に含まれる領域 E に対する xy 平面上の領域を D とすると，

$$\iint_D f(x,y)dxdy = \iint_E f(r\cos\theta, r\sin\theta)\,r\,drd\theta \tag{5.20}$$

が成り立つ．

例 5.9 次の重積分を計算せよ．

$$I = \iint_D -\log(x^2+y^2)\,dxdy, \qquad D=\{(x,y)\,|\,0<x^2+y^2\leq 1\}.$$

(解答) D の近似増加列として，$n=1,2,\ldots$ について，

$$D_n := \{(x,y)\,|\,\frac{1}{n^2}\leq x^2+y^2 \leq 1\}$$

とする．このとき

$$\begin{aligned}
I_n &= \iint_{D_n} -\log(x^2+y^2)\,dxdy \\
&= 2\int_0^{2\pi} d\theta \int_{\frac{1}{n}}^1 (-\log r)\,r\,dr \\
&= 4\pi \int_{\frac{1}{n}}^1 (-\log r)\,r\,dr.
\end{aligned}$$

ここで $r^2=s$ と変数変換すると，

$$\begin{aligned}
\int_{\frac{1}{n}}^1 (-\log r)\,r\,dr &= \frac{1}{4}\int_{\frac{1}{n}}^1 -\log r^2\,(2r)dr \\
&= \frac{1}{4}\int_{\frac{1}{n^2}}^1 -\log s\,ds \\
&= \frac{1}{4}[-s\log s + s]_{s=\frac{1}{n^2}}^{s=1} \\
&= \frac{1}{4}\left\{1 + \frac{1}{n^2}\log\left(\frac{1}{n^2}\right) - \frac{1}{n^2}\right\}
\end{aligned}$$

である．ロピタルの定理 (定理 2.11) より，

$$\lim_{x\to\infty}\frac{\log\frac{1}{x}}{x} = \lim_{z\to 0}\frac{\log z}{\frac{1}{z}} = \lim_{z\to 0}\frac{\frac{1}{z}}{-\frac{1}{z^2}} = \lim_{z\to 0}(-z) = 0$$

```
Integrate[-Log[x^2 + y^2], {x, -1, 1},
 {y, -Sqrt[1 - x^2], Sqrt[1 - x^2]}]

π
```

図 5.16 *Mathematica* による例 5.9 の計算

なので，
$$I = \lim_{n\to\infty} I_n = \frac{1}{4}\times 4\pi = \pi. \quad /\!/$$

例 5.10 重積分を計算することによって，次式を示せ．
$$\int_0^\infty e^{-x^2}\,dx = \frac{\sqrt{\pi}}{2}.$$

(解答) 広義重積分
$$I = \iint_D e^{-(x^2+y^2)}\,dxdy, \qquad D = \{(x,y) \mid 0 \le x < \infty, 0 \le y < \infty\}$$
を D の2通りの近似増加列を取って計算する．

(第1段) D の近似増加列 $\{D_n\}_{n=1}^\infty$ として，
$$D_n = \{(x,y) \mid 0 \le x^2+y^2 \le n^2, 0 \le x < \infty, 0 \le y < \infty\}$$
を取って計算すると，
$$\begin{aligned}
I_n &= \iint_{D_n} e^{-(x^2+y^2)}\,dxdy = \int_0^{\frac{\pi}{2}} d\theta \int_0^n e^{-r^2} r\,dr \\
&= \frac{\pi}{2}\int_0^{n^2} e^{-s}\frac{1}{2}ds \quad (s = r^2 \text{ と変数変換した}) \\
&= \frac{\pi}{4}\left[-e^{-s}\right]_{s=0}^{s=n^2} = \frac{\pi}{4}(1 - e^{-n^2})
\end{aligned}$$
なので，
$$I = \lim_{n\to\infty} I_n = \frac{\pi}{4}. \tag{5.21}$$

(第2段) 次に D の別の近似増加列 $\{E_n\}_{n=1}^\infty$ として，
$$E_n = \{(x,y) \mid 0 \le x \le n, 0 \le y \le n\}$$
を取ると，
$$\begin{aligned}
I &= \lim_{n\to\infty} \iint_{E_n} e^{-(x^2+y^2)}\,dxdy = \lim_{n\to\infty} \int_0^n e^{-x^2}dx \times \int_0^n e^{-y^2}\,dy \\
&= \left(\int_0^\infty e^{-x^2}\,dx\right)^2.
\end{aligned} \tag{5.22}$$

(第3段) (5.21)と(5.22)より，
$$I = \frac{\pi}{4} = \left(\int_0^\infty e^{-x^2}\,dx\right)^2$$
となるので，
$$\int_0^\infty e^{-x^2}\,dx = \frac{\sqrt{\pi}}{2}. \quad /\!/$$

```
Integrate[Exp[-x^2], {x, 0, Infinity}]

√π
──
 2
```

図 5.17　*Mathematica* による例 5.10 の計算

演習問題 5.4

1. 適当な変数変換を行って，次の重積分を計算せよ．
(1) $\iint_D \sqrt{1-x^2-y^2}\,dxdy \quad D=\{(x,y)|\,x^2+y^2 \leq 1\}$
(2) $\iint_D \left(\frac{x^2}{p}+\frac{y^2}{q}\right)dxdy \quad D=\{(x,y)|x^2+y^2\leq a^2\} \quad (a>0)$
(3) $\iint_D (x^2+y^2)\,dxdy \quad D=\{(x,y)|\,\frac{x^2}{a^2}+\frac{y^2}{b^2}\leq 1\}$
(4) $\iint_D \sqrt{x}\,dxdy \quad D=\{(x,y)|\,x^2+y^2\leq x\}$

2. 極座標変換を用いて，次の広義重積分の収束・発散を調べよ．ただし k は正の定数とする．
(1) $\iint_D \frac{1}{(x^2+y^2)^k}\,dxdy \quad D=\{(x,y)|\,0<x^2+y^2\leq 1\}$
(2) $\iint_D \frac{1}{(x^2+y^2)^k}\,dxdy \quad D=\{(x,y)|\,1\leq x^2+y^2\}$
(3) $\iint_D \frac{1}{(1+x^2+y^2)^k}\,dxdy \quad D=\{(x,y)|\,x\geq 0,\,y\geq 0\}$

3. 適当な変数変換を行って次の重積分を計算せよ．
(1) $\iint_D (x-y)\,e^{x+y}\,dxdy \quad D=\{(x,y)|\,0\leq x+y\leq 1,\,0\leq x-y\leq 1\}$
(ヒント　$u=x+y,\,v=x-y$ とおいてみる)
(2) $\iint_D (x+y)^2\,dxdy \quad D=\{(x,y)|\,0\leq x^2+2xy+2y^2\leq 1\}$
(ヒント　$u=x+y,\,v=y$ とおいてみる)

5.5　3 重積分と曲面積

5.5.1　3 重 積 分

xyz 空間内の有界な閉領域 K 上の連続関数 $f(x,y,z)$, $(x,y,z)\in K$ に対して，3 重積分を次のように定義することができる．

K を小閉領域 $\Delta=\{K_i\}_{i=1}^n$ に分割し，各 K_i 上の関数 $f(x,y,z)$ の最大値を M_i，最小値を m_i とすると，

$$m_i \leq f(x,y,z)\leq M_i, \quad (x,y,z)\in K_i$$

である．$\nu(X)$ によって領域 X の体積を表し，$|X|$ で X の直径，すなわち X 内の 2 点間の距離の最大値，を表すものとし，$|\Delta|:=\max\{|K_i|\,|\,i=1,2,\ldots,n\}$

によって分割 Δ の幅を表すものとする．そこで，

$$S_\Delta := \sum_{i=1}^n M_i \, \nu(K_i), \quad s_\Delta := \sum_{i=1}^n m_i \, \nu(K_i) \tag{5.23}$$

とし，任意に K_i 内の点 $P_i(\xi_i, \eta_i, \zeta_i) \in K_i$ を取って，リーマン和

$$\sum_{i=1}^n f(P_i) \, \nu(K_i) \tag{5.24}$$

を考えると，

$$s_\Delta \leq \sum_{i=1}^n f(P_i) \, \nu(K_i) \leq S_\Delta$$

が成り立つ．そこで，

$$S := \inf_\Delta S_\Delta, \quad s := \sup_\Delta s_\Delta \tag{5.25}$$

とおく．このとき $f(x,y,z)$ は K 上連続なので，重積分の場合と同様にして，次の等式が成立する．

$$S = s = \lim_{|\Delta| \to 0} \sum_{i=1}^n f(P_i) \, \nu(K_i). \tag{5.26}$$

この共通の値を $f(x,y,z)$ の K 上での **3 重積分**といい，$\iiint_K f(x,y,z) dxdydz$ と書く．3 重積分についても，重積分と同様の定理が成り立つ．

定理 5.10 xy 平面内の有界な閉領域 D 上の2つの連続関数 $p(x,y)$ と $q(x,y)$ が $p(x,y) \leq q(x,y), (x,y) \in D$ を満たすとし，

$$K = \{(x,y,z) \mid (x,y) \in D, \, p(x,y) \leq z \leq q(x,y)\}$$

とする（図 5.18）．このとき 3 重積分は累次積分に等しく次の等式が成り立つ．

$$\begin{aligned}\iiint_K f(x,y,z)\,dxdydz &= \iint_D dxdy \int_{p(x,y)}^{q(x,y)} f(x,y,z) dz \\ &= \iint_D \left\{ \int_{p(x,y)}^{q(x,y)} f(x,y,z) dz \right\} dxdy. \end{aligned} \tag{5.27}$$

とくに，$f(x,y,z) = 1, (x,y,z) \in K$ のときは，K の体積 $\nu(K)$ は次の等式を満たす．

$$\nu(K) = \iiint_K 1 dxdydz = \iint_D \{q(x,y) - p(x,y)\} \, dxdy. \tag{5.28}$$

(証明) 重積分の場合 (定理 5.3, 5.4) と同様であるので，省略する．各自試みよ．//

広義 3 重積分も，有界閉領域ではない xyz 空間内の領域についても，近似増加列を用いて定義することができる．

5.5 3重積分と曲面積

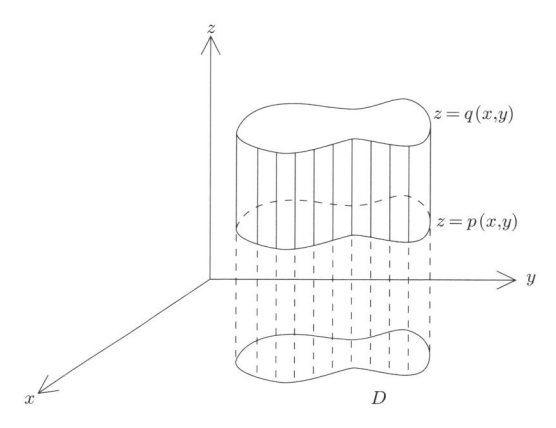

図 5.18 領域 K

次に，xyz についての変数変換

$$\begin{cases} x = \varphi(u,v,w) \\ y = \psi(u,v,w) \\ z = \chi(u,v,w) \end{cases}$$

によって，uvw 空間内の領域 L が xyz 空間内の領域 K に1対1に写されているとする．このとき，この変数変換のヤコビアンが

$$J(u,v,w) := \frac{\partial(\varphi,\psi,\chi)}{\partial(u,v,w)} = \begin{vmatrix} \varphi_u & \varphi_v & \varphi_w \\ \psi_u & \psi_v & \psi_w \\ \chi_u & \chi_v & \chi_w \end{vmatrix} \tag{5.29}$$

によって定義される．そこで $J(u,v,w) \neq 0$ $((u,v,w) \in L)$ とすると，次の3重積分の変数変換の公式が成り立つ．

$$\iiint_K f(x,y,z)\,dxdydz = \iiint_L f(\varphi(u,v,w),\psi(u,v,w),\chi(u,v,w))|J|\,dudvdw. \tag{5.30}$$

例 5.11 (極座標変換) xyz 空間の極座標変換を

$$\begin{cases} x = r\sin\theta\cos\varphi \\ y = r\sin\theta\sin\varphi \\ z = r\cos\theta \end{cases} \tag{5.31}$$

$(0 < r < \infty, 0 \leq \theta \leq \pi, 0 \leq \varphi \leq 2\pi)$ とする．このとき，このヤコビアンは，

$$\frac{\partial(x,y,z)}{\partial(r,\theta,\varphi)} = \begin{vmatrix} \sin\theta\cos\varphi & r\cos\theta\cos\varphi & -r\sin\theta\sin\varphi \\ \sin\theta\sin\varphi & r\cos\theta\sin\varphi & r\sin\theta\cos\varphi \\ \cos\theta & -r\sin\theta & 0 \end{vmatrix}$$
$$= r^2 \sin\theta \tag{5.32}$$

であるので,
$$L = \{(r,\theta,\varphi) \,|\, 0 \leq r \leq a, 0 \leq \theta \leq \pi, 0 \leq \varphi \leq 2\pi\}$$
は
$$K = \{(x,y,z) \,|\, x^2 + y^2 + z^2 \leq a^2\}$$
に写されている. このとき K 上の連続関数 $f(x,y,z)$ に対して,
$$\iiint_K f(x,y,z)\, dxdydz$$
$$= \iiint_L f(r\sin\theta\cos\varphi, r\sin\theta\sin\varphi, r\cos\theta) r^2 \sin\theta\, drd\theta d\varphi$$
$$= \int_0^a dr \int_0^\pi d\theta \int_0^{2\pi} f(r\sin\theta\cos\varphi, r\sin\theta\sin\varphi, r\cos\theta) r^2 \sin\theta\, d\varphi$$
が成り立つ (図 5.19).

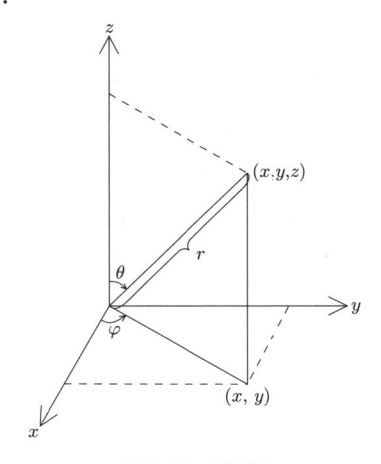

図 5.19 極座標

例 5.12 半径 a の閉球 $V = \{(x,y,z) \,|\, x^2 + y^2 + z^2 \leq a^2\}$ の体積を求めよ. ただし $a > 0$ とする.

(解答) $V = \{(x, y, z) \,|\, x^2 + y^2 + z^2 \leq a^2\}$ の体積は

$$\begin{aligned}
\nu(V) &= \iiint_V dx dy dz = \int_0^a dr \int_0^\pi d\theta \int_0^{2\pi} r^2 \sin\theta\, d\varphi \\
&= 2\pi \left[\frac{r^3}{3}\right]_{r=0}^{r=a} \times [-\cos\theta]_{\theta=0}^{\theta=\pi} \\
&= \frac{4\pi}{3} a^3 \quad //
\end{aligned}$$

5.5.2 曲 面 積

パラメータ u, v を用いて表示されたなめらかな曲面

$$S : \boldsymbol{r} = P(u, v) = (x(u,v), y(u,v), z(u,v)), \quad (u, v) \in D \tag{5.33}$$

の曲面積 $\mu(S)$ を求める.

uv 平面内の領域 D の小領域 $\{(u, v)\,|\,u_0 \leq u \leq u_0 + h, v_0 \leq v \leq v_0 + k\}$ に対する S 内の小領域 ΔS の面積は,次の2つのベクトルによって張られる平行四辺形の面積で近似される.

$$h\boldsymbol{r}_u = \begin{pmatrix} h\,x_u \\ h\,y_u \\ h\,z_u \end{pmatrix}, \qquad k\boldsymbol{r}_v = \begin{pmatrix} k\,x_v \\ k\,y_v \\ k\,z_v \end{pmatrix}.$$

したがって,ΔS の面積は,それらのベクトルの外積の長さで与えられる,すなわち,

$$\begin{aligned}
\|h\boldsymbol{r}_u \times k\boldsymbol{r}_v\| &= hk\|\boldsymbol{r}_u \times \boldsymbol{r}_v\| \\
&= hk\sqrt{\left(\frac{\partial(y,z)}{\partial(u,v)}\right)^2 + \left(\frac{\partial(z,x)}{\partial(u,v)}\right)^2 + \left(\frac{\partial(x,y)}{\partial(u,v)}\right)^2}
\end{aligned}$$

で近似される.したがって S の表面積 $\mu(S)$ は次の重積分で与えられる.

$$\mu(S) = \iint_D \sqrt{\left(\frac{\partial(y,z)}{\partial(u,v)}\right)^2 + \left(\frac{\partial(z,x)}{\partial(u,v)}\right)^2 + \left(\frac{\partial(x,y)}{\partial(u,v)}\right)^2}\, du dv. \tag{5.34}$$

(1) とくに,曲面 S が平面 $z = 0$ 内にあるとき,すなわち,S が xy 平面内の領域であるとき,S の曲面積は次式で与えられる.

$$\mu(S) = \iint_D \left|\frac{\partial(x,y)}{\partial(u,v)}\right| du dv = \iint_D |J|\, du dv. \tag{5.35}$$

(2) 曲面 S が $z = f(x, y), (x, y) \in D$ で与えられるとき,S の曲面積は次のようになる.

$$\mu(S) = \iint_D \sqrt{1 + f_x(x,y)^2 + f_y(x,y)^2}\, dxdy. \tag{5.36}$$

(3) 曲面 S が xyz 空間での極座標 (r,θ,φ) (5.31) を用いて，$r = f(\theta,\varphi)$, $(\theta,\varphi) \in D$ と与えられるとき，その曲面積は次式で与えられる．

$$\mu(S) = \iint_D r\sqrt{(r^2 + r_\theta{}^2)\sin^2\theta + r_\varphi{}^2}\, d\theta d\varphi, \tag{5.37}$$

ここで $r_\theta = \frac{\partial r}{\partial \theta}$ および $r_\varphi = \frac{\partial r}{\partial \varphi}$ である．

例 5.13 半径 a の球面 $S = \{(x,y,z)\,|\, x^2 + y^2 + z^2 = a^2\}$ の表面積を求めよ．ただし $a > 0$ とする．

(解答) 球面 S は，$r = a$, $(\theta,\varphi) \in D = \{(\theta,\varphi)\,|\, 0 \leq \theta \leq \pi,\, 0 \leq \varphi \leq 2\pi\}$ として表されるので，(5.37) より

$$\mu(S) = \iint_D a^2 \sin\theta\, d\theta d\varphi = a^2 \int_0^\pi \sin\theta d\theta \int_0^{2\pi} d\varphi$$
$$= 2\pi a^2 \left[-\cos\theta\right]_{\theta=0}^{\theta=\pi} = 4\pi a^2. \quad //$$

演習問題 5.5

1. 次の3重積分を計算せよ．

(1) $\iiint_K (1 + x^2 + y^2 + z^2)^{-2}\, dxdydz$
  $K = \{(x,y,z)\,|\, x^2 + y^2 + z^2 \leq a^2\} \quad (a > 0)$

(2) $\iiint_{\mathbb{R}^3} (1 + x^2 + y^2 + z^2)^{-2}\, dxdydz$

(3) $\iiint_K \frac{1}{(1 + x + y + z)^3}\, dxdydz$
  $K = \{(x,y,z)\,|\, x + y + z \leq 1,\, x \geq 0,\, y \geq 0,\, z \geq 0\}$

(4) $\iiint_K dxdydz \quad K = \{(x,y,z)\,|\, x^2 + y^2 + z^2 \leq 2az\} \quad (a > 0)$

(5) $\iiint_K (x^2 + y^2 + z^2)\, dxdydz$
  $K = \{(x,y,z)\,|\, \frac{x^2}{a^2} + \frac{y^2}{b^2} + \frac{z^2}{c^2} \leq 1\} \quad (a > 0, b > 0, c > 0)$

(6) $\iiint_K \frac{xz}{x^2 + y^2}\, dxdydz \quad K = \{(x,y,z)\,|\, 0 < \frac{x^2}{2} \leq y \leq x,\, 0 \leq z \leq 1\}$

(7) $\iiint_K x\, dxdydz$
  $K = \{(x,y,z)\,|\, x^2 + y^2 + z^2 \leq a^2,\, 0 \leq x,\, 0 \leq y,\, 0 \leq z\}$

2. 次の問いに答えよ．

(1) 曲面 $\frac{x^2}{a^2} + \frac{y^2}{b^2} + \frac{z^2}{c^2} = 1$ が囲む立体の体積を求めよ．

(2) 球面 $x^2 + y^2 + z^2 = a^2$ の内部と円柱面 $x^2 + y^2 = ax$ の内側との共通部分の体積を求めよ．

(3) 曲面 $(x^2 + y^2 + z^2)^2 = x^2 - y^2$ の表面積を求めよ．

(4) 円環 $(\sqrt{x^2+y^2}-a)^2+z^2 \leq b^2$ $(0<b<a)$ の体積とその境界の表面積を求めよ.

第6章
級　　数

CHAPTER 6

本章では，級数と関数のテーラー展開について述べる．

6.1　級　　数

6.1.1　級　数　の　収　束

数列 $\{a_n\}_{n=1}^\infty$ に対し，級数とよばれる無限和
$$a_1 + a_2 + a_3 + \cdots$$
を考えたい．しかし，素朴な考えではすぐに破綻する．そこで，上の無限和ということをはっきりさせるために，次のことを考える．

まず，**第 n 部分和**とよばれる，初項 a_1 から第 n 項までの和
$$S_n := a_1 + a_2 + \cdots + a_n$$
を考えて，こうしてできる数列 $\{S_n\}_{n=1}^\infty$ が実数 s に収束するとき，級数 $\sum_{n=1}^\infty a_n$ は s に**収束する**といい，
$$\sum_{n=1}^\infty a_n = s$$
と書く．このときの実数 s を級数 $\sum_{n=1}^\infty a_n$ の**和**という．数列 $\{S_n\}_{n=1}^\infty$ が発散するとき，級数 $\sum_{n=1}^\infty a_n$ は**発散する**という．とくに，$\lim_{n\to\infty} S_n = \infty \, (-\infty)$ となるとき，級数 $\sum_{n=1}^\infty a_n$ は $\infty \, (-\infty)$ に**発散する**といい，$\sum_{n=1}^\infty a_n = \infty \, (-\infty)$ と書く．

定理 6.1　級数 $\sum_{n=1}^\infty a_n$, $\sum_{n=1}^\infty b_n$ が収束すれば，$\sum_{n=1}^\infty (a_n \pm b_n)$, $\sum_{n=1}^\infty c\, a_n$ (c は定数) も収束し，
$$\sum_{n=1}^\infty (a_n \pm b_n) = \sum_{n=1}^\infty a_n \pm \sum_{n=1}^\infty b_n, \quad \sum_{n=1}^\infty c\, a_n = c \sum_{n=1}^\infty a_n.$$

(証明) それぞれ第 n 部分和を $S_n = \sum_{k=1}^{n} a_k$, $T_n = \sum_{k=1}^{n} b_k$ とする. このとき $\sum_{k=1}^{n}(a_k \pm b_k) = S_n \pm T_n$ である. 仮定より, 2 つの数列 $\{S_n\}_{n=1}^{\infty}$, $\{T_n\}_{n=1}^{\infty}$ は収束するので, 数列 $\{S_n \pm T_n\}_{n=1}^{\infty}$ も収束し, $\lim_{n\to\infty}(S_n \pm T_n) = \lim_{n\to\infty} S_n \pm \lim_{n\to\infty} T_n$ である. これから $\sum_{n=1}^{\infty}(a_n \pm b_n) = \sum_{n=1}^{\infty} a_n \pm \sum_{n=1}^{\infty} b_n$ を得る. $\sum_{n=1}^{\infty} c\, a_n = c \sum_{n=1}^{\infty} a_n$ も同様に証明できる. //

定理 6.2 級数 $\sum_{n=1}^{\infty} a_n$ が収束すれば, $\lim_{n\to\infty} a_n = 0$ が成り立つ.
(証明) $s = \sum_{n=1}^{\infty} a_n$ とし, 第 n 部分和を S_n とすると, $a_n = S_n - S_{n-1}$ である. $S_n \to s\ (n \to \infty)$ であるから, $a_n \to s - s = 0\ (n \to \infty)$ である. //

注意 6.1 逆は必ずしも成り立たない. 例 6.3 をみよ.

例 6.1 (等比級数) $a_n = a r^{n-1}\ (n = 1, 2, \ldots)$ とする. このとき,
$$\sum_{n=1}^{\infty} a\, r^{n-1} = \begin{cases} \dfrac{a}{1-r} & (|r| < 1), \\ \text{発散} & (|r| \geq 1). \end{cases} \tag{6.1}$$
(解答) 実際,
$$S_n = a + ar + \cdots + a r^{n-1} = \begin{cases} \dfrac{a(1 - r^n)}{1 - r} & (r \neq 1) \\ a\, n & (r = 1) \end{cases}$$
したがって, $|r| < 1$ ならば, $r^n \to 0\ (n \to \infty)$ なので, $S_n \to \dfrac{a}{1-r}\ (n \to \infty)$. $|r| \geq 1$ ならば, 発散する. //

6.1.2 正項級数

$a_n \geq 0\ (n = 1, 2, \ldots)$ となる級数 $\sum_{n=1}^{\infty} a_n$ を**正項級数**といい, $\sum_{n=1}^{\infty}(-1)^{n-1} a_n$ $(a_n > 0)$ の形の級数を**交項級数**という.

定理 6.3 数列 $\{a_n\}_{n=1}^{\infty}$ が単調減少で 0 に収束する交項級数は収束する.
(証明) $S_n = \sum_{k=1}^{n}(-1)^{k-1} a_k$ とする. このとき,
$$S_{2n-1} = \begin{cases} a_1 - (a_2 - a_3) - (a_4 - a_5) - \cdots - (a_{2n-2} - a_{2n-1}) \leq S_{2n-3} \\ (a_1 - a_2) + (a_3 - a_4) + \cdots + (a_{2n-3} - a_{2n-2}) + a_{2n-1} > 0 \end{cases}$$
となる. したがって
$$0 < S_{2n-1} \leq S_{2n-3} \leq \cdots \leq S_3 \leq S_1 = a_1.$$

同様にして，
$$a_1 \geq S_{2n} \geq S_{2n-2} \geq \cdots \geq S_4 \geq S_2 = a_1 - a_2 > 0$$
を得る．ゆえに $\{S_{2n-1}\}_{n=1}^\infty$ は下に有界な単調減少数列であり，$\{S_n\}_{n=1}^\infty$ は上に有界な単調増加数列であるので，どちらも収束する (定理 1.5)．そこで，$\lim_{n\to\infty} S_{2n-1} = s$ および $\lim_{n\to\infty} S_{2n} = t$ とすると，
$$s - t = \lim_{n\to\infty}(S_{2n-1} - S_{2n}) = \lim_{n\to\infty} a_{2n} = 0.$$
したがって，$s = t$ となり，求める結果を得る． //

定理 6.4 (凝集判定法)　正項級数 $\sum_{n=1}^\infty a_n$ が $a_1 \geq a_2 \geq \cdots \geq a_n \geq \cdots \geq 0$ を満たすとき，2 つの級数 (1) $\sum_{n=1}^\infty a_n$ と (2) $\sum_{k=0}^\infty 2^k a_{2^k} = a_1 + 2 a_2 + 4 a_4 + \cdots$ は収束，発散をともにする．

(証明)　最初の級数 (1) の第 n 部分和を S_n，2 番目の級数 (2) の第 k 部分和を T_k とすると，n が $2^k \leq n < 2^{k+1}$ を満たすとき，
$$\frac{1}{2} T_k \leq S_n \leq T_k \tag{6.2}$$
が成り立つことから定理が従う．すなわち，これから $\lim_{k\to\infty} T_k$ が存在すれば，$\lim_{n\to\infty} S_n$ も存在し，逆も成り立つことがわかる．

不等式 (6.2) は次のように示される．$2^k \leq n < 2^{k+1}$ とすると，
$$\begin{aligned} S_n &\geq a_1 + a_2 + (a_3 + a_4) + \cdots + (a_{2^{k-1}+1} + a_{2^{k-1}+2} + \cdots + a_{2^k}) \\ &\geq \frac{1}{2} a_1 + a_2 + 2 a_4 + \cdots + 2^{k-1} a_{2^k} = \frac{1}{2} T_k, \end{aligned}$$
および
$$\begin{aligned} S_n &\leq a_1 + (a_2 + a_3) + \cdots + (a_{2^k} + a_{2^k+1} + \cdots + a_{2^{k+1}-1}) \\ &\leq a_1 + 2 a_2 + \cdots + 2^k a_{2^k} = T_k \end{aligned}$$
となるからである． //

定理 6.5　第 n 部分和が有界数列となる正項級数は収束する．
(証明)　正項級数 $\sum_{n=1}^\infty a_n$ の第 n 部分和 $S_n = \sum_{k=1}^n a_k$ は単調増加数列であるので，S_n が有界であれば，$\lim_{n\to\infty} S_n$ が存在する (定理 1.5)．　//

定理 6.6　正項級数が収束すれば，その項の順序を入れ替えた級数も収束する．また，その級数の和は元の級数の和と一致する．

(証明) 正項級数 $s = \sum_{n=1}^{\infty} a_n$ の，項の順序を入れ替えて得られる級数を $\sum_{n=1}^{\infty} b_n$ とする．このとき，各 b_i は $b_i = a_{\sigma(i)}$ と書ける．第 n 部分和をそれぞれ，$S_n = \sum_{k=1}^{n} a_k$ および $T_n = \sum_{k=1}^{n} b_k$ とする．このとき，各 $n = 1, 2, \ldots$ に対して，

$$T_n = \sum_{k=1}^{n} b_k = \sum_{k=1}^{n} a_{\sigma(k)} \tag{6.3}$$

である．そこで，$m := \max\{\sigma(1), \sigma(2), \ldots, \sigma(n)\}$ とおくと，

$$\sum_{k=1}^{n} a_{\sigma(k)} \leq \sum_{i=1}^{m} a_i = S_m \leq s \tag{6.4}$$

である．(6.3) と (6.4) より，$\{T_n\}_{n=1}^{\infty}$ は上に有界な単調増加数列であるので，収束する (定理 1.5)．$t = \lim_{n \to \infty} T_n$ とすると，(6.3) と (6.4) より，$t \leq s$ となる．

$\sum_{n=1}^{\infty} b_n$ が収束することがわかったので，今度は立場を変えて考えてみると，$\sum_{n=1}^{\infty} a_n$ は $\sum_{n=1}^{\infty} b_n$ の項の順序を入れ替えて得られるものである．したがって，上の議論を繰り返して，$s \leq t$ がわかり，よって $s = t$ となる． //

注意 6.2 正項級数とは限らない一般の収束する級数については，項の順序を入れ替えて得られる級数は収束するとは限らない．しかし，次の絶対収束する級数については，正しいことがわかる (定理 6.7)．

6.1.3 絶 対 収 束

正項級数とは限らない一般の級数を考える．級数 $\sum_{n=1}^{\infty} a_n$ が**絶対収束**するとは，各項の絶対値を取ってできる級数 $\sum_{n=1}^{\infty} |a_n|$ が収束するときをいう (絶対に無条件で収束するというわけではないので注意)．次の定理 6.7 より，$\sum_{n=1}^{\infty} |a_n|$ が収束すれば，元の級数 $\sum_{n=1}^{\infty} a_n$ は収束する．$\sum_{n=1}^{\infty} a_n$ 自身は収束するが，$\sum_{n=1}^{\infty} |a_n|$ は発散するとき，$\sum_{n=1}^{\infty} a_n$ は**条件収束**するという．

絶対収束する級数 $\sum_{n=1}^{\infty} a_n$ について，$\sum_{n=1}^{\infty} |a_n|$ と $\sum_{n=1}^{\infty} a_n$ との関連を調べる．

$$a_n^+ := \begin{cases} a_n & (a_n \geq 0), \\ 0 & (a_n < 0) \end{cases} \qquad a_n^- := \begin{cases} 0 & (a_n \geq 0), \\ -a_n & (a_n < 0) \end{cases}$$

とおく．このとき，

$$0 \leq a_n^+ \leq |a_n|, \quad 0 \leq a_n^- \leq |a_n| \tag{6.5}$$

かつ

$$a_n = a_n^+ - a_n^-, \quad |a_n| = a_n^+ + a_n^- \tag{6.6}$$

である (各自試みよ). ゆえに $\sum_{n=1}^{\infty} |a_n|$ が収束すれば, (6.5) 式より,

$$\sum_{k=1}^{n} a_k^+ \leq \sum_{n=1}^{\infty} |a_n| < \infty, \quad \sum_{k=1}^{n} a_k^- \leq \sum_{n=1}^{\infty} |a_n| < \infty$$

なのであるから, 定理 6.5 より, $\sum_{n=1}^{\infty} a_n^+$ と $\sum_{n=1}^{\infty} a_n^-$ はともに収束し, (6.6) 式より

$$\sum_{n=1}^{\infty} a_n = \sum_{n=1}^{\infty} a_n^+ - \sum_{n=1}^{\infty} a_n^-, \quad \sum_{n=1}^{\infty} |a_n| = \sum_{n=1}^{\infty} a_n^+ + \sum_{n=1}^{\infty} a_n^- \tag{6.7}$$

が成り立つ. $\sum_{n=1}^{\infty} a_n^+$ と $\sum_{n=1}^{\infty} a_n^-$ はともに正項級数であるので, 定理 6.6 より項の順序を変えても収束しそれらの値は変わらないので, (6.7) より, $\sum_{n=1}^{\infty} a_n$ についても項の順序を変えることができる. こうして次の定理を得る.

定理 6.7 (1) 級数 $\sum_{n=1}^{\infty} a_n$ が絶対収束すれば, 3 つの級数 $\sum_{n=1}^{\infty} a_n^+$, $\sum_{n=1}^{\infty} a_n^-$, および $\sum_{n=1}^{\infty} a_n$ も収束し,

$$\sum_{n=1}^{\infty} a_n = \sum_{n=1}^{\infty} a_n^+ - \sum_{n=1}^{\infty} a_n^-, \quad \sum_{n=1}^{\infty} |a_n| = \sum_{n=1}^{\infty} a_n^+ + \sum_{n=1}^{\infty} a_n^- \tag{6.8}$$

が成り立つ.

(2) 絶対収束する級数の項の順序を入れ替えた級数も収束し, その級数の和は元の級数の和と一致する.

例 6.2 次の級数が絶対収束することを示せ.

$$\sum_{n=1}^{\infty} (-1)^{n-1} \frac{1}{n(n+1)} = \frac{1}{1 \cdot 2} - \frac{1}{2 \cdot 3} + \frac{1}{3 \cdot 4} - \cdots$$

(解答) 級数 $\sum_{n=1}^{\infty} \frac{1}{n(n+1)}$ が収束することを示せばよい.

$$S_n = \sum_{k=1}^{n} \frac{1}{k(k+1)} = \sum_{k=1}^{n} \left(\frac{1}{k} - \frac{1}{k+1} \right) = 1 - \frac{1}{n+1}$$

なので,

$$\lim_{n \to \infty} S_n = \lim_{n \to \infty} \left(1 - \frac{1}{n+1} \right) = 1 < \infty$$

である. ゆえに $\sum_{n=1}^{\infty} \frac{1}{n(n+1)} = 1$ (収束) であり, 絶対収束している. //

例 6.3 次の級数が条件収束することを示せ.

$$\sum_{n=1}^{\infty} (-1)^{n-1} \frac{1}{n} = 1 - \frac{1}{2} + \frac{1}{3} - \frac{1}{4} + \cdots$$

(解答) 実際，定理 6.3 により，$\sum_{n=1}^{\infty}(-1)^{n-1}\frac{1}{n}$ は収束する．一方，$\sum_{n=1}^{\infty}\frac{1}{n}$ が発散することは次のように示される．$a_n = \frac{1}{n}$ とおいて，凝集判定法 (定理 6.4) を使う．

$$\sum_{k=0}^{\infty} 2^k a_{2^k} = a_1 + 2a_2 + 4a_4 + \cdots$$
$$= 1 + 2 \cdot \frac{1}{2} + 4 \cdot \frac{1}{4} + \cdots$$
$$= 1 + 1 + 1 + \cdots \quad (発散)$$

したがって，定理 6.4 より $\sum_{n=1}^{\infty}\frac{1}{n}$ は発散する．　//

演習問題 6.1

1. 次の級数の収束・発散を調べよ．
(1) $\sum_{n=0}^{\infty}(-1)^{n-1}$ 　　(2) $\sum_{n=1}^{\infty}\frac{(n+2)^2}{n(n+1)}$
(3) $\sum_{n=1}^{\infty}\frac{1}{(2n-1)(2n+1)}$ 　　(4) $\sum_{n=1}^{\infty}\frac{1}{(n+1)^2}$
(5) $\sum_{n=1}^{\infty}(-1)^{n-1}\frac{1}{n^a}$ 　$(a > 0)$ 　　(6) $\sum_{n=1}^{\infty}\frac{n!}{2^n}$
(7) $\sum_{n=2}^{\infty}\frac{(-1)^n}{\log n}$ 　　(8) $\sum_{n=0}^{\infty}\frac{3^n + 4^n}{5^n}$
(9) $\sum_{n=1}^{\infty}\frac{1}{\sqrt{n(n-1)}}$ 　　(10) $\sum_{n=1}^{\infty}\frac{1}{\sqrt{(n^2+1)(n^2+2)}}$
(11) $\sum_{n=1}^{\infty}\frac{1}{\sqrt{n(n+1)(n+2)}}$ 　　(12) $\sum_{n=2}^{\infty}\frac{1}{n^2-1}$

2. 凝集判定法を使って，級数 $\sum_{n=2}^{\infty}\frac{1}{n\log n}$ の収束・発散を調べよ．また，級数 $\sum_{n=2}^{\infty}\frac{1}{n(\log n)^p}$ ではどうか．ただし p は実数とする．

3. $p \geq 1$ とする．正項級数 $\sum_{n=1}^{\infty}a_n$ が収束すれば，$\sum_{n=1}^{\infty}(a_n)^p$ も収束することを示せ．

4. 級数 $\sum_{n=1}^{\infty}(-1)^{n-1}\frac{1}{n}$ の第 n 部分和を S_n とする．
(1) $S_{2n} = \sum_{k=1}^{n}\frac{1}{n}\frac{1}{1+\frac{k}{n}}$ を示せ．
(2) $\log 2 = \int_0^1 \frac{dx}{1+x}$ に区分求積法を適用して，$\lim_{n\to\infty} S_{2n} = \log 2$ を示せ．
(3) $\sum_{n=1}^{\infty}(-1)^{n-1}\frac{1}{n} = \log 2$ を示せ．

```
Sum[(-1)^(n-1)/n, {n, 1, Infinity}]
Log[2]
```

図 6.1　*Mathematica* による $\sum_{n=1}^{\infty}(-1)^{n-1}\frac{1}{n}$ の計算

6.2 収束判定法と積級数

この節では,さまざまな収束判定法を調べ,2 つの級数の積に関する公式を述べる.

定理 6.8 (比較判定法) $\sum_{n=1}^{\infty} a_n$ と $\sum_{n=1}^{\infty} b_n$ を 2 つの正項級数とする.
(1) 有限個の n を除いて,$a_n \leq b_n$ が成り立ち,$\sum_{n=1}^{\infty} b_n$ が収束すれば,$\sum_{n=1}^{\infty} a_n$ も収束する.
(2) $\lim_{n \to \infty} \frac{a_n}{b_n} = \alpha$ (有限値) であり,$\sum_{n=1}^{\infty} b_n$ が収束すれば,$\sum_{n=1}^{\infty} a_n$ も収束する.

(証明) (1) 級数が収束するか発散するかということは,有限個の項を取り替えても変わらないので,$a_n \leq b_n$ $(n=1,2,\ldots)$ と仮定しても差し支えない.$\sum_{n=1}^{\infty} b_n = t$ とし,$\sum_{n=1}^{\infty} a_n$ と $\sum_{n=1}^{\infty} b_n$ の第 n 部分和をそれぞれ,S_n, T_n とすると,
$$S_n \leq T_n \leq t$$
である.したがって,定理 6.5 により,$\sum_{n=1}^{\infty} a_n$ は収束する.

(2) $\lim_{n \to \infty} \frac{a_n}{b_n}$ が収束するのであるから,定理 1.3 により,数列 $\{\frac{a_n}{b_n}\}_{n=1}^{\infty}$ は有界である.すなわち,
$$\frac{a_n}{b_n} \leq M \quad (n=1,2,\ldots)$$
となる n には依存しない正の定数 $M > 0$ が存在する.ゆえに
$$a_n \leq M b_n \quad (n=1,2,\ldots)$$
が成り立つ.$\sum_{n=1}^{\infty} M b_n = M \sum_{n=1}^{\infty} b_n$ は収束するので,本定理の (1) により,$\sum_{n=1}^{\infty} a_n$ も収束する. //

例 6.4 正項級数 $\sum_{n=1}^{\infty} \frac{1}{a_n}$ が収束するならば,任意の正の数 c について,$\sum_{n=1}^{\infty} \frac{1}{a_n+c}$ も収束する.
(解答) $\frac{1}{a_n+c} \leq \frac{1}{a_n}$ $(n=1,2,\ldots)$ なので,定理 6.8 によりいえる. //

定理 6.9 (コーシーの判定法) $\sum_{n=1}^{\infty} a_n$ を正項級数とし,

$$\ell = \lim_{n\to\infty} \sqrt[n]{a_n} \tag{6.9}$$

とする.このとき,次が成立する.
 (1) $\ell < 1$ ならば,$\sum_{n=1}^{\infty} a_n$ は収束する.
 (2) $\ell > 1$ ならば,$\sum_{n=1}^{\infty} a_n$ は発散する.

(証明) (1) $\ell < 1$ ならば,$\ell < \rho < 1$ となる ρ を取ると,有限個の n を除き
$$\sqrt[n]{a_n} < \rho$$
となるようにできる.したがって,有限個の n を除き $a_n < \rho^n$ であり,$0 < \rho < 1$ なので,等比級数 $\sum_{n=1}^{\infty} \rho^n$ は収束している (例 6.1).ゆえに,定理 6.8 (1) により $\sum_{n=1}^{\infty} a_n$ は収束する.

(2) $\rho > 1$ ならば,有限個の n を除き $\sqrt[n]{a_n} \geq 1$ とできる.したがって,有限個の n を除き $a_n \geq 1$ となる.したがって,$\sum_{n=1}^{\infty} a_n$ は発散する. //

例 6.5 $\sum_{n=1}^{\infty} \left(\frac{n}{n+1}\right)^{n^2}$ の収束・発散を調べよ.
(解答) $a_n = \left(\frac{n}{n+1}\right)^{n^2}$ とおくと,
$$\lim_{n\to\infty} \sqrt[n]{a_n} = \lim_{n\to\infty} \left(\frac{n}{n+1}\right)^n = \frac{1}{e} < 1.$$
したがって,定理 6.9 (1) より,$\sum_{n=1}^{\infty} \left(\frac{n}{n+1}\right)^{n^2}$ は収束する. //

定理 6.10 (ダランベールの判定法) $\sum_{n=1}^{\infty} a_n$ を正項級数とし,
$$\ell = \lim_{n\to\infty} \frac{a_{n+1}}{a_n} \tag{6.10}$$
とする.このとき,次が成立する.
 (1) $\ell < 1$ ならば,$\sum_{n=1}^{\infty} a_n$ は収束する.
 (2) $\ell > 1$ ならば,$\sum_{n=1}^{\infty} a_n$ は発散する.

(証明) (1) $\ell < 1$ ならば,$\ell < \rho < 1$ なる ρ を取ると,$\lim_{n\to\infty} \frac{a_{n+1}}{a_n} < \rho$ なので,
$$\frac{a_{N+k}}{a_N} = \frac{a_{N+k}}{a_{N+k-1}} \frac{a_{N+k-1}}{a_{N+k-2}} \cdots \frac{a_{N+2}}{a_{N+1}} \frac{a_{N+1}}{a_N} \leq \rho^k \quad (k=1,2,\dots)$$
となるような自然数 N を選ぶことができる.このとき,
$$\sum_{k=1}^{\infty} a_{N+k} \leq a_N \sum_{k=1}^{\infty} \rho^k$$
であるが,$0 < \rho < 1$ であるのであるから,右辺は収束している.定理 6.8 (1) により,$\sum_{n=1}^{\infty} a_n$ は収束する.

(2) $\lim_{n\to\infty} \frac{a_{n+1}}{a_n} = \ell > 1$ なので,
$$1 \leq \frac{a_{N+1}}{a_N}, 1 \leq \frac{a_{N+2}}{a_{N+1}}, \ldots, 1 \leq \frac{a_{N+k}}{a_{N+k-1}}, \ldots$$
となる自然数 N を選ぶことができる. つまり,
$$a_N \leq a_{N+1} \leq a_{N+2} \leq \cdots \leq a_{N+k-1} \leq a_{N+k} \leq \cdots$$
となる. 定理 6.2 により $\sum_{n=1}^{\infty} a_n$ は発散する. なぜなら, 収束するとすれば, $\lim_{n\to\infty} a_n = 0$ でなければならないので, これは上記と矛盾するからである.
//

注意 6.3 上記 2 つの定理はどちらも $\ell = 1$ のときは, 判定できない. このような場合は, 次の積分判定法の定理を使うとよい.

例 6.6 次の級数の収束・発散を調べよ.
(1) $\sum_{n=1}^{\infty} \left(\frac{n+1}{3n}\right)^n$ (2) $\sum_{n=1}^{\infty} \frac{a^n}{n!}$ $(a > 0)$ (3) $\sum_{n=1}^{\infty} \frac{n^{n-1}}{(n-1)!}$
(解答) (1) $\ell = \lim_{n\to\infty} \sqrt[n]{a_n} = \lim_{n\to\infty} \frac{n+1}{3n} = \frac{1}{3} < 1$ なので, $\sum_{n=1}^{\infty} \left(\frac{n+1}{3n}\right)^n$ は収束する.
(2) $\ell = \lim_{n\to\infty} \frac{a_{n+1}}{a_n} = \lim_{n\to\infty} \frac{a^{n+1}}{(n+1)!} \frac{n!}{a^n} = \lim_{n\to\infty} \frac{a}{n+1} = 0$ なので, $\sum_{n=1}^{\infty} \frac{a^n}{n!}$ は収束する.
(3) $\ell = \lim_{n\to\infty} \frac{a_{n+1}}{a_n} = \frac{(n+1)^n}{n!} \frac{(n-1)!}{n^{n-1}} = \lim_{n\to\infty} \frac{(n+1)^n}{n^n} = \lim_{n\to\infty} \left(1 + \frac{1}{n}\right)^n = e > 1$ なので, $\sum_{n=1}^{\infty} \frac{n^{n-1}}{(n-1)!}$ は発散する. //

注意 6.4 $\sum_{n=1}^{\infty} \frac{1}{n^a}$ の収束・発散は, ダランベールの判定法では判定不能である. 次の積分判定法を使うとよい.

定理 6.11 (積分判定法) $\sum_{n=1}^{\infty} a_n$ を正項級数とし,
$$a_1 \geq a_2 \geq \cdots \geq a_n \geq \cdots \tag{6.11}$$
とする. このとき, 区間 $[1, \infty)$ 上の正値単調減少関数 $f(x)$ を, $f(n) = a_n$ $(n = 1, 2, \ldots)$ を満たすように選ぶ. このとき, 級数 $\sum_{n=1}^{\infty} a_n$ が収束するための必要十分条件は, 積分 $\int_1^{\infty} f(x)dx$ が収束することである.
(証明) 各 $k = 1, 2, \ldots$ に対して, 閉区間 $[k, k+1]$ 上で
$$a_{k+1} = f(k+1) \leq f(x) \leq f(k) = a_k, \quad x \in [k, k+1]$$
が成り立つ. この両辺を $[k, k+1]$ 上で積分して,

6.2 収束判定法と積級数

$$a_{k+1} \leq \int_k^{k+1} f(x)dx \leq a_k$$

を得る．したがって，第 n 部分和 $S_n = \sum_{k=1}^n a_k$ は

$$\begin{aligned}
S_n - a_1 &= a_2 + a_3 + \cdots + a_n \\
&\leq \int_1^n f(x)dx \\
&\leq a_1 + a_2 + \cdots + a_{n-1} = S_{n-1}
\end{aligned}$$

を満たす．ゆえに，$\lim_{n\to\infty} \int_1^n f(x)dx = \int_1^\infty f(x)dx$ が存在すれば，$\lim_{n\to\infty} S_n$ も存在し，逆も成り立つ（図6.2）． //

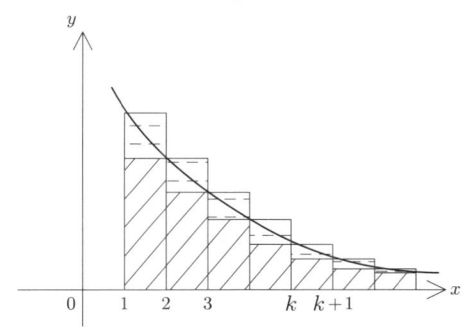

図 **6.2** 積分判定法

例 6.7 次の級数の収束・発散を調べよ．

$$\sum_{n=1}^\infty \frac{1}{n^a} = 1 + \frac{1}{2^a} + \frac{1}{3^a} + \cdots + \frac{1}{n^a} + \cdots \qquad (a \text{ は実数})$$

(解答) $a \leq 0$ のとき，$\lim_{n\to\infty} \frac{1}{n^a} \neq 0$ なので，定理6.2により，与えられた級数は発散する．$a > 0$ のとき，$f(x) = \frac{1}{x^a}$ とすると，$f(x)$ は区間 $[1, \infty)$ 上で減少関数で，$f(n) = \frac{1}{n^a}$ である．$a > 1$ のとき，

$$\int_1^\infty \frac{1}{x^a} dx = \lim_{N\to\infty} \left[\frac{1}{-a+1} x^{-a+1} \right]_{x=1}^{x=N} = \frac{1}{a-1}$$

となり，与えられた級数は，定理6.11により，収束である．

$a < 1$ のときは，

$$\int_1^\infty \frac{1}{x^a} dx = \lim_{N\to\infty} \left[\frac{1}{-a+1} x^{-a+1} \right]_{x=1}^{x=N} = \infty$$

となり，与えられた級数は，定理6.11により，発散である．$a = 1$ のときは，

$$\int_1^\infty \frac{1}{x} dx = \lim_{N\to\infty} [\log x]_{x=1}^{x=N} = \infty$$

となり，与えられた級数は，定理 6.11 により，発散である．

以上より，$a>1$ のとき収束し，$a\leq 1$ のとき発散する．　　//

6.2.1 積 級 数

与えられた 2 つの級数の積を考える．2 つの級数を $\sum_{n=1}^{\infty} a_n$ および $\sum_{n=1}^{\infty} b_n$ とする．そこで，$n=1,2,\ldots$ に対して，

$$c_n := \sum_{k=1}^{n} a_k b_{n-k+1} = a_1 b_n + a_2 b_{n-1} + \cdots + a_{n-1} b_2 + a_n b_1$$

とおいて，新たな級数 $\sum_{n=1}^{\infty} c_n$ を考える．これを級数 $\sum_{n=1}^{\infty} a_n$ と $\sum_{n=1}^{\infty} b_n$ の**積級数**という．これは次のように斜めに足すように工夫したものである．

$$\begin{aligned}
& (a_1 + a_2 + \cdots)(b_1 + b_2 + \cdots) \\
=\ & a_1 b_1 + a_1 b_2 + a_1 b_3 + a_1 b_4 + \cdots \\
& + a_2 b_1 + a_2 b_2 + a_2 b_3 + \cdots \\
& + a_3 b_1 + a_3 b_2 + \cdots \\
& + a_4 b_1 + \cdots \\
& + \cdots
\end{aligned}$$

定理 6.12 2 つの級数 $\sum_{n=1}^{\infty} a_n$, $\sum_{n=1}^{\infty} b_n$ がともに絶対収束するならば，積級数 $\sum_{n=1}^{\infty} c_n$ も絶対収束し，次の等式が成立する．

$$\sum_{n=1}^{\infty} c_n = \left(\sum_{n=1}^{\infty} a_n\right)\left(\sum_{n=1}^{\infty} b_n\right) \tag{6.12}$$

(証明) まず，任意の n について，

$$\sum_{k=1}^{n} |c_k| \leq \left(\sum_{k=1}^{n} |a_k|\right)\left(\sum_{k=1}^{n} |b_k|\right) \leq \left(\sum_{k=1}^{\infty} |a_k|\right)\left(\sum_{k=1}^{\infty} |b_k|\right) < \infty$$

となるので，$\sum_{n=1}^{\infty} |c_n|$ は収束，すなわち，$\sum_{n=1}^{\infty} c_n$ は絶対収束している．3 つの級数 $\sum_{n=1}^{\infty} a_n$, $\sum_{n=1}^{\infty} b_n$, $\sum_{n=1}^{\infty} c_n$ の第 n 部分和をそれぞれ，A_n, B_n, C_n とおく．このとき，

$$\begin{aligned}
|C_{2n} - A_{2n} B_{2n}| &\leq (|a_{n+1}| + \cdots + |a_{2n}|)(|b_1| + \cdots + |b_{2n}|) \\
&\quad + (|a_1| + \cdots + |a_{2n}|)(|b_{n+1}| + \cdots + |b_{2n}|)
\end{aligned} \tag{6.13}$$

が成り立つ．ここで $s = \sum_{n=1}^{\infty} |a_n|$ は収束するので，$S_n := \sum_{k=1}^{n} |a_n|$ とおくと，
$$|a_{n+1}| + \cdots + |a_{2n}| = S_{2n} - S_n \to s - s = 0 \quad (n \to \infty)$$
となり，また，$\sum_{n=1}^{\infty} |b_n|$ も収束するので，同様に，
$$|b_{n+1}| + \cdots + |b_{2n}| \to 0 \quad (n \to \infty)$$
となるので，(6.13) の右辺 $\to 0 \ (n \to \infty)$ となる．ゆえに
$$\sum_{n=1}^{\infty} c_n = \left(\sum_{n=1}^{\infty} a_n\right)\left(\sum_{n=1}^{\infty} b_n\right)$$
を得る．

(6.13) の不等式については，図 6.3 を参考にし，「図の白い部分の面積は，太実線で囲まれた 2 つの領域の面積の和を超えない」ことを使って両辺の項をカウントすればよい． //

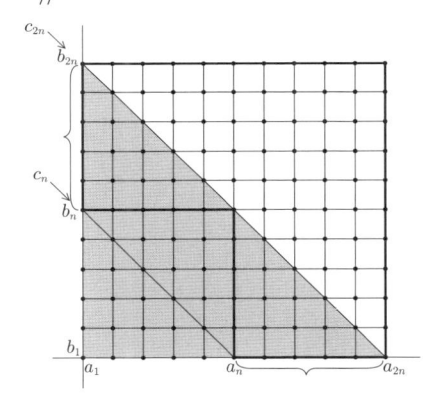

図 6.3 白い部分の面積 ≤ 太実線で囲まれた部分の面積

例 6.8 2 つの実数 z と w に対して，
$$e^z e^w = e^{z+w} \qquad (指数法則)$$
が成り立つことを示せ．
(解答) $e^z = \sum_{n=0}^{\infty} \frac{1}{n!} z^n$ および $e^w = \sum_{n=0}^{\infty} \frac{1}{n!} w^n$ である．そこで $e^z e^w$ の積級数 $\sum_{n=0}^{\infty} c_n$ を計算すると，$a_k = \frac{1}{k!} z^k$, $b_k = \frac{1}{k!} w^k$ とおくと，

$$c_n := \sum_{k=0}^{n} a_k\, b_{n-k} = a_0\, b_n + a_1\, b_{n-1} + \cdots + a_{n-1}\, b_1 + a_n\, b_0$$

$$= \frac{1}{0!\,n!}\, z^0\, w^n + \frac{1}{1!\,(n-1)!}\, z^1\, w^{n-1} + \cdots +$$

$$+ \frac{1}{(n-1)!\,1!}\, z^{n-1}\, w^1 + \frac{1}{n!\,0!}\, z^n\, w^0$$

$$= \frac{1}{n!}\left(\frac{n!}{0!\,n!}\, z^0\, w^n + \frac{n!}{1!\,(n-1)!}\, z^1\, w^{n-1} + \cdots + \right.$$

$$\left. + \frac{n!}{(n-1)!\,1!}\, z^{n-1}\, w^1 + \frac{n!}{n!\,0!}\, z^n\, w^0 \right)$$

$$= \frac{1}{n!}\left(\binom{n}{0} z^0\, w^n + \binom{n}{1} z^1\, w^{n-1} + \cdots + \right.$$

$$\left. + \binom{n}{n-1} z^{n-1}\, w^1 + \binom{n}{n} z^n\, w^0 \right)$$

$$= \frac{1}{n!}\, (z+w)^n.$$

したがって,

$$e^z\, e^w = \sum_{n=0}^{\infty} c_n = \sum_{n=0}^{\infty} \frac{1}{n!}\,(z+w)^n = e^{z+w}$$

を得る. //

演習問題 6.2

1. 次の級数の収束・発散を調べよ.

(1) $\sum_{n=1}^{\infty} \frac{3n+1}{n^2+1}$ (2) $\sum_{n=1}^{\infty} \frac{1}{n^{pn}}$ $(p > 0)$

(3) $\sum_{n=1}^{\infty} \frac{n^a}{n!}$ $(a > 0)$ (4) $\sum_{n=1}^{\infty} \frac{1}{\log(an+1)}$ $(a > 0)$

(5) $\sum_{n=1}^{\infty} (-1)^n \cos n$ (6) $\sum_{n=1}^{\infty} \frac{e^n}{2n+1}$

(7) $\sum_{n=1}^{\infty} \frac{n^2}{a^n}$ $(a > 0)$ (8) $\sum_{n=1}^{\infty} \frac{\log n}{n^a}$ $(a \geq 3)$

(9) $\sum_{n=1}^{\infty} \frac{a^n}{n^n}$ $(a > 0)$

2. 次の級数は絶対収束するか.

(1) $\sum_{n=1}^{\infty} \frac{\sin an}{n^2}$

(2) $\sum_{n=1}^{\infty} (-1)^{n-1} \frac{1}{(n+1)^a}$ $(a > 0)$

(3) $\sum_{n=0}^{\infty} (\sqrt{n+1} - \sqrt{n})\, x^n$ $(-1 < x < 1)$

(4) $\sum_{n=1}^{\infty} \frac{(-1)^{n-1}}{n} \log\left(1 + \frac{1}{n}\right)$

6.3 整級数

6.3.1 整級数

実数 c と数列 $a_0, a_1, a_2, \ldots$ が与えられているとき,変数 x についての級数
$$\sum_{n=0}^{\infty} a_n (x-c)^n = a_0 + a_1 (x-c) + a_2 (x-c)^2 + \cdots + a_n (x-c)^n + \cdots$$
を,c を中心とする**整級数**という.$z = x - c$ と変数を置き換えると,
$$\sum_{n=0}^{\infty} a_n z^n = a_0 + a_1 z + a_2 z^2 + \cdots + a_n z^n + \cdots$$
の形になるので,以下では 0 を中心とする整級数
$$\sum_{n=0}^{\infty} a_n x^n = a_0 + a_1 x + a_2 x^2 + \cdots + a_n x^n + \cdots$$
について話を進める.

定理 6.13 整級数について次が成り立つ.

(1) 整級数 $\sum_{n=0}^{\infty} a_n x^n$ が $x_0 \neq 0$ で収束するならば,$|x| < |x_0|$ となるすべての x に対して,$\sum_{n=0}^{\infty} a_n x^n$ は絶対収束する.

(2) 整級数 $\sum_{n=0}^{\infty} a_n x^n$ が $x_0 \neq 0$ で発散するならば,$|x_0| < |x|$ となるすべての x について,$\sum_{n=0}^{\infty} a_n x^n$ は発散する.

(証明) (1) $\sum_{n=0}^{\infty} a_n x_0^n$ が収束するのであるから,定理 6.2 により,
$$\lim_{n \to \infty} a_n x_0^n = 0$$
となる.したがって,
$$|a_n x_0^n| < 1 \quad (n = N, N+1, \ldots)$$
となるような自然数 N を選ぶことができる.このとき $|x| < |x_0|$ を満たす x に対して,
$$|a_n x^n| = |a_n x_0^n| \left|\frac{x}{x_0}\right|^n < \left|\frac{x}{x_0}\right|^n \quad (n = N, N+1, \ldots)$$
となる.$\left|\frac{x}{x_0}\right| < 1$ なので,例 6.1 を使うと,
$$\sum_{n=N}^{\infty} |a_n x^n| \leq \sum_{n=N}^{\infty} \left|\frac{x}{x_0}\right|^n \leq \sum_{n=0}^{\infty} \left|\frac{x}{x_0}\right|^n \quad (収束)$$
したがって,$\sum_{n=0}^{\infty} |a_n x^n|$ は収束する.

(2) 結論を否定し,もし $|x_0| < |x|$ となるある x で,$\sum_{n=0}^{\infty} a_n x^n$ が収束したとすれば,(1) により,$\sum_{n=0}^{\infty} a_n x_0^n$ は収束しなければならず,これは仮定

に反する． //

6.3.2 収束半径

前定理 6.13 より，整級数 $\sum_{n=0}^{\infty} a_n x^n$ の収束・発散については，次の 3 通りの場合が起こる：

(a) 0 以外のすべての x について，整級数 $\sum_{n=0}^{\infty} a_n x^n$ は発散する．

(b) すべての x について，整級数 $\sum_{n=0}^{\infty} a_n x^n$ は絶対収束する．

(c) 次の性質を満たす正の数 $r > 0$ が存在する：

$|x| < r$ となるすべての x に対して，整級数 $\sum_{n=0}^{\infty} a_n x^n$ は絶対収束し，$|x| > r$ となるすべての x に対して，整級数 $\sum_{n=0}^{\infty} a_n x^n$ は発散する（図 6.4）．

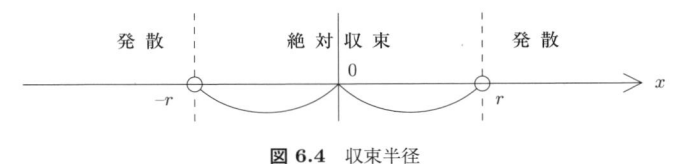

図 6.4 収束半径

(c) の場合において定まる正の数 $r > 0$ を，整級数 $\sum_{n=0}^{\infty} a_n x^n$ の**収束半径**という．(a) の場合は，収束半径は 0, (b) の場合は，収束半径は ∞ とおくこととする．また，整級数 $\sum_{n=0}^{\infty} a_n x^n$ が収束する x の範囲を，この整級数の**収束域**という．r を収束半径とすれば，収束域は次の 4 通りのいずれかとなる．

$$(-r, r), \quad (-r, r], \quad [-r, r), \quad [-r, r]$$

ただし，$x = r$ または $x = -r$ における $\sum_{n=0}^{\infty} a_n x^n$ の収束・発散については，個々の場合に確かめねばならない．

収束半径については次の定理がある．

定理 6.14 整級数 $\sum_{n=0}^{\infty} a_n x^n$ の収束半径 r について，次が成り立つ．

(1) $\ell = \lim_{n \to \infty} \sqrt[n]{|a_n|}$ が存在すれば，$r = \frac{1}{\ell}$．

(2) $\ell = \lim_{n \to \infty} \left| \frac{a_{n+1}}{a_n} \right|$ が存在すれば，$r = \frac{1}{\ell}$．

ここで (1) または (2) のいずれの場合も，$\ell = 0$ のときは，収束半径 $r = \infty \left(= \frac{1}{0} \right)$ であり，$\ell = \infty$ のときは，$r = 0 \left(= \frac{1}{\infty} \right)$ であるものとする．

(証明) 定理 6.9，6.10 を用いる．実際，任意に与えられた実数 x について，

$$\lim_{n\to\infty} \sqrt[n]{|a_n x^n|} = \lim_{n\to\infty} \sqrt[n]{|a_n|}\,|x| = \ell \cdot |x|,$$
$$\lim_{n\to\infty} \left|\frac{a_{n+1} x^{n+1}}{a_n x^n}\right| = \lim_{n\to\infty} \left|\frac{a_{n+1}}{a_n}\right| \cdot |x| = \ell \cdot |x|$$

となる．ゆえに，
$$\ell |x| < 1 \iff |x| < \frac{1}{\ell} \quad \left(\ell |x| > 1 \iff |x| > \frac{1}{\ell}\right)$$
に注意すれば，定理 6.9, 6.10 により，求める結果を得る． //

例 6.9 次を示せ．
(1) $\sum_{n=0}^\infty n!\, x^n$ の収束半径は 0 である．
(2) $\sum_{n=0}^\infty (-1)^n \frac{2+\cos n}{(n+1)^n} x^n$ の収束半径は ∞ である．
(3) $\sum_{n=0}^\infty (-1)^n \left(\frac{n+1}{3n+1}\right)^n x^n$ の収束半径は 3 である．

(解答) (1) $a_n = n!$ なので，
$$\ell = \lim_{n\to\infty} \left|\frac{a_{n+1}}{a_n}\right| = \lim_{n\to\infty} \frac{(n+1)!}{n!} = \lim_{n\to\infty} n+1 = \infty.$$
したがって，収束半径 $r = 0$.

(2) $a_n = \frac{2+\cos n}{(n+1)^n}$ なのであるから，
$$\ell = \lim_{n\to\infty} \sqrt[n]{|a_n|} = \lim_{n\to\infty} \frac{\sqrt[n]{2+\cos n}}{n+1} = 0.$$
実際，
$$1 \leq \sqrt[n]{2+\cos n} \leq 3^{\frac{1}{n}} \to 3^0 = 1 \quad (n\to\infty)$$
なのであるから，$\lim_{n\to\infty} \sqrt[n]{2+\cos n} = 1$. したがって，$r = \frac{1}{0} = \infty$.

(3) $a_n = (-1)^n \left(\frac{n+1}{3n+1}\right)^n$ なので，
$$\ell = \lim_{n\to\infty} \sqrt[n]{|a_n|} = \lim_{n\to\infty} \frac{n+1}{3n+1} = \frac{1}{3}.$$
したがって，収束半径 $r = \frac{1}{\ell} = 3$. //

注意 6.5 整級数については，$\sum_{n=0}^\infty a_n x^n$ と $\sum_{n=0}^\infty |a_n x^n|$ とは，同じ収束半径をもつ．

次の定理は理論上重要な役割を次節において果たす．

定理 6.15 任意の 3 つの整級数 $\sum_{n=0}^\infty a_n x^n$, $\sum_{n=1}^\infty n\, a_n x^{n-1}$ および $\sum_{n=0}^\infty \frac{a_n}{n+1} x^{n+1}$ の収束半径はすべて同一である．

(証明) 任意の整級数 $\sum_{n=0}^{\infty} a_n x^n$ と $\sum_{n=1}^{\infty} n a_n x^{n-1}$ について，それらの収束半径が等しいことを示す．そうすれば，$b_{n+1} = \frac{a_n}{n+1}$ とおくと，

$$\sum_{n=0}^{\infty} \frac{a_n}{n+1} x^{n+1} = \sum_{n=0}^{\infty} b_{n+1} x^{n+1} = \sum_{m=1}^{\infty} b_m x^m$$

$$\sum_{n=0}^{\infty} a_n x^n = \sum_{n=0}^{\infty} (n+1) b_{n+1} x^n = \sum_{m=1}^{\infty} m\, b_m x^{m-1}$$

となり，これらの右辺の整級数の収束半径は等しいことになるからである．

そこで，r と R をそれぞれ，$\sum_{n=0}^{\infty} a_n x^n$ と $\sum_{n=1}^{\infty} n a_n x^{n-1}$ の収束半径とする．

(第1段) $R \leq r$ であること． $|x| < R$ となるすべての実数 x に対して，$\sum_{n=0}^{\infty} |a_n x^n|$ が収束することを示そう．そうすれば，$R \leq r$ である．(もし，$r < R$ と仮定すれば，$r < |x| < R$ となるような実数 x を選ぶと，上のことからこの x に対して $\sum_{n=0}^{\infty} |a_n x^n|$ は収束するが，これは r が整級数 $\sum_{n=0}^{\infty} a_n x^n$ の収束半径であることに反するからである．) さて，$|x| < R$ とする．$\sum_{n=1}^{\infty} n a_n x^{n-1}$ は絶対収束するので，次式が成り立つから求める主張を得る．

$$\sum_{n=0}^{\infty} |a_n x^n| \leq \sum_{n=1}^{\infty} |n a_n x^n| = |x| \sum_{n=1}^{\infty} |n a_n x^{n-1}| < \infty \quad (\text{収束})$$

(第2段) $r \leq R$ であること． $|x| < r$ となるすべての実数 x に対して，$\sum_{n=1}^{\infty} n a_n x^{n-1}$ が絶対収束することを示そう．そうすれば，先ほどと同様に，$r \leq R$ がわかる．$|x| < r$ とし，$|x| < \rho < r$ となる ρ を選ぶ．このとき，$0 < \rho < r$ と r の定義より，$\sum_{n=0}^{\infty} a_n \rho^n$ は収束している．ここで

$$\rho \sum_{n=1}^{\infty} a_n \rho^{n-1} = \sum_{n=1}^{\infty} a_n \rho^n$$

なので，$\sum_{n=1}^{\infty} a_n \rho^{n-1}$ も収束している．ゆえに定理 6.2 により，$\lim_{n \to \infty} a_n \rho^{n-1} = 0$ となる．とくに，数列 $\{|a_n \rho^{n-1}|\}_{n=1}^{\infty}$ は有界である．すなわち，

$$|a_n \rho^{n-1}| \leq M \quad (n = 1, 2, \ldots)$$

となる n に依存しない定数 $M > 0$ が存在する．したがって，

$$|n a_n x^{n-1}| = |a_n \rho^{n-1}| n \left|\frac{x}{\rho}\right|^{n-1} \leq Mn \left|\frac{x}{\rho}\right|^{n-1} \quad (n = 1, 2, \ldots) \quad (6.14)$$

が成り立つ．ここで $y := \frac{x}{\rho}$ とおくと，$|y| < 1$ である．ところが，整級数 $\sum_{n=1}^{\infty} n y^{n-1}$ の収束半径を調べると，$\lim_{n \to \infty} \frac{n+1}{n} = 1$ なので，定理 6.14 (2) により，収束半径は 1 である．ゆえに，$y = \frac{x}{\rho}$ に対して，$\sum_{n=1}^{\infty} n y^{n-1}$ は収

束している．ゆえに，(6.14) により，次を得る．
$$\sum_{n=1}^{\infty} |n\, a_n\, x^{n-1}| \le M \sum_{n=1}^{\infty} n \left|\frac{x}{\rho}\right|^{n-1} = M \sum_{n=1}^{\infty} n\, |y|^{n-1} < \infty \quad \text{(収束)}$$
となる．

以上より，第1段と第2段とあわせて，$r = R$ を得る． //

演習問題 6.3

1. 次の整級数の収束半径を求めよ．ただし a および p は正の定数とする．

(1) $\sum_{n=0}^{\infty} \frac{1}{(n+1)^{n+1}} x^n$ 　　(2) $\sum_{n=0}^{\infty} \frac{n^p}{n!} x^n$

(3) $\sum_{n=1}^{\infty} \frac{n}{(n+1)^p} x^n$ 　　(4) $\sum_{n=0}^{\infty} \frac{n}{a^n} x^n$

(5) $\sum_{n=0}^{\infty} \frac{1}{n+1} \frac{1}{a^n} x^{n+1}$ 　　(6) $\sum_{n=0}^{\infty} \frac{1}{n^p} x^n$

2. 次の整級数の収束半径を求めよ．

(1) $\sum_{n=0}^{\infty} \frac{1}{(2n)!} x^{2n}$ 　　(2) $\sum_{n=0}^{\infty} \frac{(-1)^n}{n+1} x^{n+1}$

(3) $\sum_{n=2}^{\infty} \frac{1}{\log n} x^n$ 　　(4) $\sum_{n=0}^{\infty} \frac{(n!)^a}{(2n)!} x^n \quad (a > 0)$

(5) $\sum_{n=0}^{\infty} \frac{3^{3n}}{(3n)!} x^n$ 　　(6) $\sum_{n=1}^{\infty} \frac{n^{n+1}}{n!} x^n$

6.4 関 数 項 級 数

この節では，整級数 $\sum_{n=0}^{\infty} a_n x^n$ の x の関数としての連続性，微分可能性や積分可能性について論じたいので，このために必要となる概念について準備する．

例として，等比級数
$$\sum_{n=0}^{\infty} x^n = \frac{1}{1-x} \qquad (-1 < x < 1)$$
を考える．この級数は $x = 0$ の近くでは，収束などについて安心してよいが，$x = 1$ に近づくにつれて，無限大に発散する（図 6.5）．この $x = 0$ の近くでの"安心な状態"を，数学的に表現したい．これが"一様収束"の考え方である．

6.4.1 一 様 ノ ル ム

はじめに，区間 I 上で定義された関数 $f(x)$ に対して，**一様ノルム**とよばれる次の量を考える．

$$\|f\| := \sup_{x \in I} |f(x)| \tag{6.15}$$

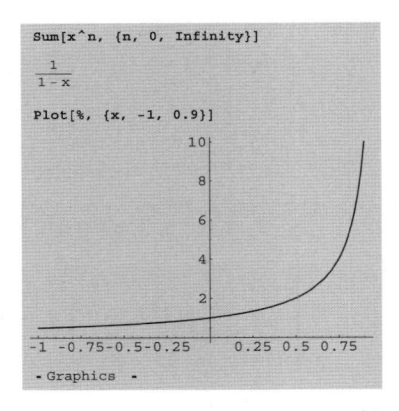

図 6.5 *Mathematica* による $\sum_{n=0}^{\infty} x^n = \frac{1}{1-x}$ の図

これは関数 $f(x)$ が全体として 0 とどれくらい離れているかを測る量である（図 6.6）．

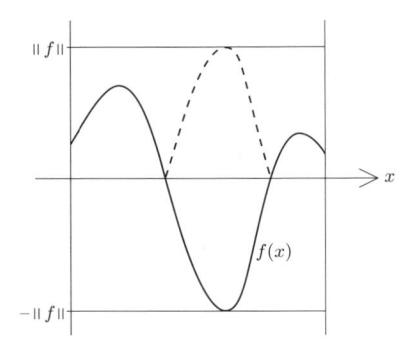

図 6.6 一様ノルム

$\|f\| < \infty$ であることは，関数 $f(x)$ が区間 I 上で有界であり，$|f(x)|$ の上限が $\|f\|$ で与えられることを意味している．

次に，2 つの関数の和と実数のスカラー倍などと一様ノルムとの関係を調べる．ここで，I 上の 2 つの関数 $f(x)$ と $g(x)$ と実数 c に対して，

$$(f+g)(x) := f(x) + g(x), \quad (cf)(x) := c f(x) \qquad (x \in I)$$

により，和とスカラー倍が定義される．このとき，

定理 6.16 (1) I 上の有界な 2 つの関数 $f(x)$, $g(x)$ に対して，次が成り立つ．

$$\|f+g\| \leq \|f\| + \|g\| \tag{6.16}$$

(2) I 上の有界な関数 $f(x)$ と実数 c に対して，次が成り立つ．
$$\|cf\| = |c|\,\|f\| \tag{6.17}$$

(3) I 上の有界な関数 $f(x)$ に対して，
$$\|f\| \geq 0 \tag{6.18}$$

とくに，$\|f\| = 0$ ならば，$f(x) = 0\ (x \in I)$ である．

(証明) (1) と (2) は次のように示される．$x \in I$ に対して，
$$|f(x)+g(x)| \leq |f(x)|+|g(x)|, \quad |cf(x)| = |c|\,|f(x)|.$$
したがって，
$$\sup_{x\in I}|f(x)+g(x)| \leq \sup_{x\in I}|f(x)|+\sup_{x\in I}|g(x)|$$
$$\sup_{x\in I}|cf(x)| = |c|\sup_{x\in I}|f(x)|$$
が成り立つからである．

(3) (6.18) は明らかである．また，任意の $a \in I$ に対して，
$$|f(a)| \leq \sup_{x\in I}|f(x)| = \|f\|$$
が成り立つ．ゆえに，$\|f\| = 0$ なら，$|f(a)| = 0\ (a \in I)$. //

例 6.10 次の関数 $f(x)$ の一様ノルム $\|f\|$ を求めよ．

(1) $f(x) = x^n,\ I = [0,1)\ (n = 1, 2, \ldots)$

(2) $f(x) = \dfrac{x}{x^2+1},\ I = [0, \infty)$.

(解答) (1) $0 \leq x < 1\ (0 \leq x < 1)$ であり，$\lim_{x\to 1} x^n = 1$ なので，$\|f\| = 1$.

(2) $f'(x) = \dfrac{1-x^2}{(x^2+1)^2}$ より，$f(x)$ は $x = 1$ で最大値 $\dfrac{1}{2}$ を取る．ゆえに $\|f\| = \dfrac{1}{2}$ となることがわかる． //

6.4.2 関数列

区間 I 上の関数 $f_n(x)\ (x \in I)\ (n = 1, 2, \ldots)$ よりなる列を，I 上の**関数列**といい，$\{f_n\}_{n=1}^{\infty}$ と書く．さて，関数列 $\{f_n\}_{n=1}^{\infty}$ が I 上の関数 $f(x)$ に**一様収束**するとは，
$$\lim_{n\to\infty} \|f_n - f\| = 0$$
となるときをいう (図 6.7)．

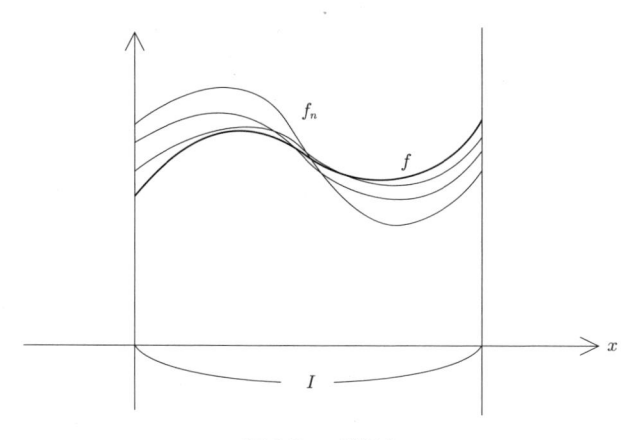

図 6.7 一様収束

定理 6.17 I 上定義された関数列 $\{f_n\}_{n=1}^{\infty}$ が I 上の関数 f に一様収束すれば，区間 I 上の任意の点 a に対して，
$$\lim_{n \to \infty} f_n(a) = f(a)$$
が成り立つ．

(証明) 実際，任意の $a \in I$ に対して，$n \to \infty$ のとき
$$|f_n(a) - f(a)| \leq \sup_{x \in I} |f_n(x) - f(x)| = \|f_n - f\| \to 0. \quad //$$

注意 6.6 定理 6.17 の逆は成り立たない．すなわち，区間 I 上の任意の点 x について，$\lim_{n \to \infty} f_n(x) = f(x)$ が成り立つからといって，関数列 $\{f_n\}_{n=1}^{\infty}$ が f に一様収束するとは限らない．実際，次のような例がある．半開区間 $I = [0, 1)$ 上の関数列 $\{f_n\}_{n=1}^{\infty}$ として，
$$f_n(x) = x^n, \quad x \in I \quad (n = 1, 2, \cdots)$$
を考える．このとき，$f(x) = 0 \ (x \in I)$ とすると，
$$\lim_{n \to \infty} f_n(x) = 0 = f(x), \quad x \in I$$
が成り立つ．しかし，I 上の一様ノルムについては，
$$\|f_n - f\| = \sup_{x \in I} |f_n(x) - f(x)| = \sup_{0 \leq x < 1} |x^n - 0| = 1$$
となるので，$\{f_n\}_{n=1}^{\infty}$ は f に $I = [0, 1)$ 上で一様収束していない（図 6.8）．

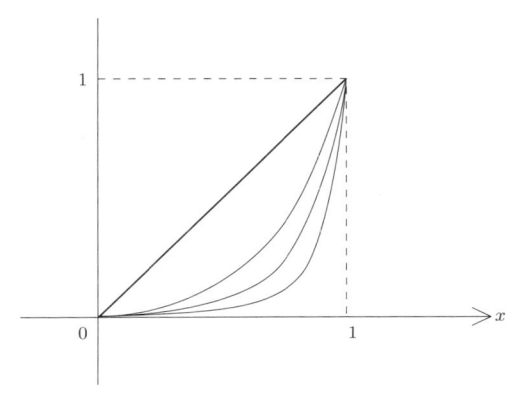

図 6.8 x^n のグラフ

定理 6.18 f_n を区間 I 上定義された連続関数とする $(n = 1, 2, \ldots)$. I 上定義された関数列 $\{f_n\}_{n=1}^{\infty}$ が I 上の関数 f に一様収束すれば, 関数 f は I 上連続である (つまり, 連続な関数列の一様収束極限関数は連続である).

(証明) 任意の I 内の 2 点 x と x' に対して,

$$|f(x) - f(x')| \leq |f(x) - f_n(x)| + |f_n(x) - f_n(x')| + |f_n(x') - f(x')|$$
$$\leq \|f - f_n\| + |f_n(x) - f_n(x')| + \|f_n - f\|$$

が成り立つ $(n = 1, 2, \ldots)$. ここで, 各 f_n は連続であるので,

$$x \to x' \text{ ならば } |f_n(x) - f_n(x')| \to 0$$

である. ゆえに,

$$\lim_{x \to x'} |f(x) - f(x')| \leq 2\|f_n - f\| \quad (n = 1, 2, \ldots) \tag{6.19}$$

である. 仮定より, $\lim_{n \to \infty} \|f_n - f\| = 0$ であるので, (6.19) とあわせて,

$$\lim_{x \to x'} |f(x) - f(x')| = 0$$

を得る. これは f が I は上で連続であることを意味する. //

6.4.3 関数列の微分と積分

次の定理が成り立つ. きわめて有用な定理である.

定理 6.19 (1) $f_n(x)$ は, 閉区間 $[a, b]$ 上定義された連続関数とする $(n = 1, 2, \ldots)$. 関数列 $\{f_n\}_{n=1}^{\infty}$ が $[a, b]$ 上の関数 f に一様収束すれば, 次が成り

立つ.
$$\lim_{n\to\infty}\int_a^b f_n(x)dx = \int_a^b f(x)dx.$$

(2) f_n は,区間 I 上の C^1-関数とし $(n=1,2,\ldots)$, f と g は区間 I 上の2つの関数とする.区間 I 上の各点 x に対して,
$$\lim_{n\to\infty} f_n(x) = f(x)$$
が成り立ち,f_n の導関数 $f_n{}'$ よりなる関数列 $\{f_n{}'\}_{n=1}^\infty$ が g に一様収束したとする.このとき,f は I の各点 a で微分可能であり,
$$f'(a) = g(a) = \lim_{n\to\infty} f_n{}'(a)$$
が成り立つ.ここで,f が I 上の C^1-関数であるとは,I 上の各点で f は微分可能であり,f' が連続であるときをいう.

(証明) (1) 閉区間 $[a,b]$ の各点 c に対して,
$$|f_n(c)-f(c)| \le \sup_{x\in I}|f_n(x)-f(x)| = \|f_n-f\|$$
が成り立つので,
$$\begin{aligned}\left|\int_a^b f_n(x)dx - \int_a^b f(x)dx\right| &\le \int_a^b |f_n(x)-f(x)|\,dx \\ &\le \int_a^b \|f_n-f\|dx \\ &= \|f_n-f\|(b-a) \qquad (6.20)\end{aligned}$$
となる.ここで,仮定より,$n\to\infty$ とすると,$\|f_n-f\|\to 0$ となるので,(6.20)により,(1) が得られる.

(2) 仮定より,連続な関数列 $\{f_n{}'\}_{n=1}^\infty$ は I 上で g に一様収束しているので,定理 6.18 により,g も I 上で連続である.さらに,(1) により,$a\in I$ と $x\in I$ に対して,
$$\int_a^x g(t)dt = \lim_{n\to\infty}\int_a^x f_n{}'(t)dt = \lim_{n\to\infty}\{f_n(x)-f_n(a)\} = f(x)-f(a) \quad (6.21)$$
となる.ここで,$g(t)$ は連続関数であるので,微分積分学の基本定理 (定理 3.9) により,$\int_a^x g(t)dt$ は x について微分可能な関数である.したがって (6.21) により,$f(x)$ も微分可能な関数である.そこで,(6.21) の両辺を x について $x=a$ で微分すると,
$$f'(a) = \frac{d}{dx}\bigg|_{x=a}\int_a^x g(t)dt = g(a) = \lim_{n\to\infty} f_n{}'(a)$$
が成り立ち,求める結論を得る. //

6.4.4 関数項級数

区間 I 上の関数列 $\{f_n\}_{n=1}^{\infty}$ について,級数 $\sum_{n=1}^{\infty} f_n(x)$, $x \in I$ を**関数項級数**という.第 n 部分和

$$S_n(x) = f_1(x) + f_2(x) + \cdots + f_n(x), \quad x \in I$$

によって定義される I 上の関数列 $\{S_n(x)\}_{n=1}^{\infty}$ を考える.この関数列 $\{S_n\}_{n=1}^{\infty}$ が関数 $S(x)$, $x \in I$ に一様収束するとき,関数項級数 $\sum_{n=1}^{\infty} f_n(x)$, $x \in I$ は $S(x)$, $x \in I$ に**一様収束**するという.すなわち,

$$\lim_{n \to \infty} \|S_n - S\| = \lim_{n \to \infty} \sup_{x \in I} |S_n(x) - S(x)| = 0$$

となるときをいう.$\sum_{n=1}^{\infty} |f_n(x)|$, $x \in I$ が一様収束するとき,関数項級数 $\sum_{n=1}^{\infty} f_n(x)$, $x \in I$ は**一様絶対収束**するという.一様絶対収束について次の定理が成り立つ.

定理 6.20 (一様絶対収束のための判定条件) 区間 I 上の関数列 $\{f_n\}_{n=1}^{\infty}$ と正項級数 $\sum_{n=1}^{\infty} c_n$ について,

$$|f_n(x)| \leq c_n \quad (x \in I)$$

が成り立つとする.級数 $\sum_{n=1}^{\infty} c_n$ が収束すれば,関数項級数 $\sum_{n=1}^{\infty} f_n(x)$, $x \in I$ は一様絶対収束する.

(証明) 区間 I の各点 x と各 $n = 1, 2, \ldots$ に対して,

$$\sum_{k=1}^{n} |f_k(x)| \leq \sum_{k=1}^{n} c_k \leq \sum_{n=1}^{\infty} c_n < \infty \quad (収束)$$

なのであるから,定理 6.5 より,$\sum_{n=1}^{\infty} f_n(x)$ は絶対収束している.その極限を $f(x) = \sum_{n=1}^{\infty} f_n(x)$ とする.このとき,

$$\left\| \sum_{k=1}^{n} f_k - f \right\| = \left\| \sum_{k=n+1}^{\infty} f_k \right\| \leq \sum_{k=n+1}^{\infty} c_k \to 0 \quad (n \to \infty)$$

となるので,関数項級数 $\sum_{n=1}^{\infty} f_n(x)$, $x \in I$, は f に一様絶対収束している.実際,$\sum_{k=n+1}^{\infty} c_k \to 0 \ (n \to \infty)$ となることは,$s = \sum_{n=1}^{\infty} c_n < \infty$ とすると,

$$\lim_{n \to \infty} \left| \sum_{k=n+1}^{\infty} c_k \right| = \lim_{n \to \infty} \left| s - \sum_{k=1}^{n} c_k \right| = 0$$

となることからいえる. //

6.4.5 関数項級数の微分と積分

これについては次の定理が成り立つ.

定理 6.21 (1) (項別積分可能定理) $f_n(x)$ は，閉区間 $[a,b]$ 上定義された連続関数とする $(n=1,2,\cdots)$．関数項級数 $\sum_{n=1}^{\infty} f_n(x)$, $x \in [a,b]$ が $[a,b]$ 上の関数 s に一様収束すれば，s は $[a,b]$ 上の連続関数であり，次が成り立つ．

$$\sum_{n=1}^{\infty} \int_a^b f_n(x)dx = \int_a^b s(x)dx. \tag{6.22}$$

(2) (項別微分可能定理) f_n は，区間 I 上の C^1-関数とし $(n=1,2,\ldots)$，s と g は区間 I 上の2つの関数とする．区間 I 上の各点 x に対して，

$$\sum_{n=1}^{\infty} f_n(x) = s(x)$$

が成り立ち，関数項級数 $\sum_{n=1}^{\infty} f_n{}'(x)$, $x \in I$ が g に一様収束したとする．このとき，s は I の各点 a で微分可能であり，

$$s'(a) = g(a) = \lim_{n \to \infty} f_n{}'(a) \tag{6.23}$$

が成り立つ．

(証明) (1) s が連続関数であることは，定理 6.18 によりわかる．等式 (6.22) は，定理 6.19(1) によりわかる．(2) は，定理 6.19(2) よりいえる． //

演習問題 6.4

1. 次のように区間 I 上で定義された関数 f の一様ノルム $\|f\| := \sup_{x \in I} |f(x)|$ を，それぞれ計算せよ．
 (1) $I = \left(0, \frac{2}{\pi}\right]$, $\quad f(x) = x \sin \frac{1}{x}$
 (2) $I = [0,1)$, $\quad f(x) = x^{2n+1}$ $\quad (n=1,2,\ldots)$
 (3) $I = \left[0, \frac{\pi}{2}\right)$, $\quad f(x) = \tan x$
 (4) $I = [1, \infty)$, $\quad f(x) = \frac{1}{x}$

2. 次のように与えられる区間 I 上の関数列 $\{f_n\}_{n=1}^{\infty}$ の極限関数 f を求めよ．また，$\|f_n - f\|$ を計算して，一様収束するか否かを，それぞれ確かめよ．
 (1) $I = (0, 2]$, $\quad f_n(x) = \frac{(n+2)x + n^2 x^3}{2 + n^2 x^2}$ $\quad (n=1,2,\ldots)$
 (2) $I = [0, \infty)$, $\quad f_n(x) = \frac{n}{x^2 + n^2}$ $\quad (n=1,2,\ldots)$

3. $0 < \epsilon < 1$ とする．次のような関数項級数について答えよ．
 (1) $\sum_{n=0}^{\infty} e^{-nx}$ は閉区間 $[\epsilon, 1]$ 上で一様収束することを示せ．
 (2) 閉区間 $[\epsilon, 1]$ 上で項別微分法を使い，$\sum_{n=0}^{\infty} n e^{-nx}$ は何になるか計算せよ．

4. $f_n(x) = x^n$, $(x \in [0,1])$ $\quad (n=1,2,\ldots)$ とする．
 (1) 関数列 $\{f_n\}_{n=1}^{\infty}$ は次の $[0,1]$ 上の関数 F に収束することを示せ．

$$F(x) = \begin{cases} 0, & x \in [0,1) \\ 1, & x = 1 \end{cases}$$

(2)　$[0,1]$ 上においては，$\{f_n\}_{n=1}^{\infty}$ は F に一様収束しないことを示せ．

(3)　$0 < a < 1$ とする．このとき，閉区間 $[0,a]$ 上において，$\{f_n\}_{n=1}^{\infty}$ は F に一様収束することを示せ．

6.5　整級数の微分積分と級数展開

この節では，前節の結果を使い，整級数の項別微分と項別積分に関する定理を示す．また，それらを応用して種々の興味深い公式を示す．

6.5.1　整級数の一様収束性

整級数の一様収束については次の定理がある．

定理 6.22　整級数 $\sum_{n=0}^{\infty} a_n x^n$ の収束半径を r とし，$0 < r \leq \infty$ とする．このとき，任意の $0 < r_0 < r$ を満たす r_0 に対して，閉区間 $[-r_0, r_0]$ 上で，整級数 $\sum_{n=0}^{\infty} a_n x^n$ は一様絶対収束する．
(証明)　r は整級数 $\sum_{n=0}^{\infty} a_n x^n$ の収束半径であり，$0 < r_0 < r$ なのであるから，$\sum_{n=0}^{\infty} |a_n| r_0^n$ は収束している．また，閉区間 $[-r_0, r_0]$ 上で，

$$|a_n x^n| \leq |a_n| r_0^n$$

が成り立つ．したがって，定理 6.20 より，$\sum_{n=0}^{\infty} a_n x^n$ は $[-r_0, r_0]$ 上で一様絶対収束している．　　//

6.5.2　整級数の微分と積分

定理 6.22 のおかげで，定理 6.21 を適用でき，整級数の微分，積分に関する重要な定理を示すことができる．

定理 6.23　整級数 $\sum_{n=0}^{\infty} a_n x^n$ の収束半径を r とし，$0 < r \leq \infty$ とする．$f(x) := \sum_{n=0}^{\infty} a_n x^n$，$-r < x < r$ とおく．このとき，次が成り立つ．
(1)　$f(x)$ は開区間 $(-r, r)$ 上で微分可能であり，次式が成り立つ．

$$f'(x) = \sum_{n=1}^{\infty} n\, a_n\, x^{n-1}.$$

(2) 任意の開区間 $(-r, r)$ 上の点 x に対して，次式が成り立つ．
$$\int_0^x f(t)dt = \sum_{n=0}^{\infty} \frac{a_n}{n+1} x^{n+1}.$$

(証明) 定理 6.15 より，2 つの整級数 $\sum_{n=1}^{\infty} n\, a_n\, x^{n-1}$, $\sum_{n=0}^{\infty} \frac{a_n}{n+1} x^{n+1}$ の収束半径はともに r である．$f_n(x) = a_n x^n$ として，定理 6.21 を使う．

(1) $a \in (-r, r)$ とする．そこで r_0 を $0 < r_0 < r$ かつ $a \in (-r_0, r_0)$ となるように選び，閉区間 $I = [-r_0, r_0] \subset (-r, r)$ を考える．整級数 $\sum_{n=1}^{\infty} n\, a_n\, x^{n-1}$ の収束半径が r であることより，先ほどの定理 6.22 より，これは閉区間 I 上で一様絶対収束する．定理 6.21(2) により，$f(x)$ は各点 $a \in I$ で微分可能であり，
$$f'(a) = \sum_{n=1}^{\infty} f_n{}'(a) = \sum_{n=1}^{\infty} n\, a_n\, a^{n-1}.$$

(2) $x \in (-r, r)$ とする．先ほどの定理 6.22 により，$f(t) = \sum_{n=0}^{\infty} a_n t^n$, $t \in [0, x]$ は閉区間 $[0, x]$ 上で一様絶対収束している．したがって，定理 6.21 (1) により，
$$\int_0^x f(t)dt = \sum_{n=0}^{\infty} \int_0^x f_n(t)dt = \sum_{n=0}^{\infty} \int_0^x a_n t^n\, dt = \sum_{n=0}^{\infty} \frac{a_n}{n+1} x^{n+1}. \quad //$$

定理 6.24 整級数 $\sum_{n=0}^{\infty} a_n x^n$ の収束半径を r とし，$0 < r \leq \infty$ とする．$f(x) := \sum_{n=0}^{\infty} a_n x^n$, $-r < x < r$ とおく．このとき，$f(x)$ は開区間 $(-r, r)$ 上で C^∞-関数であり，$f^{(n)}(0) = a_n n!$ が成り立つ．

(証明) 定理 6.23 (1) を繰り返し使うことにより，$f(x) = \sum_{n=0}^{\infty} a_n x^n$ は開区間 $(-r, r)$ 上で C^∞-関数となる．そこで $f(x)$ を k 回微分すると，
$$f^{(k)}(x) = \sum_{n=k}^{\infty} a_n\, n(n-1)\cdots(n-k+1)\, x^{n-k} = \sum_{n=k}^{\infty} \frac{n!}{(n-k)!} a_n x^{n-k}.$$
ゆえに $f^{(k)}(0) = a_k\, k!. \quad //$

例 6.11 次の等式を示せ．
(1) $\log(1+x) = \sum_{n=1}^{\infty} (-1)^{n-1} \frac{x^n}{n}$ ($|x| < 1$).
(2) $\arctan x = \sum_{n=0}^{\infty} (-1)^n \frac{x^{2n+1}}{2n+1}$ ($|x| < 1$).

(解答) (1) 整級数 $\frac{1}{1+x} = \sum_{n=0}^{\infty} (-1)^n x^n$ ($|x| < 1$) の収束半径は 1 である．よって，$|x| < 1$ に対して，閉区間 $[0, x]$ 上で項別積分できて，

$$\log(1+x) = \int_0^x \frac{dt}{1+t} = \sum_{n=0}^{\infty} \int_0^x (-1)^n\, t^n\, dt = \sum_{n=0}^{\infty} (-1)^n \frac{x^{n+1}}{n+1} \quad (|x|<1).$$

(2) 収束半径 1 の整級数 $\frac{1}{1+x^2} = \sum_{n=0}^{\infty}(-1)^n x^{2n}$ ($|x|<1$) を，各 $|x|<1$ に対して，閉区間 $[0,x]$ 上で項別積分すると，

$$\arctan x = \int_0^x \frac{dt}{1+t^2} = \sum_{n=0}^{\infty} (-1)^n \int_0^x t^{2n}\, dt = \sum_{n=0}^{\infty} (-1)^n \frac{x^{2n+1}}{2n+1}. \quad //$$

例 6.12 任意の実数 a に対して，

$$(1+x)^a = \sum_{n=0}^{\infty} \binom{a}{n} x^n \tag{6.24}$$

が成り立つ．**2項展開**という．ここで，2項係数 $\binom{a}{n}$ は

$$\binom{a}{n} = \begin{cases} \frac{a(a-1)\cdots(a-n+1)}{n!} & (n \neq 0) \\ 1 & (n=0) \end{cases}$$

である．a が 0 または自然数のときは，(6.24) は有限和の 2 項展開である．
(解答) a は 0 でも自然数でもないとして，$a_n = \binom{a}{n}$ とおく．(6.24) の右辺の級数を $f(x)$ とおくと，$\binom{a}{n}/\binom{a}{n+1} = \frac{n+1}{a-n}$ なので，その収束半径 r は

$$r = \frac{1}{\ell} = \lim_{n\to\infty} \left|\frac{a_n}{a_{n+1}}\right| = \lim_{n\to\infty} \left|\frac{n+1}{a-n}\right| = 1.$$

開区間 $(-1,1)$ 上で項別微分できて，

$$\begin{aligned}
(1+x)\, f'(x) &= (1+x) \sum_{n=1}^{\infty} \frac{a(a-1)\cdots(a-n+1)}{(n-1)!} x^{n-1} \\
&= \sum_{n=0}^{\infty} \left\{ (n+1)\binom{a}{n+1} + n\binom{a}{n} \right\} x^n \\
&= \sum_{n=0}^{\infty} a \binom{a}{n} x^n = a\, f(x).
\end{aligned}$$

ゆえに，

$$\frac{d}{dx}\left\{ \frac{f(x)}{(1+x)^a} \right\} = \frac{f'(x)(1+x)^a - f(x)\, a\,(1+x)^{a-1}}{(1+x)^{2a}} = 0.$$

したがって，$f(x) = c\,(1+x)^a$ がわかる．ここで c は定数である．これに，$x=0$ を代入して，$c=1$ を得る．すなわち，$f(x) = (1+x)^a$ を得る．　　//

演習問題 6.5

1. 整級数 $\sum_{n=0}^{\infty} \frac{(-1)^n}{(2n+1)!} x^{4n+2}$ について，次の問いに答えよ．

(1) 収束半径を求めよ． (2) 項別微分せよ． (3) $\int_0^x \sin(t^2)\,dt$ を整級数で表せ．

2. 整級数 $\sum_{n=0}^\infty \frac{1}{2n-1} \frac{1}{2^n n!} x^{2n}$ について，次の問いに答えよ．
(1) 収束半径を求めよ．
(2) $f(x) = x + \sum_{n=0}^\infty \frac{1}{2n-1} \frac{1}{2^n n!} x^{2n}$ を項別微分せよ．
(3) 関数 $f(x)$ は $f''(x) - x f'(x) + f(x) = 0$ を満たすことを示せ．

3. (1) 整級数 $\sum_{n=0}^\infty \frac{1}{(2n)!} x^{2n}$, $\sum_{n=0}^\infty \frac{1}{(2n+1)!} x^{2n+1}$ の収束半径を求めよ．
(2) $\cosh x = \frac{1}{2}(e^x + e^{-x})$, $\sinh x = \frac{1}{2}(e^x - e^{-x})$ とするとき，次を示せ．
$$\cosh x = \sum_{n=0}^\infty \frac{1}{(2n)!} x^{2n}, \qquad \sinh x = \sum_{n=0}^\infty \frac{1}{(2n+1)!} x^{2n+1}$$
(3) $(\cosh x)' = \sinh x, \qquad (\sinh x)' = \cosh x$ を示せ．

6.6 テーラー展開

6.6.1 テーラー展開

実数 a を含む開区間上の関数 $f(x)$ が収束する整級数
$$f(x) = \sum_{n=0}^\infty a_n (x-a)^n \qquad (|x-a| < r, \quad \text{すなわち } x \in (a-r, a+r))$$
で表されるとき，$f(x)$ は $x = a$ で**整級数展開可能**(**テーラー展開可能**または**解析的**) という．右辺を，$f(x)$ の $x = a$ における**整級数展開**(または**テーラー展開**) という．とくに，$x = 0$ における整級数展開を，**マクローリン展開**ともいう．$f(x)$ が $x = a$ においてテーラー展開可能であれば，定理 6.24 により，$f(x)$ は開区間 $(a-r, a+r)$ 上で C^∞-関数であり，
$$a_n = \frac{f^{(n)}(a)}{n!} \qquad (n = 0, 1, 2, \ldots)$$
である．$z = x - a$ と変数変換すれば，
$$f(z+a) = \sum_{n=0}^\infty a_n z^n \qquad (|z| < r)$$
となるので，$x = 0$ における整級数のみを考えれば十分である．マクローリンの定理 (定理 2.15) を思い起こそう．

定理 6.25 (マクローリンの定理) 実数 0 を含む開区間 I 上の C^n-関数 $f(x)$ は
$$f(x) = \sum_{k=0}^{n-1} \frac{f^{(k)}(0)}{k!} x^k + R_n(x), \quad x \in I$$

と書ける．ここで $0 < \theta < 1$ となる θ を上手に選ぶと，剰余項 $R_n(x)$ は
$$R_n(x) = \begin{cases} \frac{f^{(n)}(\theta x)}{n!} x^n & \text{(ラグランジュの剰余項)} \\ \frac{f^{(n)}(\theta x)}{(n-1)!} (1-\theta)^{n-1} x^n & \text{(コーシーの剰余項)} \end{cases}$$
と与えられる．

この定理から，次の定理が直ちに得られる．

定理 6.26 関数 $f(x)$ は実数 0 を含む開区間 I 上で C^∞-関数とする．もし，すべての $x \in I$ に対して，$\lim_{n\to\infty} R_n(x) = 0$ が成り立つならば，関数 $f(x)$ は $x = 0$ で整級数展開可能で，
$$f(x) = \sum_{n=0}^{\infty} \frac{f^{(n)}(0)}{n!} x^n$$
が成り立つ．

したがって，条件 $\lim_{n\to\infty} R_n(x) = 0$ $(x \in I)$ を調べるとよいが，これについては次の定理が成り立つ．

定理 6.27 関数 $f(x)$ は実数 0 を含む開区間 I 上で C^∞-関数とする．もし，I 上で定義された連続関数 $g(x)$ で，
$$|f^{(n)}(x)| \leq g(x) \quad (x \in I) \quad (n = 1, 2, \ldots)$$
が成り立つものが存在すれば，関数 $f(x)$ は $x = 0$ で整級数展開可能で，
$$f(x) = \sum_{n=0}^{\infty} \frac{f^{(n)}(0)}{n!} x^n$$
が成り立つ．

(証明) 定理 6.25 により，剰余項 $R_n(x)$ は
$$|R_n(x)| = \begin{cases} \left|\frac{f^{(n)}(\theta x)}{n!} x^n\right| \leq \frac{g(x)}{n!} |x|^n \to 0 \\ \left|\frac{f^{(n)}(\theta x)}{(n-1)!} (1-\theta)^{n-1} x^n\right| \leq \frac{g(x)}{(n-1)!} |x|^n \to 0 \end{cases}$$
($n \to \infty$ のとき) となるので，ここで次のことに注意すれば，定理 6.25 よりいえる．ここで $a = |x| > 0$ に対して，
$$\lim_{n\to\infty} \frac{a^n}{n!} = 0, \quad \lim_{n\to\infty} \frac{a^n}{(n-1)!} = 0$$
である．実際，$a < N$ となる自然数 N を取り，$n-1 \geq N$ とすると，

$$\frac{a^n}{(n-1)!} = a\frac{a}{1}\frac{a}{2}\cdots\frac{a}{N}\frac{a}{N+1}\cdots\frac{a}{n-1}$$
$$\leq a\frac{a^N}{N!}\left(\frac{a}{N}\right)^{n-1-N} \to 0 \quad (n\to\infty)$$

となるからである．これから $\lim_{n\to\infty}\frac{a^n}{n!}=0$ も成り立つ． //

例 6.13 次が成り立つことを示せ．
(1)　$\sin x = \sum_{n=0}^{\infty}\frac{(-1)^n}{(2n+1)!}x^{2n+1}$　$(-\infty<x<\infty)$．
(2)　$\cos x = \sum_{n=0}^{\infty}\frac{(-1)^n}{(2n)!}x^{2n}$　$(-\infty<x<\infty)$．
(3)　$e^x = \sum_{n=0}^{\infty}\frac{x^n}{n!}$　$(-\infty<x<\infty)$．
(4)　$\log(1+x) = \sum_{n=1}^{\infty}\frac{(-1)^{n-1}}{n}x^n$　$(-1<x<1)$．

(解答)　(1)　$f(x)=\sin x$ $(-\infty<x<\infty)$ について，
$$f^{(n)}(x) = \sin(x+\frac{n}{2}\pi) \quad (n=0,1,2,\ldots)$$
なので，
$$f^{(n)}(0) = \begin{cases} 0 & (n=2m \text{ のとき}) \\ (-1)^m & (n=2m+1 \text{ のとき}) \end{cases}$$
となる．さらに，
$$|R_n| = \left|\frac{\sin(\theta x+\frac{n}{2}\pi)}{n!}x^n\right| \leq \frac{|x|^n}{n!} \to 0 \quad (n\to\infty)$$
となる．したがって，定理 6.26 により，$f(x)=\sin x$ は $x=0$ を中心にテーラー展開可能で，
$$f(x) = \sin x = \sum_{n=0}^{\infty}\frac{(-1)^n}{(2n+1)!}x^{2n+1} \quad (-\infty<x<\infty)$$

(2)　$f(x)=\cos x$ の場合もまったく同様である (各自試みよ)．

(3)　$f(x)=e^x$ とすると，$f^{(n)}(x)=e^x$ なので，$f^{(n)}(0)=1$ $(n=0,1,2,\ldots)$．さらに，
$$|R_n| = \left|\frac{e^{\theta x}}{n!}x^n\right| \leq e^{\theta x}\frac{|x|^n}{n!} \to 0 \quad (n\to\infty \text{ のとき})$$
となるので，$x=0$ のまわりでテーラー展開可能であり，
$$f(x) = e^x = \sum_{n=0}^{\infty}\frac{x^n}{n!} \quad (-\infty<x<\infty)$$
が成り立つ．

(4)　$f(x)=\log(1+x)$ $(-1<x<1)$ に対して，定理 6.25 のコーシーの剰余項を用いる．

なので，
$$f^{(0)}(0) = 0, \quad f^{(n)}(0) = (-1)^{n-1}(n-1)! \quad (n=1,2,\ldots)$$
である．したがって，コーシーの剰余項は次のようになる．$(-1 < x < 1)$ である x について，
$$\begin{aligned}|R_n| &= \left|\frac{f^{(n)}(\theta x)}{(n-1)!}(1-\theta)^{n-1}x^n\right| \\ &= \left|\frac{(-1)^{n-1}(n-1)!(1+\theta x)^{-n}}{(n-1)!}(1-\theta)^{n-1}x^n\right| \\ &= \frac{1}{1-\theta}\left|\frac{(1-\theta)x}{1+\theta x}\right|^n \end{aligned} \quad (6.25)$$
となる θ $(0 < \theta < 1)$ が存在する．ここで $-1 < x < 1$, $0 < \theta < 1$ について，
$$\left|\frac{(1-\theta)x}{1+\theta x}\right| < 1 \quad (6.26)$$
が成り立つことに注意．実際, (6.26) は次のように示される．$|(1-\theta)x| < |1+\theta x|$ を示せばよい．$0 \leq x < 1$ のときは，
$$|(1-\theta)x| = (1-\theta)x < 1+\theta x = |1+\theta x|$$
となる．$-1 < x < 0$ のときは，$x = -y$, $0 < y < 1$ とすると，
$$|(1-\theta)x| = |(1-\theta)(-y)| = (1-\theta)y < 1-\theta y = |1+\theta(-y)| = |1+\theta x|.$$

(6.26) により，(6.25) の右辺は $n \to \infty$ のとき, 0 に収束する．よって，定理 6.26 により, (4) が成り立つことが示された．　//

例 6.14 テーラー展開できない C^∞-関数の例として，次のような関数がそうであることを示せ（図 6.9）．
$$f(x) = \begin{cases} e^{-\frac{1}{x^2}} & (x \neq 0) \\ 0 & (x = 0). \end{cases}$$
（解答）まず，
$$f^{(n)}(0) = 0 \quad (n=1,2,\ldots) \quad (6.27)$$
となることを示そう．実際, $u = \frac{1}{x}$ と変数変換して，
$$f'(0) = \lim_{x \to 0}\frac{f(x)}{x} = \lim_{u \to \pm\infty}\frac{u}{e^{u^2}} = 0.$$
$$f'(x) = -2uu'e^{-u^2} = 2u^3 e^{-u^2} \quad (x \neq 0)$$

であるので，
$$f''(0) = \lim_{x \to 0} \frac{f'(x)}{x} = \lim_{u \to \pm\infty} \frac{2u^4}{e^{u^2}} = 0.$$
以下同様の計算で，(6.27) が示される．

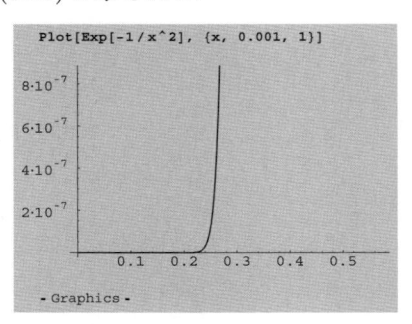

図 **6.9** $Mathematica$ による例 6.14 の図

したがって，$f(x)$ は $-\infty < x < \infty$ 上の C^∞-関数であり，
$$f(0) = f'(0) = f''(0) = \cdots = f^{(n)}(0) = \cdots = 0$$
を満たす (関数 $f(x)$ は $x = 0$ において，定数関数 0 と無限次の接触をしている，という)．ゆえに，もし，$f(x)$ が $x = 0$ のまわりでテーラー展開できるとすれば，恒等的に $f(x) = 0$ とならざるを得ず，これは不合理である． //

例 6.15 関数 $f(x) = \frac{1+x^2}{x}$ $(x \neq 0)$ を $x = 1$ のまわりでテーラー展開 (整級数展開) せよ．

(解答) $t = x - 1$ と変数変換すると，この関数 $f(x)$ は次のようになる．
$$\begin{aligned}
f(x) &= \frac{1+x^2}{x} = \frac{1+(t+1)^2}{t+1} = t+1+\frac{1}{t+1} \\
&= t+1+\sum_{n=0}^{\infty}(-1)^n t^n \\
&= x+\sum_{n=0}^{\infty}(-1)^n (x-1)^n \\
&= x+1-(x-1)+\sum_{n=2}^{\infty}(-1)^n (x-1)^n \\
&= 2+\sum_{n=2}^{\infty}(-1)^n (x-1)^n. \tag{6.28}
\end{aligned}$$
ここで，$|x-1| = |t| < 1$ である．(6.28) は求めるテーラー展開である． //

演習問題 6.6

1. 次の関数の $x=0$ を中心とするテーラー展開が成り立つことを示せ.

(1) $a^x = \sum_{n=0}^{\infty} \frac{\log a}{n!} x^n$ $\quad (-\infty < x < \infty)$ （ここで a は正の定数）

(2) $\arctan x = \sum_{n=0}^{\infty} \frac{(-1)^n}{2n+1} x^{2n+1}$ $\quad (-1 < x < 1)$

(3) $\operatorname{arccot} x = \frac{\pi}{2} + \sum_{n=0}^{\infty} \frac{(-1)^{n+1}}{2n+2} x^{2n+2}$ $\quad (-1 < x < 1)$

(4) $\arcsin x = \sum_{n=0}^{\infty} \frac{1 \cdot 3 \cdots (2n-1)}{2 \cdot 4 \cdots 2n} \frac{x^{2n+1}}{2n+1}$ $\quad (-1 < x < 1)$

(5) $\frac{1}{2} \log \frac{1+x}{1-x} = \sum_{n=0}^{\infty} \frac{1}{2n+1} x^{2n+1}$ $\quad (-1 < x < 1)$

(6) $\sqrt{1+x} = \sum_{n=1}^{\infty} (-1)^{n-1} \frac{1 \cdot 3 \cdot 5 \cdots (2n-3)}{2 \cdot 4 \cdot 6 \cdots (2n-2)} \frac{1}{2n} x^n$ $\quad (-1 < x < 1)$

(7) $\frac{1}{\sqrt{1-x}} = \sum_{n=1}^{\infty} \frac{1 \cdot 3 \cdot 5 \cdots (2n-1)}{2 \cdot 4 \cdot 6 \cdots 2n} x^n$ $\quad (-1 < x < 1)$

付　　録

A.1　微分と積分の順序変更

次の定理は重要であり，さまざまな応用のある定理である．

定理 A.1　(1)　関数 $f(x,y)$ と $f_x(x,y) := \frac{\partial f}{\partial x}(x,y)$ が閉領域
$$D = \{(x,y)|\, a \leq x \leq b,\ c \leq y \leq d\}$$
上で連続ならば，
$$\frac{d}{dx}\int_c^d f(x,y)\,dy = \int_c^d \frac{\partial f}{\partial x}(x,y)\,dy$$
が成り立つ．

(2)　さらに，$\int_c^\infty f(x,y)\,dy$ が各実数 x について収束し，$\int_c^\infty \frac{\partial f}{\partial x}(x,y)\,dy$ が $a \leq x \leq b$ において一様収束すれば，
$$\frac{d}{dx}\int_c^\infty f(x,y)\,dy = \int_c^\infty \frac{\partial f}{\partial x}(x,y)\,dy$$
が成り立つ．

(証明)　(1)　各実数 $t \in [a,b]$ に対して，定理 5.5 により，
$$\begin{aligned}
\int_a^t dx \int_c^d f_x(x,y)\,dy &= \int_c^d dy \int_a^t f_x(x,y)\,dx \\
&= \int_c^d \Big[f(x,y)\Big]_{x=a}^{x=t} dy \\
&= \int_c^d \{f(t,y) - f(a,y)\}\,dy \\
&= \int_c^d f(t,y)\,dy - \int_c^d f(a,y)\,dy
\end{aligned}$$
となる．この両辺を t について微分すると，右辺の第 2 項は t について定数で

あるので，
$$\int_c^d f_x(t,y)\,dy = \frac{d}{dt}\int_c^d f(t,y)\,dy$$
となる．ここで，$t = x$ とすれば，求める等式を得る．

(2) $F(x) := \int_c^\infty f(x,y)\,dy$ とおき，
$$u_n(x) := \int_c^{c+n} f(x,y)\,dy \quad (n = 1, 2, \ldots)$$
とすると，各実数 x に対して，$u_n(x) \to F(x) \ (n \to \infty)$ である．閉区間 $[c, c+n]$ 上では (1) が成り立つので，次式を得る．
$$\int_c^{c+n} \frac{\partial f}{\partial x}(x,y)\,dy = \frac{d}{dx}\int_c^{c+n} f(x,y)\,dy = u_n'(x). \tag{A.1}$$
(A.1) 式において，$n \to \infty$ とすると，(A.1) 式の左辺は $\int_c^\infty \frac{\partial f}{\partial x}(x,y)\,dy$ に収束する．したがって，
$$\lim_{n \to \infty} u_n'(x) = \int_c^\infty \frac{\partial f}{\partial x}(x,y)\,dy \tag{A.2}$$
となる．仮定より (A.2) の収束は一様収束である．したがって，定理 6.19 (2) により，
$$F'(x) = \lim_{n \to \infty} u_n'(x) = \int_c^\infty \frac{\partial f}{\partial x}(x,y)\,dy$$
となる． //

例 A.1 各 $s > 0$ に対して，
$$L(s) = \int_0^\infty e^{-sx} \frac{\sin x}{x}\,dx$$
とおく．このとき，次式を示せ．
$$L'(s) = -\frac{1}{s^2 + 1}.$$
(解答) 定理 A.1 (2) を使うと，
$$\begin{aligned} L'(s) &= \int_0^\infty \frac{\partial}{\partial s}\left(e^{-sx}\frac{\sin x}{x}\right)dx = -\int_0^\infty e^{-sx}\sin x\,dx \\ &= -\frac{1}{s^2+1} \end{aligned} \tag{A.3}$$
となる．(A.3) 式の最後の等式は，実際，次のように示される．部分積分を 2 回繰り返して，

$$\int_0^\infty e^{-sx} \sin x\, dx = \left[-\frac{1}{s} e^{-sx} \sin x \right]_{x=0}^{x=\infty} - \int_0^\infty -\frac{1}{s} e^{-sx} \cos x\, dx$$

$$= \frac{1}{s} \int_0^\infty e^{-sx} \cos x\, dx$$

$$= \frac{1}{s} \left\{ \left[-\frac{1}{s} e^{-sx} \cos x \right]_{x=0}^{x=\infty} - \int_0^\infty \left(-\frac{1}{s} e^{-sx} \right)(-\sin x)\, dx \right\}$$

$$= \frac{1}{s^2} - \frac{1}{s^2} \int_0^\infty e^{-sx} \sin x\, dx$$

となる．これから (A.3) が得られる．　//

A.2　線積分とグリーンの定理

この節では，線積分を定義し，有名なグリーンの定理を示す．

A.2.1　平 面 曲 線

変数 t について閉区間 $[a,b]$ 上で定義された 2 つの連続関数 $\varphi(t)$ と $\psi(t)$ が与えられると，xy 平面上の連続曲線

$$C: \quad P(t) = (x(t), y(t)) = (\varphi(t), \psi(t)), \quad t \in [a,b]$$

が与えられる．$A = P(a) = (\varphi(a), \psi(a))$ を曲線 C の**始点**といい，$B = P(b) = (\varphi(b), \psi(b))$ を C の**終点** という．曲線の**向き**が A から B に付けられているという（図 A.1）．曲線 C の向きを逆にした曲線を，$-C$ と書く（図 A.2）．また，2 つの曲線 C_1 と C_2 が，C_1 の終点が C_2 の始点と同じであるとき，C_1 と C_2 をつないでできる曲線 C を考えることができる（図 A.3）．

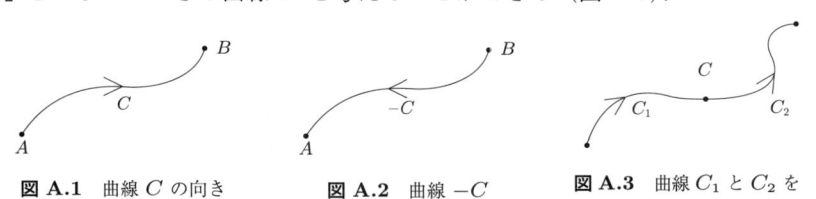

図 A.1　曲線 C の向き　　　**図 A.2**　曲線 $-C$　　　**図 A.3**　曲線 C_1 と C_2 をつないだ曲線 C

A.2.2　線　積　分
曲線 C 上の連続関数 $f(x,y)$ に対して，

$$\int_C f(x,y)\,dx := \int_a^b f(\varphi(t),\psi(t))\,\varphi'(t)\,dt \tag{A.4}$$

$$\int_C f(x,y)\,dy := \int_a^b f(\varphi(t),\psi(t))\,\psi'(t)\,dt \tag{A.5}$$

と定義する．これらを C 上の**線積分**という．曲線 C の向きを逆にした曲線 $-C$ については，

$$\int_{-C} f(x,y)\,dx = -\int_C f(x,y)\,dx, \quad \int_{-C} f(x,y)\,dy = -\int_C f(x,y)\,dy$$

となる．また，C を C_1 の終点が C_2 の始点と同一であるような 2 つの曲線 C_1 と C_2 をつないだ曲線とすると，

$$\int_C f(x,y)\,dx = \int_{C_1} f(x,y)\,dx + \int_{C_2} f(x,y)\,dx$$

$$\int_C f(x,y)\,dy = \int_{C_1} f(x,y)\,dy + \int_{C_2} f(x,y)\,dy$$

が成り立つ．

例 A.2 曲線 C として，$C : (\varphi(t), \psi(t)) = (\cos 2t, \sin 2t)$, $0 \leq t \leq \pi$, を取り，$f(x,y) = x+y$ とする．このとき，次を示せ．

$$\int_C f(x,y)\,dx = -\pi$$

(解答) 実際，

$$\begin{aligned}
\int_C f(x,y)\,dx &= \int_0^\pi (\cos 2t + \sin 2t)\,2\,(-\sin 2t)\,dt \\
&= \int_0^{2\pi} (\cos s + \sin s)\,(-\sin s)\,ds \\
&= \int_0^{2\pi} \left\{ -\frac{1}{2}\sin 2s - \frac{1-\cos 2s}{2} \right\} ds \\
&= -\frac{1}{2} \left[-\frac{1}{2}\cos 2s + s - \frac{\sin 2s}{2} \right]_{s=0}^{s=2\pi} \\
&= -\pi. \quad \text{//}
\end{aligned}$$

A.2.3 境界の向き

有界閉領域 D の境界に，D の内部が進行方向の左手に見えるように向きを付ける．それを ∂D と書く（図 A.4, A.5）．

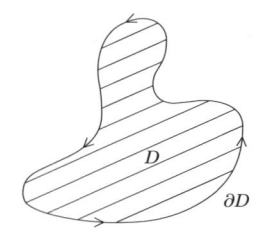

図 A.4 領域 D の境界 ∂D

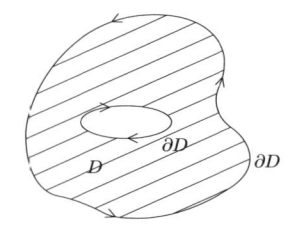

図 A.5 領域 D とその境界 ∂D

定理 A.2 (グリーンの定理) 有界閉領域 D 上の 2 つの C^1-関数 $P(x,y)$ と $Q(x,y)$ に対して，次式が成立する．
$$\int_{\partial D} \{P(x,y)\,dx + Q(x,y)\,dy\} = \iint_D \left\{\frac{\partial Q}{\partial x}(x,y) - \frac{\partial P}{\partial y}(x,y)\right\} dxdy.$$
(証明) (第 1 段) まず，領域 D が縦線領域の場合，
$$D = \{(x,y)|\, a \leq x \leq b,\, p(x) \leq y \leq q(x)\}$$
に P に対する公式を示そう．D の境界 ∂D を図 A.6 のように C_1, C_2, C_3 と C_4 に分ける．このとき，
$$\int_{\partial D} P(x,y)\,dx = \int_{C_1} + \int_{C_2} + \int_{C_3} + \int_{C_4} \tag{A.6}$$
となる．C_1 上においては，$x = b$, $y(t) = t$ $(p(b) \leq t \leq q(b))$ となる．このとき，C_1 上においては $\frac{dx}{dt} = 0$ なので，
$$\int_{C_1} P(x,y)\,dx = \int_{p(b)}^{q(b)} P(b,t)\frac{dx}{dt}\,dt = 0. \tag{A.7}$$
同様に，

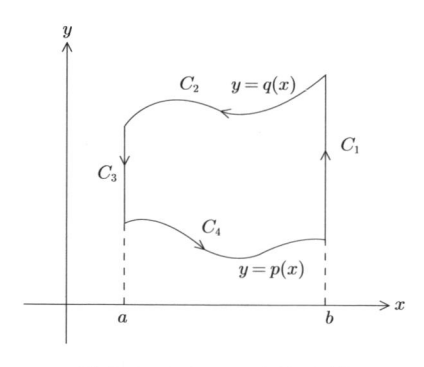

図 A.6 グリーンの定理の証明

$$\int_{C_3} P(x,y)\,dx = 0 \tag{A.8}$$

である．C_4 上では，$x=t,\ y=p(t),\ a \leq t \leq b$ と曲線 C_4 を表示できるので，

$$\begin{aligned}
\int_{C_4} P(x,y)\,dx &= \int_a^b P(t,p(t))\,\frac{dx}{dt}\,dt \\
&= \int_a^b P(x,p(x))\,dx
\end{aligned} \tag{A.9}$$

である．C_2 上では，C_2 の向きを逆に付けた曲線 $-C_2$ が，$x=t,\ y=q(t)$，$a \leq t \leq b$ と表示できるので，

$$\begin{aligned}
\int_{C_2} P(x,y)\,dx &= -\int_{-C_2} P(x,y)\,dx \\
&= -\int_a^b P(t,q(t))\,\frac{dx}{dt}\,dt \\
&= -\int_a^b P(x,q(x))\,dx
\end{aligned} \tag{A.10}$$

となる．一方，

$$\begin{aligned}
\iint_D \frac{\partial P}{\partial y}\,dxdy &= \int_a^b dx \int_{p(x)}^{q(x)} \frac{\partial P}{\partial y}(x,y)\,dy \\
&= \int_a^b \left[P(x,q(x)) - P(x,p(x)) \right] dx
\end{aligned} \tag{A.11}$$

となる．以上，(A.7) から (A.11) をあわせて，

$$\int_{\partial D} P(x,y)\,dx = -\iint_D \frac{\partial P}{\partial y}(x,y)\,dxdy \tag{A.12}$$

を得る．

(第 2 段) 一般の領域 D の場合は，D をいくつかの縦線小領域に分割する．各小領域上では，P について，(A.12) が成り立っている．これらをすべての小領域に関して加える．小領域の境界のうち D の内部にあるものは，隣り合った 2 つの小領域の境界として 2 回現れ，向きは逆向きなので，和を取ると 0 となる（図 A.7）．したがって，P に対する定理の求める公式が成り立つ．

(第 3 段) Q に対する公式については，横線領域

$$D = \{(x,y)\,|\,c \leq y \leq d,\ r(y) \leq x \leq s(y)\}$$

の場合には，第 1 段と同様の考察により，

$$\int_{\partial D} Q(x,y)\,dy = \iint_D \frac{\partial Q}{\partial x}(x,y)\,dxdy \tag{A.13}$$

が成り立つことが示される．

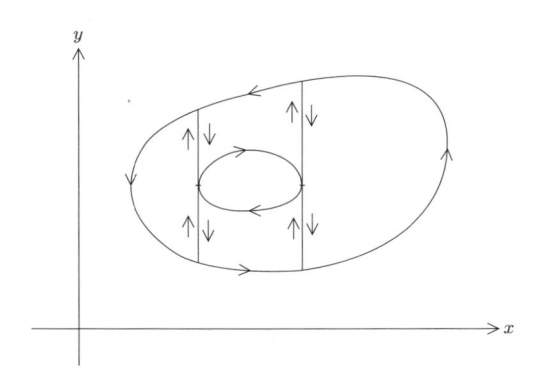

図 A.7 領域 D の分割と曲線の向き

(第 4 段)　一般の領域 D については, D をいくつかの横線領域に分割すると, 第 2 段と同様の考察により, (A.13) が成り立つことが示される. (A.12), (A.13) をまとめて求める等式を得る.　//

グリーンの定理 (定理 A.2) において, "$P(x,y) = -y$ かつ $Q(x,y) = 0$", または "$P(x,y) = 0$ かつ $Q(x,y) = x$" とおくと, 次の定理を得る.

定理 A.3　有界閉領域 D に対して, D の面積 $\mu(D)$ は次のように計算される.
$$\mu(D) = \int_{\partial D} x\,dy = -\int_{\partial D} y\,dx.$$

A.3　定積分の近似公式

定積分の近似計算の方法について述べる.

A.3.1　台形公式

閉区間 $[a,b]$ 上の関数 $y = f(x)$ が C^2-関数とする. このとき, 定積分 $\int_a^b f(x)\,dx$ の近似公式を与えよう. 区間 $[a,b]$ を n 等分して,
$$a = x_0 < x_1 < x_2 < \cdots < x_{n-1} < x_n = b$$
とする. ここで $x_i = a + \frac{b-a}{n} i$ $(i = 0, 1, 2, \ldots, n)$ である. 次に, x_{j-1} と x_j の中点を

A.3 定積分の近似公式

$$\xi_{2j-1} = \frac{x_{j-1}+x_j}{2} = a + \frac{b-a}{2n}(2j-1) \quad (j=0,1,\ldots,n)$$

とし，元の x_j を，

$$\xi_{2j} = x_j = a + \frac{b-a}{2n} 2j \quad (j=0,1,\ldots,n)$$

とおく．このとき，

$$a = \xi_0 < \xi_1 < \xi_2 < \cdots < \xi_{2n-1} < \xi_{2n} = b$$

は，閉区間 $[a,b]$ を $2n$ 等分したものであり，

$$\xi_k = a + k\,h \quad (k=0,1,2,\ldots,2n) \qquad h := \frac{b-a}{2n}$$

である．

$$y_k := f(\xi_k) \quad (k=0,1,2,\ldots,2n)$$

とおくと，次が成り立つ (台形公式):

$$\int_a^b f(x)\,dx \approx \frac{b-a}{2n}\left\{y_0 + 2(y_2 + \cdots + y_{2n-2}) + y_{2n}\right\}$$
$$= \frac{b-a}{2n}\left\{f(x_0) + 2\bigl(f(x_1) + \cdots + f(x_{n-1})\bigr) + f(x_n)\right\}. \qquad (A.14)$$

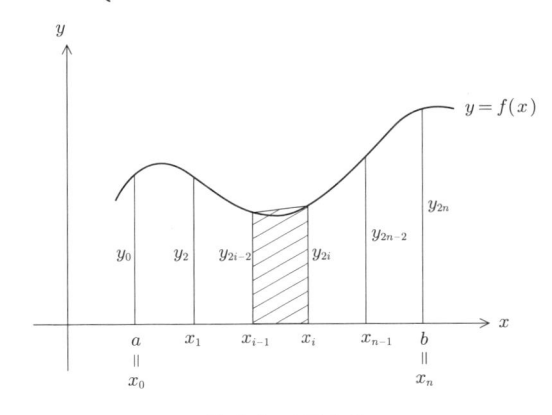

図 A.8 台形公式

(証明) 図 A.8 により，

$$\int_a^b f(x)\,dx \approx n \text{ 個の台形の面積の総和}$$

である．ここで，$i=1,2,\ldots,n$ について，y_{2i-2}, y_{2i} と閉区間 $[x_{i-1}, x_i]$ に係わる台形の面積は次のようになる．

$$\frac{1}{2}\{y_{2i-2}+y_{2i}\}(x_i-x_{i-1}) = \frac{b-a}{2n}\{y_{2i-2}+y_{2i}\}.$$

そこで $i=1,2,\ldots,n$ について総和を取ると, (A.14) 式を得る. //

誤差の限界については次が成り立つ. $M := \max_{x\in[a,b]}|f''(x)|$ とすると,

$$\left|\int_a^b f(x)\,dx - \frac{b-a}{2n}\{y_0+2(y_2+\cdots+y_{2n-2})+y_{2n}\}\right| \le \frac{M}{12}\frac{(b-a)^3}{n^2}. \quad \text{(A.15)}$$

A.3.2 シンプソンの公式

$f(x)$ が閉区間 $[a,b]$ 上で C^4-関数とする. A.3.1 項の記号はそのまま使うものとする. このとき次の公式が成り立つ (シンプソンの公式):

$$\int_a^b f(x)\,dx \approx \frac{b-a}{6n}\Big\{y_0+4\left(y_1+y_3+\cdots+y_{2n-1}\right)$$
$$+2\left(y_2+y_4+\cdots+y_{2n-2}\right)+y_{2n}\Big\}. \quad \text{(A.16)}$$

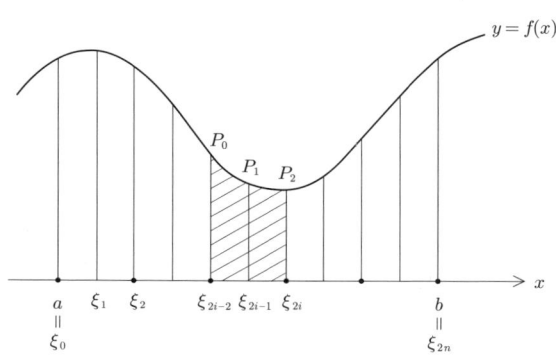

図 A.9 シンプソンの公式

誤差の限界については, $N := \max_{x\in[a,b]}|f^{(4)}(x)|$ とすると, $\frac{N}{2880}\frac{(b-a)^5}{n^4}$ であることが知られている.

演習問題の解答

1.1
1. (1) $g \circ f(x) = e^{3x} + 2e^x$ (2) $g \circ f(x) = \sin\left(\frac{3}{x^2+1}\right)$
2. f は，全射であるが単射でない．
3. (1) $f^{-1}(x) = \frac{1}{3}(x+8)$ $(-\infty < x < \infty)$
(2) $g^{-1}(x) = (x-4)^{\frac{1}{3}}$ $(-\infty < x < \infty)$
4. f が 1 対 1 であること．$f(a) = f(b)$ $(a, b \in A)$ とする．このとき，$a = g(f(a)) = g(f(b)) = b$ となるからである．g が上への写像であることは，$a \in A$ とすると，$a = g(f(a))$ かつ $f(a) \in B$ となるからである．
5. $(f \circ g)(x) = \begin{cases} -1 & (x > -1) \\ -\frac{1}{3} & (x \leq -1) \end{cases}$
$(g \circ f)(x) = \begin{cases} 1 & (x < 1 \text{ または } x \geq 2) \\ -1 & (1 \leq x < 2) \end{cases}$
6. (1) A は有界であり，A の最大値と上限はともに 2, 最小値と下限はともに -2. (2) A は有界であり，A の最大値と最小値は存在しない．A の上限は 3 であり，下限は 2. (3) A は有界であり，最大値と上限は 2, 最小値は存在せず，下限は 1. (4) A は有界でなく，最大値と上限は存在せず，最小値と下限は -5 である．

1.2
1. (1) $\lim_{n \to \infty} a_n = 0$ (2) $\lim_{n \to \infty} a_n = 3$
2. (1) 0 に収束 (2) 1 に収束 (3) $\frac{1}{2}$ に収束
3. (1) はじめに，帰納法で $1 \leq a_n \leq 9$ を示す．$a_n \geq 1$ とすると，$a_{n+1} = 3\sqrt{a_n} \geq 3 \geq 1$ である．また，$a_n \leq 9$ とすると，$a_{n+1} = 3\sqrt{a_n} \leq 3\sqrt{9} = 9$ となるので，$1 \leq a_n \leq 9$ である．ゆえに，$a_{n+1} = 3\sqrt{a_n} \geq a_n$ となることと $9a_n \geq a_n^2$, すなわち，$a_n(9 - a_n) \geq 0$ とは同値であり，これは上記より成立している．また，$\lim_{n \to \infty} a_n = 9$. (2) はじめに，帰納法で $1 < a_n < 3$ を示す．$a_n > 1$ とすると，
$$a_{n+1} = 4 - \frac{3}{a_n} > 1 \iff 3 > \frac{3}{a_n} \iff a_n > 1$$

であり、これは帰納法の仮定より成立している。また、$a_n < 3$ とする.
$$a_{n+1} = 4 - \frac{3}{a_n} < 3 \iff 1 < \frac{3}{a_n} \iff a_n < 3$$
であり、これは帰納法の仮定より成立している。次に、単調増加であることは次のようにいえる.
$$a_{n+1} > a_n \iff 4 - \frac{3}{a_n} > a_n \iff 4a_n - 3 > a_n{}^2$$
$$\iff a_n{}^2 - 4a_n + 3 = (a_n - 3)(a_n - 1) < 0$$
極限値は $\lim_{n \to \infty} a_n = 3$ である.

4. (1) 3 (2) $\frac{1}{2}$ (3) 0 ($0 < a < 1$ のとき), $\frac{1}{3}$ ($a = 1$ のとき), $\frac{1}{a}$ ($1 < a$ のとき) (4) -1 ($0 < a < 1$ のとき), 0 ($a = 1$ のとき), 1 ($1 < a$ のとき)

5. (1) 0 (2) 4 (3) ∞ (4) 0 (5) 1 (6) $\frac{1}{3}$

6. (1) $0 < a < 1$ のとき, $0 < a^{n+1} = a\,a^n < a^n$ なので, $\{a^n\}_{n=1}^{\infty}$ は有界な単調減少数列なので収束する. その極限値を α とすると, $0 \leq \alpha < 1$ である. $a\alpha = \lim_{n \to \infty} a\,a^n = \lim_{n \to \infty} a^{n+1} = \alpha$ となる. ゆえに, $(a-1)\alpha = 0$ なので, $\alpha = 0$. (2) $a > 1$ とすると $\log a > 0$. したがって, $\lim_{n \to \infty} n \log a = \infty$ となるので, $\lim_{n \to \infty} a^n = e^{n \log a} = \infty$. (3) $a_n = \sqrt[n]{a}$ とおく. $a > 1$ のとき. このとき, $a_n > 1$ かつ $a_{n+1} = \sqrt[n+1]{a} < \sqrt[n]{a} = a_n$ なので, a_n は単調減少であるので, 数列 $\{a_n\}_{n=1}^{\infty}$ は極限値をもつのでそれを $\alpha \geq 1$ とする. $\alpha > 1$ とする. $\alpha = 1 + h$ ($h > 0$) とおく. $a_n = \sqrt[n]{a} \geq \alpha = 1 + h$ なので, $a > (1+h)^n \geq 1 + nh \to \infty$ ($n \to \infty$) となる. $a = \infty$ となり, これは不合理である. ゆえに, $\alpha = 1$ である. $0 < a < 1$ のとき. $b = \frac{1}{a} > 1$ とおく. このとき, 上記を $\sqrt[n]{b}$ に適用して, $\sqrt[n]{a} = \frac{1}{\sqrt[n]{b}} \to 1$ ($n \to \infty$). $a = 1$ のときは, 明らかに, $\sqrt[n]{a} = 1$.

7. (1) $a < N$ となるような自然数 N をあらかじめ選んでおく. このとき任意の $n \geq N$ に対して,
$$\frac{a^n}{n!} = \frac{a}{1} \cdot \frac{a}{2} \cdots \frac{a}{N} \cdot \frac{a}{N+1} \cdots \frac{a}{n} \leq \frac{a^N}{N!} \left(\frac{a}{N}\right)^{n-N}$$
が成り立つ. ここで $0 < \frac{a}{N} < 1$ なので, 右辺 $\to 0$ ($n \to \infty$). (2) $\frac{n!}{n^n} = \frac{1 \cdot 2 \cdots n}{n \cdot n \cdots n} \leq \frac{1}{n} \to 0$ ($n \to \infty$). (3) $n = am$ とおくと, $a_n = \left\{\left(1 + \frac{1}{m}\right)^m\right\}^a \to e^a$ ($n \to \infty$).

1.3

1. (1) 0 (2) -1 (3) $-\infty$ (4) 3 (5) 4 (6) 0

2. 一様連続でない (関数 $f(x) = \frac{1}{x}$ のグラフを書いて一様連続の定義を考えてみよ)

3. $x = 0$ で関数 $f(x)$ は連続でない.

4. 関数 $f(x)$ が $x = a$ で連続とする．このとき，$||f(x)| - |f(a)|| \leq |f(x) - f(a)| \to 0$ ($x \to a$ のとき) なので，$|f(x)|$ も $x = a$ で連続である．

5. $\lim_{x \to +0} f(x) = 1$ $\lim_{x \to -0} f(x) = -1$．

6. $\lim_{x \to +0} f(x) = -1$ $\lim_{x \to -0} f(x) = 1$．

1.4

1. (1) $-\frac{\pi}{3}$ (2) $\frac{\pi}{2}$ (3) $\frac{\pi}{6}$ (4) $-\frac{\pi}{6}$

2. (1) $\theta = \arcsin x = \arccos \frac{3}{5}$ とおく．このとき，$0 \leq \theta \leq \frac{\pi}{2}$ とならねばならない．$\cos \theta = \frac{3}{5}$ なので，$x = \sin \theta = \sqrt{1 - \cos^2 \theta} = \sqrt{1 - \frac{9}{25}} = \frac{4}{5}$．
(2) $\theta = \arccos x = \arctan \sqrt{5}$ とおく．$0 \leq \theta \leq \pi$ かつ $-\frac{\pi}{2} \leq \theta \leq \frac{\pi}{2}$ なので，$0 \leq \theta \leq \frac{\pi}{2}$．さらに，$\frac{\sin \theta}{\cos \theta} = \sqrt{5}$ なので，$\frac{1 - \cos^2 \theta}{\cos^2 \theta} = \frac{\sin^2 \theta}{\cos^2 \theta} = 5$．$0 \leq x = \cos \theta = \frac{1}{\sqrt{6}}$．

3. 略

4. 略

5. $|x^2 \sin \frac{1}{x}| \leq x^2 \to 0$ ($x \to 0$ のとき) なので，$f(x)$ は $x = 0$ においても連続である．

6. (1) $\theta = \arcsin x$ とおく．$x = \sin \theta$ $(-\frac{\pi}{2} \leq \theta \leq \frac{\pi}{2})$．$\cos(\frac{\pi}{2} - \theta) = \sin \theta = x$ $(0 \leq \frac{\pi}{2} - \theta \leq \pi)$ より，$\frac{\pi}{2} - \theta = \arccos x$．ゆえに，$\frac{\pi}{2} = \theta + \arccos x = \arcsin x + \arccos x$． (2) も同様である．

2.1

1. (1) $3^x \log 3$ (2) $x^x (\log x + 1)$ (3) $\frac{1}{x \log x}$ (4) $(\sin x)^{\cos x} \left(-\sin x \log(\sin x) + \frac{\cos^2 x}{\sin x} \right)$ (5) $-\frac{e^x}{\sqrt{1 - e^{2x}}}$ (6) $\frac{1}{|x| \sqrt{x^2 - 1}}$ (7) $\frac{1}{\sqrt{1 + x^2}}$ (8) $\frac{\sinh x}{\sqrt{1 + \cosh^2 x}}$ (9) $\frac{1}{1 - x^2}$ (10) $-2x \, e^{-x^2}$ (11) $\frac{1}{2} \frac{a}{\sqrt{ax + b}}$ (12) $m \sin^{m-1} x \cos^{n+1} x - n \sin^{m+1} x \cos^{n-1} x$ (13) $\frac{2x+1}{2(x^2 + x + 1)}$ (14) $e^{ax}(a \sin bx + b \cos bx)$

2. (1) $e^{-\frac{1}{x^2}} (2x^{-3})$ (2) $x^{\tan x} \left(\frac{\tan x}{x} + \frac{\log x}{\cos^2 x} \right)$ (3) $(1+x)^{\frac{1}{x}} \left(\frac{1}{x(1+x)} - \frac{1}{x^2} \log(1+x) \right)$ (4) $\frac{1}{\sqrt{x^2 + 1}}$ (5) $\frac{1}{a} \frac{1}{1 + \left(\frac{x}{a}\right)^2}$ (6) $-\frac{1}{a \left(1 + \left(\frac{x}{a}\right)^2\right)}$

3. (1) $\frac{t(2 - t^3)}{1 - 2t^3}$ (2) $\frac{\sin t}{1 - \cos t}$

4. (1) $f'(x) = \begin{cases} 2x \cos \frac{1}{x} + \sin \frac{1}{x} & (x \neq 0) \\ 0 & (x = 0) \end{cases}$ 実際，$f'(0) = \lim_{h \to 0} \frac{f(h) - f(0)}{h} = \lim_{h \to 0} h \cos \frac{1}{h} = 0$．しかし，$\lim_{x \to 0} f'(x)$ は存在しないので，$f'(x)$ は $x = 0$ で不連続．

(2) $f'(x) = \begin{cases} 3x^2 \cos \frac{1}{x} + x \sin \frac{1}{x} & (x \neq 0) \\ 0 & (x = 0) \end{cases}$ ここで $\lim_{x \to 0} f'(x) = 0$ となるの

2.2

1. (1) $x=0$ で極小値 -1 を取る．　(2) $x=\frac{1}{\sqrt{3}}$ で極大値 $-\sqrt{3}$ を取る．$x=-\frac{1}{\sqrt{3}}$ は $f'(x)=0$ を満たさない．　(3) $x=e$ で極大値 (最大値) $e^{\frac{1}{e}}$ を取る．(4) $x=\frac{1}{e}$ で極小値 (最小値) $-\frac{1}{e}$ を取る．

2. (1) $x=0$ のとき $1+0=e^0=1$, $x \geq 0$ のとき $(e^x-(1+x))'=e^x-1 \geq 0$, $x \leq 0$ のとき $(e^x-(1+x))'=e^x-1 \leq 0$. ゆえに，いたるところで e^x は $1+x$ よりも上にある．(2), (3), (4) についても同様であるので略す．

3. (1) $\frac{1}{2}$　(2) $-\frac{1}{6}$　(3) 1　(4) $\frac{1}{2}$　(5) $\frac{1}{2}$　(6) 0　(7) 0　(8) 1　(9) e^a　(10) $e^{-\frac{\pi^2}{2}}$　(11) $\log\left(\frac{a}{b}\right)$　(12) $\frac{1}{e}$　(13) 0　(14) e^2　(15) 1　(16) 1

2.3

1. (1) $y^{(n)}=e^x(x^3+3nx^2+3n(n-1)x+n(n-1)(n-2))$ $(n=1,2,3,\ldots)$
(2) $y^{(n+1)}=-2^n \sin(2x+\frac{n}{2}\pi)$ $(n=0,1,2,\ldots)$.　(3) $y^{(n+1)}=-\frac{3}{4}3^n \sin(3x+\frac{n}{2}\pi)-\frac{3}{4}\sin(x+\frac{n}{2}\pi)$ $(n=0,1,2,\ldots)$.　(4) $y^{(n)}=(-1)^n 2\cdot n!(1+x)^{-n-1}$ $(n=1,2,\ldots)$.　(5) $y^{(n)}=n!(-1)^n(x+3)^{-n-1}$ $(n=1,2,\ldots)$　(6) $y^{(n)}=\frac{1}{5}n!(-1)^{n+1}((x+3)^{-n-1}-(x-2)^{-n-1})$ $(n=1,2,\ldots)$.　(7) $y^{(n)}=x^2\sin(x+\frac{n}{2}\pi)+2nx\sin(x+\frac{n-1}{2}\pi)+n(n-1)\sin(x+\frac{n-2}{2}\pi)$ $(n=1,2,3,\ldots)$.　(8) $y^{(n)}=x^2\cos(x+\frac{n}{2}\pi)+2nx\cos(x+\frac{n-1}{2}\pi)+n(n-1)\cos(x+\frac{n-2}{2}\pi)$ $(n=1,2,3,\ldots)$.

2. (1) $y^{(n)}=-(n-1)!(2-x)^{-n}$ $(n=1,2,\ldots)$.　(2) $y^{(n)}=a(a-1)\cdots(a-n+1)(1+x)^{a-n}$ $(n=1,2,\ldots)$.

3. 略

4. (1) 逆関数の微分法または $\cot f(x)=x$ に合成関数の微分法より示される．(2) $\frac{d^n}{dx^n}\{(x^2+1)f'(x)\}=\sum_{k=0}^{n} {}_nC_k\,(x^2+1)^{(k)}f^{(n-k+1)}(x)=(x^2+1)f^{(n+1)}(x)+2nxf^{(n)}(x)+n(n-1)f^{(n-1)}(x)$.　(3) $f(0)=\frac{\pi}{2}$, $f'(0)=-1$. さらに (2) より，漸化式 $f^{(n+1)}(0)+n(n-1)f^{(n-1)}(0)=0$ を得る．これから帰納法により求める結果を得る．

2.4

1. マクローリンの定理により，$\log(1+x)=x-\frac{x^2}{2}+\frac{x^3}{3}-\cdots+(-1)^{2n-2}\frac{x^{2n-1}}{2n-1}+(-1)^{2n-1}\frac{x^{2n}}{2n(1+\theta x)^{2n}}$ ここで $0<x<1, 0<\theta<1$ である．最後の項は $-\frac{x^{2n}}{2n(1+\theta x)^{2n}}<0$ なので求める不等式を得る．

2. (1) $(1+x)^a = 1 + ax + \frac{a(a-1)}{2}x^2 + \frac{a(a-1)(a-2)}{6}(1+\theta x)^{a-3}x^3$ $(0 < \theta < 1)$.
(2) $(1-x)^{-1} = 1 + x + x^2 + (1-\theta x)^{-4}x^3$ $(0 < \theta < 1)$. (3) $\arcsin x = x + \frac{1}{6}(1 + 2(\theta x)^2)(1-(\theta x)^2)^{-\frac{5}{2}}x^3$ $(0 < \theta < 1)$. (4) $\arctan x = x + \frac{1}{3}(-1 + 3(\theta x)^2)(1+(\theta x)^2)^{-3}x^3$ $(0 < \theta < 1)$. (5) $\sin^2 x = x^2 - \frac{2}{3}\sin 2(\theta x) x^3$ $(0 < \theta < 1)$.
(6) $\frac{1}{2}\log\frac{1+x}{1-x} = x + \frac{1}{3}(1+3(\theta x)^2)(1-(\theta x)^2)^{-3}x^3$ $(0 < \theta < 1)$.

3. (1) $e^{x^2} = 1 + x^2 + \frac{x^4}{2!} + \cdots + \frac{x^{2n-2}}{(n-1)!} + \frac{e^{\theta x^2}}{n!}x^{2n}$ $(0 < \theta < 1)$.
(2) $\sin(ax) = ax - \frac{a^3}{3!}x^3 + \frac{a^5}{5!}x^5 - \cdots + (-1)^{n-1}\frac{a^{2n-1}}{(2n-1)!}x^{2n-1} + (-1)^n \frac{a^{2n}\sin(a\theta x)}{(2n)!}x^{2n}$ $(0 < \theta < 1)$. (3) $(1+x)^a = 1 + ax + \frac{a(a-1)}{2!}x^2 + \cdots + \frac{a(a-1)\cdots(a-n+2)}{(n-1)!}x^{n-1} + \frac{a(a-1)\cdots(a-n+1)(1+\theta x)^{a-n}}{n!}x^n$ $(0 < \theta < 1)$.

4. (1) $x = 0$ で極大値 1. (2) $x = 0$ で極小値 0, $x = 1$ で極大値 $\frac{\pi}{4} - \log 2$.
(3) $x = 0$ で極小値 2. (4) $x = \frac{\pi}{4}$ で極大値 $\frac{1}{\sqrt{2}}e^{-\frac{\pi}{4}}$.

5. 略

6. (1) $x = 0$ と $x = \frac{2}{3}$ が変曲点, $x = 1$ で極小値 0. (2) $x = -\frac{1}{2}$ で極小値 (最小値) $-1 + \log 2$, 下に凸のグラフ. (3) $x = \frac{1}{2}$ で極大値 (最大値) $\frac{1}{2}e^{-\frac{1}{2}}$, $x = -\frac{1}{2}$ で極小値 (最小値) $-\frac{1}{2}e^{-\frac{1}{2}}$, 変曲点は $x = 0, \pm\frac{\sqrt{3}}{2}$. (4) $x = 0$ で変曲点, 極値はなし.

3.1

1. (1) $\frac{2}{7}x^{\frac{7}{2}} + C$ (2) $\frac{1}{3}x^3 - 3x^2 + 12x - 8\log|x| + C$ (3) $\frac{1}{2}\log(x^2 + 4) + C$
(4) $-\log|\cos x| + C$ (5) $\tan x - x + C$ (6) $\log|\sin x| + C$
(7) $\frac{1}{2\sqrt{2}}\log\left|\frac{x-\sqrt{2}}{x+\sqrt{2}}\right| + C$ (8) $-\cot x - x + C$ (9) $x - 4x^{\frac{1}{2}} + \log|x| + C$

2. (1) $\frac{2}{15}(x^5+1)^{\frac{3}{2}} + C$ (2) $-\frac{1}{2}e^{-x^2} + C$ (3) $\frac{1}{\sqrt{5}}\arctan\left(\sqrt{\frac{4}{5}}(x - \frac{1}{2})\right) + C$
(4) $\frac{1}{3}\sin^3 x + C$

3. (1) $-x\cos x + \sin x + C$ (2) $\frac{1}{2}x^2 \log x - \frac{x^2}{4} + C$ (3) $x\arctan x - \frac{1}{2}\log(x^2+1) + C$ (4) $\frac{1}{2}e^x(\sin x - \cos x) + C$ (5) $\frac{1}{2}e^x(\sin x + \cos x) + C$
(6) $\frac{1}{2}(x^2+1)\arctan x - \frac{1}{2}x + C$ (7) $x(\log x)^2 - 2x\log x + 2x + C$ (8) $\frac{1}{8}x - \frac{1}{32}\sin 4x + C$ (9) $\frac{1}{a^2+b^2}(a\cos bx + b\sin bx)e^{ax}$

4. (1) $I_n + I_{n-2} = \int \tan^{n-2} x (1 + \tan^2 x) dx = \int \tan^{n-2} x (\tan x)' dx$
$= \tan^{n-1} x - \int (n-2)\tan^{n-3} x (\tan x)' \tan x \, dx = \tan^{n-1} x - (n-2)\int \tan^{n-2} x (\tan x)' dx = \tan^{n-1} x - (n-2)(I_n + I_{n-2})$. したがって, $(n-1)(I_n + I_{n-2}) = \tan^{n-1} x$. (2) $x - \tan x + \frac{1}{3}\tan^3 x + C$ (3) $-\log|\cos x| - \frac{1}{2}\tan^2 x + \frac{1}{4}\tan^4 x + C$

5. 略

3.2

1. (1) $\frac{1}{8}\arctan x + \frac{1}{8}\frac{x}{x^2+1} - \frac{1}{4}\frac{x}{(x^2+1)^2} + C$ (2) $\frac{1}{\sqrt{2}}\arctan(\frac{1}{\sqrt{2}}(x+1)) + C$
(3) $x + \frac{9}{5}\log|x-3| - \frac{4}{5}\log|x+2| + C$ (4) $\log\frac{|x(x-2)|}{(x-1)^2} + C$ (5) $\log|x-1| - \frac{1}{2}\log(x^2+1) - \arctan x + C$ (6) $\frac{1}{2}\log\left|\frac{(x+1)^3}{x^3+1}\right| + \sqrt{3}\arctan\frac{2x-1}{\sqrt{3}} + C$
(7) $\log\left|\frac{(x-2)^2}{x-1}\right| + C$ (8) $\log\frac{(x-1)^2}{|x|} - \frac{1}{x-1} - \frac{1}{(x-1)^2} + C$

2. (1) $\sqrt{x} + \log(1+\sqrt{x}) + C$ (2) $\log\left|\frac{\sqrt{1+x}-\sqrt{1-x}}{\sqrt{1+x}+\sqrt{1-x}}\right| + 2\arctan\sqrt{\frac{1+x}{1-x}} + C$ (3) $\frac{2}{5}(x+2)^{\frac{5}{2}} - \frac{4}{3}(x+2)^{\frac{3}{2}} + C$ (4) $\log\left|\frac{\sqrt{x^2+1}+x-1}{\sqrt{x^2+1}+x+1}\right| + C$ (5) $-\frac{4\sqrt{x+4}}{x} + \log\left|\frac{\sqrt{x+4}+2}{\sqrt{x+4}-2}\right| + C$ (6) $\frac{3}{5}(x+1)^{\frac{5}{3}} - \frac{3}{2}(x+1)^{\frac{4}{3}} + 4(x+1) - \frac{21}{2}(x+1)^{\frac{2}{3}} + 42(x+1)^{\frac{1}{3}} - 84\log|(x+1)^{\frac{1}{3}}+2| + C$ (7) $2\arctan\sqrt{\frac{x-a}{b-x}} + C$ (8) $(a+b)\arctan\frac{x-a}{b-x} - \sqrt{(x-a)(b-x)} + C$

3. (1) $\frac{1}{2}\log|\tan x + 1| - \frac{1}{4}\log(\tan^2 x + 1) + \frac{1}{2}x + C$ (2) $\frac{1}{2}\tan^2 x + 2\log|\tan x| - \frac{1}{2}(\tan x)^{-2} + C$ (3) $\log(1+\sin x) + C$ (4) $\tan\frac{x}{2} + \log(\tan^2\frac{x}{2} + 1) + C$ (5) $x + \frac{2}{\tan\frac{x}{2}+1} + C$ (6) $-\arctan(\cos x) + C$

4. (1) $\log(e^x + 2 + e^{-x}) + C$ (2) $\arctan(e^x) + C$ (3) $\log|\log x| + C$ (4) $e^{e^x} + C$

3.3

1. 略 (三角関数の積を和に直す公式を使って示せ).

2. 漸化式 (3.2), (3.3) を使う. (1) $\frac{8}{15}$ (2) $-\frac{1}{7} + \frac{5}{32}\pi$ (3) $\frac{3}{16}\pi$

3. $K_n = \int_0^{\frac{\pi}{2}} \cos^n x\,dx$, $L_n = \int_0^{\frac{\pi}{2}} \sin^n x\,dx$ とおくと, 同じ漸化式 $K_n = \frac{n-1}{n}K_{n-2}$ かつ $L_n = \frac{n-1}{n}L_{n-2}$ が成り立つ. $K_1 = L_1 = 1$, $K_2 = L_2 = \frac{1}{2} \cdot \frac{\pi}{2}$. これから求める式を得る.

4. 上の問題 3 の L_n を使う. $L_{2n+1} < L_{2n} < L_{2n-1}$ であるので, 3 の結果を代入して, 次式を得る.
$$\frac{2 \cdot 4 \cdot 6 \cdots 2n}{1 \cdot 3 \cdot 5 \cdots (2n+1)} < \frac{1 \cdot 3 \cdot 5 \cdots (2n-1)}{2 \cdot 4 \cdot 6 \cdots (2n)} \cdot \frac{\pi}{2} < \frac{2 \cdot 4 \cdot 6 \cdots (2n-2)}{1 \cdot 3 \cdot 5 \cdots (2n-1)}$$
これから, $\lim_{n\to\infty}\frac{1}{n}\left(\frac{2\cdot 4\cdot 6\cdots(2n)}{1\cdot 3\cdot 5\cdots(2n-1)}\right)^2 = \pi$. これから求める公式を得る.

3.4

1. (1) $-\frac{1}{4}$ (2) π (3) $\frac{\pi}{2}$ (4) $\frac{\pi}{a^2-b^2}\left(\frac{1}{b} - \frac{1}{a}\right)$ (5) $2\sqrt{2}$ (6) $\frac{a}{a^2+b^2}$ (7) π (8) $\log(2+\sqrt{3})$

2. (1) 収束 (2) 発散 (3) 収束 (4) 発散 (5) 収束 (6) 収束

演習問題の解答　　　207

3. (1) $\frac{\pi}{4}$　(2) $\frac{\pi}{4}+\frac{1}{2}\log 2$　(3) $\frac{\pi}{4}$　(4) $\frac{1}{a^2}\log\left(\frac{a+b}{b}\right)-\frac{1}{a(a+b)}$　(5) $\log 2$　(6) π

4. (1) 収束　(2) 収束　(3) 収束　(4) 発散

3.5

1. (1) $\frac{3}{2}\pi a^2$　(2) $8a$

2. $\frac{1}{2}a^2$ (図は略)

3. (1) $\frac{a}{2}(2\pi\sqrt{4\pi^2+1}+\log(2\pi+\sqrt{4\pi^2+1}))$　(2) $\frac{\sqrt{a^2+1}}{a}$

4. (1) πab　(2) $\frac{1}{6}$

4.1

1. (1) $\frac{x^2y^2}{x^2+y^2} \leq \frac{1}{2}(x^2+y^2) \to 0$ $((x,y) \to (0,0)$ のとき$)$ なので, 0 を極限値にもつ．(2) $y=mx$ とすると, $\frac{x^2-2y^2}{x^2+2y^2}=\frac{1-2m^2}{1+2m^2}$ なので, m の値により変わるので, 極限値をもたない．(3) (2) と同様に極限値をもたない．
(4) $\frac{x^3+x^2y}{x^2+y^2} \leq |x+y| \to 0$ $((x,y) \to (0,0)$ のとき$)$ なので, 極限値 0 をもつ．
(5) $\frac{x\sqrt{|y|}}{\sqrt{x^2+y^2}} \leq \sqrt{2}\sqrt{|y|} \to 0$ $((x,y) \to (0,0)$ のとき$)$ なので, 極限値 0 をもつ．
(6) 直線 $(x,0)$ $(x\neq 0)$ に沿って $\frac{xy^3}{x^2+y^6}=0$, 曲線 (y^3,y) $(y\neq 0)$ に沿って $\frac{xy^3}{x^2+y^6}=\frac{1}{2}$ なので, $(0,0)$ に近づく近づき方により値がいろいろ異なる．ゆえに極限値は存在しない．

2. (1) $\frac{|x^3+y^3|}{x^2+y^2} \leq 2|x+y| \to 0$ $((x,y) \to (0,0)$ のとき$)$ なので, z は $(0,0)$ で連続．(2) 連続でない　(3) 連続

3. (1) 有界な閉領域である　(2) 有界でなく, 閉領域でない　(3) 有界であるが, 閉領域でない　(4) 閉領域だが, 有界でない

4.2

1. (1) $z_x=3x^2y^6-12x^2y^2$, $z_y=6x^3y^5-8x^3y+4y^3$　(2) $z_x=2xy^3\cos(x^2y^3)$, $z_y=3x^2y^2\cos(x^2y^3)$　(3) $z_x=-y^2\sin(xy^2)$, $z_y=-2xy\sin(xy^2)$
(4) $z_x=\frac{-x^2y+y^3}{(x^2+y^2)^2}$, $z_y=\frac{x^3-xy^2}{(x^2+y^2)^2}$　(5) $z_x=\frac{2x+y}{x^2-xy}$, $z_y=\frac{1}{x+y}$　(6) $z_x=\frac{x}{x^2+y^2}$, $z_y=\frac{y}{x^2+y^2}$　(7) $z_x=-\frac{y}{x^2+y^2}$, $z_y=\frac{x}{x^2+y^2}$　(8) $z_x=2xe^{x^2+y^2}$, $z_y=2ye^{x^2+y^2}$　(9) $z_x=-\frac{x}{\sqrt{1-x^2-y^2}}$, $z_y=-\frac{y}{\sqrt{1-x^2-y^2}}$　(10) $z_x=\cos x\sinh y$, $z_y=\sin x\cosh y$　(11) $z_x=z_y=0$ (実は $z=\frac{\pi}{2}$)　(12) $z_x=e^{y\log x}\frac{y}{x}=yx^{y-1}$, $z_y=x^y\log x$

2. (1) $z_u=21u^2-2uv-7v^2$, $z_v=-u^2-14uv+3v^2$　(2) $z_u=2(u+$

$v)\cos((u+v)^2)$, $z_y = 2(u+v)\cos((u+v)^2)$ (3) $z_u = -f_x\sin(u-v)+f_y\cos(u+v)$, $z_v = f_x\sin(u-v)+f_y\cos(u+v)$ (4) $z_u = f_x e^u\cos v + f_y e^u\sin v$, $z_v = -f_x e^u\sin v + f_y e^u\cos v$

3. (1) $ad-bc$ (2) $u-v$ (3) $2(u^2+v^2)$ (4) r

4. (1) $-\sin^4 t + \cos^4 t$ (2) $\frac{\cosh^2 t + \sinh^2 t}{1+\cosh^2 t \sinh^2 t}$ (3) $2e^{e^{2t}+e^{4t}}(e^{2t}+2e^{4t})$ (4) $\frac{2t(1+\sin t)}{(t-\cos t)^2+(1+\sin t)^2}$

4.3

1. (1) $z_{xx}=12x^2y^2$, $z_{xy}=8x^3y+5y^4$, $z_{yy}=2x^4+20xy^3$, (2) $z_{xx}=-2\sin(x^2+y^2)-4x^2\cos(x^2+y^2)$, $z_{xy}=-4xy\cos(x^2+y^2)$, $z_{yy}=-2\sin(x^2+y^2)-4y^2\cos(x^2+y^2)$ (3) $z_{xx}=2(2x^2+1)e^{x^2-y^2}$, $z_{xy}=-4xye^{x^2-y^2}$, $z_{yy}=2(2y^2-1)e^{x^2-y^2}$ (4) $z_{xx}=-\frac{2xy^3}{(1+x^2y^2)^2}$, $z_{xy}=\frac{1-x^2y^2}{(1+x^2y^2)^2}$, $z_{yy}=-\frac{2x^3y}{(1+x^2y^2)^2}$ (5) $z_{xx}=x^y y^x\{(\frac{y}{x}+\log y)^2-\frac{y}{x^2}\}$, $z_{xy}=x^y y^x\{(\frac{x}{y}+\log x)(\frac{y}{x}+\log y)+\frac{1}{x}+\frac{1}{y}\}$, $z_{yy}=x^y y^x\{(\frac{x}{y}+\log x)^2-\frac{x}{y^2}\}$ (6) $z_{xx}=-2\frac{1+x^2-y^2}{(1-x^2-y^2)^2}$, $z_{xy}=-\frac{4xy}{(1-x^2-y^2)^2}$, $z_{yy}=-2\frac{1-x^2+y^2}{(1-x^2-y^2)^2}$ (7) $z_{xx}=z_{xy}=z_{yy}=\frac{2}{(x+y+1)^3}$ (8) $z_{xx}=-\sin x-\cos(x+y)$, $z_{xy}=-\cos(x+y)$, $z_{yy}=-\sin y-\cos(x+y)$

2. (1) $\left(3\frac{\partial}{\partial x}+2\frac{\partial}{\partial y}\right)^2 f(x,y) = 9f_{xx}+12f_{xy}+4f_{yy}$ (2) 26

3. 略

4. (1) 存在しない．存在するとすれば，$f_x=-y$ より $f_{xy}=-1$, $f_y=x$ より $f_{yx}=1$ なので, $f_{xy}\neq f_{yx}$ となり矛盾を生じる． (2) (1) と同様に存在しないことが示される． (3) $f(x,y)=\frac{1}{2}x^2+\frac{1}{3}y^3+C$ (C は定数) (4) $f(x,y)=x^3+x^2y+C$ (C は定数) (5) $f(x,y)=\sin(x+y)+C$ (C は定数)

5. $f(0,0)=f_x(0,0)=f_{xx}(0,0)=f_{yy}(0,0)=0$, $f_y(0,0)=f_{xy}(0,0)=1$ なので, $f(h,k)=k+hk+R_3(\theta h,\theta k)$ $(0<\theta<1)$ である．ただし $R_3(\theta h,\theta k)=\frac{1}{6}\left(h\frac{\partial}{\partial x}+k\frac{\partial}{\partial y}\right)^3 f(\theta h,\theta k)$.

4.4

1. (1) $(0,0)$ で極小値 0 を取る． (2) $(0,0)$ で鞍部． (3) $(-1,-1)$ で極大値 1 を取り, $(0,0)$ は鞍部． (4) $(0,0)$ で極小値 0, $(0,\pm 1)$ で極大値 $\frac{3}{e}$ を取り, $(\pm 1,0)$ で鞍部． (5) $(0,0)$ で極大値 1 を取る． (6) $(\pm 1,0)$ で極小値 -1 を取り, $(0,0)$ は鞍部． (7) $a>0$ のとき, (a,a) で極小値 $-a^3$ を取り, $a<0$ のとき, (a,a) で極大値 $-a^3$ を取る. $(0,0)$ は鞍部． (8) $ac-b^2>0$ のとき. $a>0$ ならば, $(0,0)$ で極小値 0 を取り, $a<0$ ならば, $(0,0)$ で極大値 0 を取る. $ac-b^2<0$ なら, $(0,0)$ は鞍部． (9) $(a,a),(-a,-a)$ で極小値 $6a^4$ を取り, $(0,0)$

は鞍部. (10) $\left(\frac{1}{2},\frac{1}{2}\right)$, $\left(-\frac{1}{2},-\frac{1}{2}\right)$ で極小値 $-\frac{1}{8}$, $\left(\frac{1}{2},-\frac{1}{2}\right)$, $\left(-\frac{1}{2},\frac{1}{2}\right)$ で極大値 $\frac{1}{8}$ を取り, $(0,0)$, $(0,\pm 1)$, $(\pm 1,0)$ は鞍部.

2. (1) $(c^{\frac{1}{3}},c^{\frac{1}{3}})$ で極小値 $3c^{\frac{2}{3}}$ を取る. (2) $(0,0)$ で最小値 0 を取る.
(3) 極値を取らない (鞍部).

4.5

1. (1) $-\frac{3x^2+y^2-2}{2xy}$ (2) $-\frac{e^x-e^{x+y}}{e^y-e^{x+y}}$ (3) $-\frac{x+y}{x+2y}$ (4) $-\frac{2x+y}{x+4y}$

2. (1) $x=0$ のとき, $y=0$ は極小値, $y=\pm a$ は極大値.
(2) $x=\frac{1}{\sqrt{7}}$ のとき $y=-\frac{2}{\sqrt{7}}$ は極小値, $x=-\frac{1}{\sqrt{7}}$ のとき $y=\frac{2}{\sqrt{7}}$ は極大値.
(3) $x=\pm\frac{1}{\sqrt{3}}$ のとき, $y=\frac{2}{\sqrt{3}}$ は極大値, $y=-\frac{2}{\sqrt{3}}$ は極小値.
(4) $x=\sqrt{3}$ のとき $2^{\frac{1}{3}}3^{\frac{1}{2}}$ は極大値, $x=-\sqrt{3}$ のとき $-2^{\frac{1}{3}}3^{\frac{1}{2}}$ は極小値.
(5) $x=\frac{e^{-\frac{\pi}{4}}}{\sqrt{2}}$ のとき, $-\frac{e^{-\frac{\pi}{4}}}{\sqrt{2}}$ は極小値, $x=-\frac{e^{-\frac{\pi}{4}}}{\sqrt{2}}$ のとき, $\frac{e^{-\frac{\pi}{4}}}{\sqrt{2}}$ は極大値.

3. (1) $(x,y)=(\pm 1,0)$, $\left(0,\pm\frac{1}{\sqrt{2}}\right)$ のとき, 0, $\left(\frac{1}{\sqrt{2}},\frac{1}{2}\right)$, $\left(-\frac{1}{\sqrt{2}},-\frac{1}{2}\right)$, $\left(\frac{1}{\sqrt{2}},-\frac{1}{2}\right)$, $\left(-\frac{1}{\sqrt{2}},\frac{1}{2}\right)$ のとき, $\frac{1}{8}$ が極値の候補. (2) $(x,y)=(0,1)$ のとき 1, $(0,-1)$ のとき -1, $(\frac{1}{\sqrt{2}},0)$ のとき $\frac{1}{2\sqrt{2}}$, $(-\frac{1}{\sqrt{2}},0)$ のとき $-\frac{1}{2\sqrt{2}}$, $(\frac{2}{3},\frac{1}{3})$ のとき $\frac{1}{3}$, $(-\frac{2}{3},-\frac{1}{3})$ のとき $-\frac{1}{3}$ が極値の候補. (3) $(x,y)=(\frac{1}{\sqrt{2}},\frac{1}{\sqrt{2}})$, $(-\frac{1}{\sqrt{2}},-\frac{1}{\sqrt{2}})$ のとき, $\frac{3}{2}$, $(x,y)=(\frac{1}{\sqrt{2}},-\frac{1}{\sqrt{2}})$, $(-\frac{1}{\sqrt{2}},\frac{1}{\sqrt{2}})$ のとき, $\frac{1}{2}$ が極値の候補. (4) $\left(\frac{1}{\sqrt{2}},\frac{1}{\sqrt{2}}\right)$ のとき, $1-\sqrt{2}$, $(-\frac{1}{\sqrt{2}},-\frac{1}{\sqrt{2}})$ のとき, $1+\sqrt{2}$ が極値の候補.

5.1

1. 小領域分割 $\Delta: D=\bigcup_i D_i$ について $(\xi_i,\eta_i)\in D_i$ とし, リーマン和は
$$\sum_i f(\xi_i,\eta_i)\mu(D_i)=c\sum_i \mu(D_i)\to c\mu(D) \quad (\text{分割の幅}\ |\Delta|\to 0\ \text{のとき})$$
となるから, $\iint_D c\,dxdy=c\mu(D)$ である.

2. 略

3. 平面 $x=t$ での B の切り口は半径 $f(t)$ の円なので, その面積は $S(t)=\pi f(t)^2$ となる. ゆえに $V(B)=\int_a^b S(t)dt=\pi\int_a^b f(t)^2 dt$.

4. (1) B は $\{(x,y)|-a\leq x\leq a, 0\leq y\leq \frac{b}{a}\sqrt{a^2-x^2}\}$ を x 軸のまわりに回転して得られる. ゆえに, $V(B)=\pi\int_{-a}^a (\frac{b}{a}\sqrt{a^2-x^2})^2 dx=\frac{4}{3}\pi ab^2$. (2) (1) において $a=b=r$ とすると, 半径 r の球の体積は $\frac{4}{3}\pi r^3$ となる.

5.2

1. (1) $\log 2-\frac{1}{2}$ (2) $\frac{\pi}{2}$ (3) 0 (4) $\frac{32}{3}$
2. (1) $\int_0^1 dy\int_y^{\sqrt{y}} f(x,y)dx$ (2) $\int_0^1 dy\int_{y^3}^1 f(x,y)dx$

3. (1) $\frac{1}{6}a^2b^2(a-b)$ (2) $\frac{1}{1536}$ (3) $\frac{17}{12}$ (4) $\frac{368}{105}$ (5) $\frac{2}{15}$ (6) e (7) $\frac{1}{70}$ (8) $-\frac{189}{32}+3\log 2$ (9) $\frac{5}{12}$ (10) $\frac{1}{15}$ (11) $\frac{1}{2\sqrt{3}}+\frac{\pi}{9}$ (12) $\frac{1}{2}(e-2)$

4. (1) $\int_a^b dy \int_y^b f(x,y)dx$ (2) $\int_0^2 dy \int_{y-1}^{\sqrt{y+\frac{1}{4}}-\frac{1}{2}} f(x,y)dx + \int_{-\frac{1}{4}}^0 dy \int_{-\sqrt{y+\frac{1}{4}}-\frac{1}{2}}^{\sqrt{y+\frac{1}{4}}-\frac{1}{2}} f(x,y)dx$ (3) $\int_a^{3a} dy \int_0^{3a-y} f(x,y)dx + \int_0^a dy \int_0^{\sqrt{4ay}} f(x,y)dx$ (4) $\int_0^b dy \int_0^{\frac{a}{b}\sqrt{b^2-y^2}} f(x,y)dx$ (5) $\int_0^{a^2} dy \int_{\sqrt{y}}^a f(x,y)dx$ (6) $\int_2^3 dy \int_{y-2}^1 f(x,y)dx + \int_1^2 dy \int_0^1 f(x,y)dx + \int_0^1 dy \int_{\sqrt{1-y^2}}^1 f(x,y)dx$

5.3

1. (1) $\frac{4}{3}$ (2) $\frac{1}{12}$ (3) $\frac{1}{16}$ (4) 1

2. (1) $a<1$ ならば収束, $a\geq 1$ ならば発散. (2) $a>2$ ならば収束, $a\leq 2$ ならば発散. (3) $1>a$ ならば収束, $1\leq a$ ならば発散.

5.4

1. (1) $\frac{2\pi}{3}$ (2) $\frac{\pi a^4}{4}(\frac{1}{p}+\frac{1}{q})$ (3) $\frac{\pi ab}{4}(a^2+b^2)$ (4) $\frac{8}{15}$

2. (1) $1>k$ ならば収束, $1\leq k$ ならば発散. (2) $1<k$ ならば収束, $1\geq k$ ならば発散. (3) $k>1$ ならば収束, $k\leq 1$ ならば発散.

3. (1) $\frac{1}{4}(e-1)$ (2) $\frac{\pi}{4}$

5.5

1. (1) $2\pi(\arctan a - \frac{a}{a^2+1})$ (2) π^2 (3) $\frac{1}{2}\log 2 - \frac{5}{16}$ (4) $\frac{4}{3}\pi a^3$ (5) $\frac{4}{9}\pi abc(a^2+b^2+c^2)$ (6) $\frac{1}{2}\log 2$ (7) $\frac{\pi}{16}a^4$

2. (1) $\frac{4}{3}\pi abc$ (2) $\frac{6\pi-8}{9}a^3$ (3) $\frac{1}{4}\pi^2$ (4) 体積は $4\pi^2 ab^2$, 表面積は $4\pi^2 ab$

6.1

1. (1) 発散 (2) 発散 (3) 収束 (4) 収束 (5) 収束 (6) 発散 (7) 収束 (8) 収束 (9) 発散 (10) 収束 (11) 収束 (12) 収束

2. 凝集判定法 (定理 6.4) を使うと, $\sum_{n=2}^\infty \frac{1}{n\log n}$ と $\sum_{k=1}^\infty 2^k \frac{1}{2^k \log 2^k} = \frac{1}{\log 2}\sum_{k=1}^\infty \frac{1}{k}$ とは収束・発散をともにする. 例 6.3 の解答より後者は発散なので, 発散である. 同様に, $\sum_{n=2}^\infty \frac{1}{n(\log n)^p}$ と $\sum_{k=1}^\infty 2^k \frac{1}{2^k(\log 2^k)^p} = \frac{1}{(\log 2)^p}\sum_{k=1}^\infty \frac{1}{k^p}$ とは収束・発散をともにする. 例 6.7 により, $p>1$ なら収束, $p\leq 1$ なら発散である.

3. $\sum_{n=1}^\infty a_n$ が収束すれば, $\lim_{n\to\infty} a_n = 0$ であるので, $a_n < 1$ $(\forall n \geq N)$ となる自然数 N が存在する. $p\geq 1$ より, $(a_n)^p \leq a_n$ $(\forall n \geq N)$ となるので,

$\sum_{n=N}^{\infty}(a_n)^p \leq \sum_{n=N}^{\infty} a_n$ (収束).

4. (1) $S_{2n} = 1 - \frac{1}{2} + \frac{1}{3} - \frac{1}{4} + \cdots - \frac{1}{2n} = \sum_{k=1}^{2n}\frac{1}{k} - 2\sum_{k=1}^{n}\frac{1}{2k} = \sum_{k=n+1}^{2n}\frac{1}{k} = \sum_{k=1}^{n}\frac{1}{n+k} = \sum_{k=1}^{n}\frac{1}{n}\frac{1}{1+\frac{k}{n}}$. (2) 定理 3.6 より, $\log 2 = \int_0^1 \frac{dx}{1+x} = \lim_{n\to\infty}\frac{1}{n}\sum_{k=1}^{n}\frac{1}{1+\frac{k}{n}} = \lim_{n\to\infty} S_{2n}$. (3) (1), (2) より示される.

6.2

1. (1) 発散 (2) 収束 (3) 収束 (4) 発散 (5) 発散 (6) 発散 (7) $a > 1$ のとき収束, $0 < a \leq 1$ のとき発散. (8) 収束 (9) 収束

2. (1) 絶対収束 (2) 絶対収束する必要十分条件は $a > 1$ (3) 絶対収束 (4) 絶対収束

6.3

1. (1) ∞ (2) ∞ (3) 1 (4) a (5) a (6) 1

2. (1) ∞ (2) 1 (3) 1 (4) $a > 2$ ならば 0, $a = 2$ ならば 4, $0 < a < 2$ ならば ∞. (5) ∞ (6) $\frac{1}{e}$

6.4

1. (1) $\frac{2}{\pi}$ (2) 1 (3) ∞ (4) 1

2. (1) $f(x) = \lim_{n\to\infty} f_n(x) = x$ $(x \in (0,2])$. $\|f_n - f\| = \sup_{0 < x \leq 2}\left|\frac{nx}{2+n^2x^2}\right| = \frac{\sqrt{2}}{4}$ $(x = \frac{\sqrt{2}}{n}$ のとき$)$. したがって, 一様収束でない. (2) $f(x) = \lim_{n\to\infty} f_n(x) = 0$ $(x \in [0,\infty))$. $\|f_n - f\| = \sup_{x\in[0,\infty)}\frac{n}{x^2+n^2} = \frac{1}{n}$ $(x = 0$ のとき$)$. $\lim_{n\to\infty}\|f_n - f\| = 0$ なので, 一様収束する.

3. (1) 任意の $x \in [\epsilon, 1)$ に対して, $\sum_{n=0}^{\infty} e^{-nx} = \sum_{n=0}^{\infty}(e^{-x})^n \leq \sum_{n=0}^{\infty}(e^{-\epsilon})^n = \frac{1}{1-e^{-\epsilon}}$ (収束). したがって定理 6.20 により, 一様収束である. (2) $[\epsilon, 1]$ において項別微分して, $\sum_{n=0}^{\infty} ne^{-nx} = \sum_{n=1}^{\infty}(-e^{-nx})' = \left(-\frac{1}{e^x-1}\right)' = \frac{1}{(e^x-1)^2}$.

4. (1) $0 \leq x < 1$ のときは, $x^n \to 0$ $(n \to \infty)$ であり, $x = 1$ のときは, $x^n = 1$ となる. (2) $\|f_n - F\|_{[0,1]} = \max\{\sup_{x\in[0,1)} x^n, f_n(1) - F(1)\} = \sup_{x\in[0,1)} x^n = 1$ なので, 一様収束でない. (3) $0 < a < 1$ のとき, $\|f_n - F\|_{[0,a]} = \sup_{x\in[0,a]}|x^n - 0| = a^n \to 0$ $(n \to \infty$ のとき$)$ となるので, $[0,a]$ 上では一様収束している.

6.5

1. (1) ∞ (2) $\left(\sum_{n=0}^{\infty} \frac{(-1)^n}{(2n+1)!} x^{4n+2}\right)' = 2x \sum_{n=0}^{\infty} \frac{(-1)^n}{(2n)!} x^{4n} = 2x \cos(x^2)$.
(3) $\sin(x^2) = \sum_{n=0}^{\infty} \frac{(-1)^n}{(2n+1)!} x^{4n+2}$ より, $\int_0^x \sin(t^2) dt = \sum_{n=0}^{\infty} \frac{(-1)^n}{(2n+1)!} \frac{1}{4n+3} x^{4n+3}$.
2. (1) ∞ (2) $f'(x) = 1 + \sum_{n=1}^{\infty} \frac{1}{2n-1} \frac{2n}{2^n n!} x^{2n-1}$. (3) $f''(x) = \sum_{n=1}^{\infty} \frac{2n}{2^n n!} x^{2n-2}$ なので, これらを代入して確かめればよい.
3. (1) どちらも収束半径は ∞. (2) $e^x = \sum_{n=0}^{\infty} \frac{1}{n!} x^n$ と $e^{-x} = \sum_{n=0}^{\infty} \frac{(-1)^n}{n!} x^n$ を使え. (3) $(\cosh x)' = \sum_{n=1}^{\infty} \frac{2n}{(2n)!} x^{2n-1} = \sum_{n=1}^{\infty} \frac{1}{(2n-1)!} x^{2n-1} = \sum_{n=0}^{\infty} \frac{1}{(2n+1)!} x^{2n+1}$.

6.6

1. (1) $a^x = e^{x \log a} = \sum_{n=0}^{\infty} \frac{(x \log a)^n}{n!} = \sum_{n=0}^{\infty} \frac{(\log a)^n}{n!} x^n$. (2) $\frac{d}{dx} \arctan x = \frac{1}{1+x^2} = \sum_{n=0}^{\infty} (-1)^n x^{2n}$ $(-1 < x < 1)$ の両辺を項別積分せよ. (3) $(\text{arc cot} x)' = -\frac{1}{1+x^2} = \sum_{n=0}^{\infty} (-1)^{n+1} x^{2n}$ $(-1 < x < 1)$ の両辺を項別積分すると, $\text{arc cot } x - \frac{\pi}{2} = \text{arc cot } x - \text{arc cot } 0 = \int_0^x (\text{arc cot } t)' dt = \sum_{n=0}^{\infty} (-1)^{n+1} \int_0^x t^{2n+1} dt = \sum_{n=0}^{\infty} \frac{(-1)^{n+1}}{2n+2} x^{2n+2}$. (4) $f(x) = \arcsin x$ とすると, $f'(x) = \frac{1}{\sqrt{1-x^2}}$. これから, $f''(x)(1-x^2) - f'(x) x = 0$ となる. この両辺を n 回微分して $x = 0$ とおいて, 漸化式 $f^{(n+2)}(0) = n^2 f^{(n)}(0)$ を得る. $f(0) = 0$, $f'(0) = 1$ なので, $f^{(2n)}(0) = 0$, $f^{(2n+1)}(0) = 1^2 \cdot 3^2 \cdot 5^2 \cdots (2n-1)^2$. これから $x = 0$ を中心とするテーラー展開を得る. (5) $\log(1+x) = \sum_{n=0}^{\infty} \frac{(-1)^n}{n+1} x^{n+1}$, $\log(1-x) = -\sum_{n=0}^{\infty} \frac{1}{n+1} x^{n+1}$ $(-1 < x < 1)$ なので, $\frac{1}{2} \log \frac{1+x}{1-x} = \frac{1}{2} \{ \sum_{n=0}^{\infty} \frac{(-1)^n}{n+1} x^{n+1} + \sum_{n=0}^{\infty} \frac{1}{n+1} x^{n+1} \} = \sum_{n=0}^{\infty} \frac{x^{2n+1}}{2n+1}$ $(-1 < x < 1)$ となる. (6), (7) は (6.24) 式の 2 項展開 $(1+x)^a$ の特別の場合である. $a = \pm \frac{1}{2}$ のときの 2 項係数 $\binom{a}{n}$ $(n = 0, 1, 2, \ldots)$ の計算を実行せよ.

索　引

C^1-関数　100
C^1-曲線の長さ　90, 91
C^∞-関数　107
C^∞-関数　49
C^n-関数　49, 107

n 回偏微分可能　107
n 次導関数　49
n 次偏導関数　107

ア　行

鞍点　114
鞍部　114

一様収束　177, 181
一様絶対収束　181
　──のための判定条件　181
一様ノルム　175
一様連続　25
一般角　28
イプシロン・デルタ-論法　20
陰関数　119
陰関数定理　120, 124

ウォリスの公式　82

円周率　27

凹　58

カ　行

開円板　94

開集合　94
解析的　186
開領域　96
下界　2
下限　2
カバリエリの定理　133
加法定理　28
関数　3
　1 対 1 の──　4
　上への──　4
関数項級数　181
　──の微分と積分　181
関数列　177
　──の微分と積分　179
ガンマ関数　88

逆関数　5, 24
　──の微分法　38
逆三角関数　30
逆写像定理　124
級数　158
狭義単調減少　24
狭義単調増加　24
凝集判定法　160
共通部分　2
極限値　6, 18, 20, 97
極座標　105
極座標表示　90
極座標変換　148, 153
極小　42, 56
極小値　42, 113
極大　42, 56

極大値　42, 113
極値　42, 113
　——の判定法　114
曲面積　155
距離　94
　2 点間の——　95
切り口の断面積　134
近似増加列　140

空集合　2
区間縮小法　14
区分求積法　77
グラフ　96
グリーンの定理　196

元　1
原始関数　64

広義重積分　142
広義積分　83
　——が収束　83
　——の収束・発散　87
　——の比較判定法　86
広義積分可能　83, 142
交項級数　159
高次の項　36
合成関数　4
　——の微分法　38, 103
　——の偏微分　105
　——の連続性　98
勾配　35
項別積分可能定理　182
項別微分可能定理　182
誤差の限界　19
コーシー・シュワルツの不等式　103
コーシーの剰余項　53, 55, 187
コーシーの判定法　164
コーシーの平均値定理　44
コーシー列　16
弧度法　27

サ 行

最小数　2
最大数　2
細分　75
三角関数　27
　——の不定積分　72
3 重積分　152

指数関数　31
指数法則　169
自然対数　31
　——の底　13
始点　194
終域　3
集合　1
重積分　130
　——の平均値定理　131
　——の変数変換　146
収束域　172
収束する　6, 8, 18, 95, 97, 158
収束の概念　7
収束半径　172
終点　194
シュワルツの不等式　80
循環小数　7
上界　2
上限　2
条件収束　161
条件付き極値問題　119, 125
シンプソンの公式　200

数列　6

整級数　171
　——の微分と積分　183
整級数展開　186
整級数展開可能　186
正項級数　159
積級数　168
積分可能　76, 130
積分形の剰余項　81, 82

積分順序変更　138
積分定数　65
積分の平均値定理　79
積分判定法　166
絶対収束する（級数が）　161
絶対収束する（広義積分が）　143
接平面の方程式　102
全射　4
線積分　194, 195
全単射　4
全微分　101
全微分可能　101, 102

双曲線関数　32

タ 行

第 n 部分和　158
台形公式　199
対数関数　5, 31
対話法　7
縦線領域　133
ダランベールの判定法　165
単射　4
単調減少　12, 24
単調増加　12, 24

値域　3, 96
置換積分法　66
逐次積分　134
中間値の定理　22
調和関数　113
直径　128, 151

定義域　3, 96
定積分　75, 76
　——の近似公式　198
　——の置換積分　81
　——の部分積分　81
テーラー展開　186
　——できない C^∞-関数　189
テーラー展開可能　186
テーラーの定理　53, 55

導関数　36
等比級数　159
凸　58
　上に——　58
　下に——　58

ナ 行

2 回微分可能　49
2 回偏微分可能　107
2 項係数　50, 185
2 項展開　185
2 次導関数　49
2 次偏導関数　107
2 重積分　130
2 変数関数　94
　——のテーラーの定理　111
　——の平均値定理　111
ニュートン近似　60
ニュートン法　60

ネイピアの数　13

ハ 行

ハイパーボリック・コサイン　32
ハイパーボリック・コタンジェント　32
ハイパーボリック・サイン　32
ハイパーボリック・タンジェント　32
発散する　6, 158
　∞ に——　159
パラメータ表示の関数の微分　40

比較判定法　143, 164
微係数　35
被積分関数　79
左極限　19
等しい（集合が）　1
微分可能　35
微分積分学の基本定理　80
微分と積分の順序変更　192
表面積　156

含む 1
不定形 46
　——の極限値 46
不定積分 64
部分集合 1
部分積分法 66
部分列 15
分割 74
　——の幅 75, 128
分点 75

平均値定理 44
閉集合 96
閉領域 96
ベータ関数 88
変曲点 59
偏導関数 100
偏微分可能 99
偏微分係数 99

法線 103
ボルツァノ・ワイエルシュトラスの定理 15

マ 行

マクローリン展開 186
マクローリンの定理 55, 186

右極限 19

向き（境界の） 195
向き（曲線の） 194
無限開区間 3
無限閉区間 3
無理関数の不定積分 70
無理数 7

面積 89, 198
　扇形の—— 90

ヤ 行

ヤコビアン 106
ヤコビの行列式 106

有界 2, 12
　上に—— 2, 12
　下に—— 2, 12
有界集合 96
有界閉領域 128
有限開区間 3
有限半開区間 3
有限閉区間 3
有理関数の不定積分 69

要素 1
横線領域 136

ラ 行

ライプニッツの定理 50
ラグランジュの剰余項 53, 55, 187
ラグランジュの未定乗数法 125
ラジアン 27
ラプラシアン 113

リーマン和 76, 129, 152
領域 95

累次積分 134
累次積分の積分順序 139

連結 131, 146
連鎖律 105
連続 21, 97
　領域 D 上で—— 98
連続関数 21
連続関数の最大・最小 98

ロピタルの定理 47
ロルの定理 43

ワ 行

和 158
ワイエルシュトラスの定理 23
和集合 2

著者略歴

浦川　肇（うらかわ　はじめ）

1946 年　兵庫県に生まれる
1971 年　大阪大学大学院理学研究科修士課程修了
現　在　東北大学大学院情報科学研究科教授
　　　　理学博士

現代基礎数学 7
微積分の基礎

定価はカバーに表示

2006 年 12 月 20 日　初版第 1 刷
2018 年　1 月 20 日　　　第12刷

著　者　浦　川　　　肇
発行者　朝　倉　誠　造
発行所　株式会社　朝　倉　書　店

　　　　東京都新宿区新小川町6-29
　　　　郵便番号　162-8707
　　　　電　話　03(3260)0141
　　　　Ｆ Ａ Ｘ　03(3260)0180
　　　　http://www.asakura.co.jp

〈検印省略〉

ⓒ 2006〈無断複写・転載を禁ず〉　　　　　Printed in Korea

ISBN 978-4-254-11757-8　C 3341

JCOPY　〈(社)出版者著作権管理機構　委託出版物〉

本書の無断複写は著作権法上での例外を除き禁じられています．複写される場合は，そのつど事前に，(社)出版者著作権管理機構（電話 03-3513-6969，FAX 03-3513-6979，e-mail: info@jcopy.or.jp）の許諾を得てください．

現代基礎数学

新井仁之・小島定吉・清水勇二・渡辺 治　［編集］

1	数学の言葉と論理	渡辺 治・北野晃朗・木村泰紀・谷口雅治	本体 3300 円
2	コンピュータと数学	髙橋正子	
3	線形代数の基礎	和田昌昭	本体 2800 円
4	線形代数と正多面体	小林正典	本体 3300 円
5	多項式と計算代数	横山和弘	
6	初等整数論と暗号	内山成憲・藤岡 淳・藤崎英一郎	
7	微積分の基礎	浦川 肇	
8	微積分の発展	細野 忍	本体 2800 円
9	複素関数論	柴 雅和	
10	応用微分方程式	小川卓克	
11	フーリエ解析とウェーブレット	新井仁之	
12	位相空間とその応用	北田韶彦	本体 2800 円
13	確率と統計	藤澤洋徳	本体 3300 円
14	離散構造	小島定吉	
15	数理論理学	鹿島 亮	本体 3300 円
16	圏と加群	清水勇二	
17	有限体と代数曲線	諏訪紀幸	
18	曲面と可積分系	井ノ口順一	
19	群論と幾何学	藤原耕二	
20	ディリクレ形式入門	竹田雅好・桑江一洋	
21	非線形偏微分方程式	柴田良弘・久保隆徹	本体 3300 円

上記価格（税別）は 2017 年 12 月現在